北京工业大学研究生创新

自动控制系统设计与实现

Design and Implementation of Control System

韩红桂　杨翠丽　蒙　西　于建均　编著

科学出版社

北　京

内 容 简 介

本书系统地介绍了自动控制系统的设计原理及实现方法，旨在使读者理解自动控制系统分类、数学模型及性能指标等基本理论，掌握PID 控制、频率法校正、参考模型校正、极点配置、状态观测器及二次型最优控制等经典控制器的原理与设计方法，为培养学生的科学实验和工程实践能力奠定基础。为了便于学生理解掌握，本书根据作者多年的教学实践经验，结合实际案例对自动控制系统的设计与实现进行详细阐述，力争将理论知识与实践结合，引导学生提升知识应用能力，提高分析、解决问题的能力。

本书概念清楚，叙述简练，可以作为自动控制、电气工程及其自动化、检测技术与自动化装置、电子信息工程、计算机科学与技术、通信工程等信息类专业高年级本科生和研究生的教材，也可供从事自动控制系统工程的专业技术人员参考。

图书在版编目（CIP）数据

自动控制系统设计与实现/韩红桂等编著. —北京：科学出版社，2020.11

（北京工业大学研究生创新教育系列教材）

ISBN 978-7-03-065557-8

Ⅰ. ①自… Ⅱ. ①韩… Ⅲ. ①自动控制系统–控制系统设计 Ⅳ. ①TP273

中国版本图书馆 CIP 数据核字（2020）第 105296 号

责任编辑：张海娜 纪四稳 / 责任校对：王萌萌

责任印制：吴兆东 / 封面设计：无极书装

科学出版社 出版

北京东黄城根北街 16 号

邮政编码：100717

http://www.sciencep.com

北京厚诚则铭印刷科技有限公司印刷

科学出版社发行 各地新华书店经销

*

2020 年 11 月第 一 版 开本：720 × 1000 B5

2025 年 1 月第四次印刷 印张：16 1/4

字数：325 000

定价：138.00 元

前　　言

自动控制系统不仅把人类从繁重的体力劳动、脑力劳动和恶劣的工作环境中解放出来，而且极大提高了劳动生产率，增强了人类认识世界和改造世界的能力。随着现代社会的高速发展，自动控制系统的应用范围不断扩大，包括工业、农业、军事、交通运输、商业和医疗等领域，且成为应用过程中必不可少的一部分。因此，自动控制系统的研究、应用和推广，不仅是社会现代化发展水平的重要标志，而且将对人类的生产、生活等方式产生深远的影响。

自动控制系统是在没有人直接参与下，按照人的要求，利用外加的设备或装置，经过自动控制操纵实现预期目标的系统。自动控制系统可以提高工作效率和生产率，保证产品质量，改善人类劳动条件，改进生产工艺和管理体制，加速社会产业结构的变革和社会信息化的进程等。自动控制系统由控制器和被控对象组成。随着现代生产和科学技术的发展，自动控制系统需要满足越来越高的性能需求。如何基于被控对象进行分析并设计出合适的自动控制系统，已成为科学工作者和工程技术人员面临的挑战性难题。因此，有效的分析与设计是保障自动控制系统成功应用的前提，也是撰写本书的出发点。

本书主要包括如下两个特点：①写作思路方面，本书基于实际应用的关注点，重点阐述自动控制系统分析与设计过程，注重自动控制系统基础知识的讲解，避免烦琐的数学推导，精炼和压缩理论教学内容，使读者能够快速理解自动控制系统的设计及实现流程；②内容布局方面，为了帮助读者掌握正确且有效的自动控制系统分析与设计方法，本书讨论三种典型应用场景的自动控制系统分析与设计过程，并给出完整的自动控制系统分析与设计步骤，设置“本章小结”和“课后习题”等内容，读者可以根据自身条件进行相关自动控制系统的实验室平台建设、开发及实现等。因此，本书将理论知识与实例仿真进行结合，读者能够有效掌握自动控制系统分析与设计方法，提升设计自动控制系统的能力，达到更加理想的学习效果。

本书结合自动控制理论，介绍自动控制系统的基本概念、性能要求以及多种控制系统设计与实现等内容。第 1 章介绍自动控制系统的基本概念以及编写本书的动机，可作为后续章节的阅读基础。第 2～7 章介绍不同类型的自动控制系统的设计与实现。其中，第 2 章从时域角度介绍 PID 控制系统的设计与实现，第 3～5 章从频域角度介绍超前滞后校正控制系统、参考模型校正控制系统以及极点配置控制系统的设计与实现，第 6、7 章介绍带状态观测器的控制系统、线性二次型最优控制器两种现代控制方法。另外，给出相关设计与实现过程的 MATLAB 程序及注释。

本书内容介绍如下：

第 1 章为绪论，主要介绍自动控制系统的基本结构、分类方法、性能指标以及自动控制理论的发展概况等，给出自动控制系统的基本概念、相关名词和术语等，介绍自动控制系统的类型及其对应的特点以及自动控制系统设计的一般规律。

第 2 章介绍比例积分微分(proportional integral derivative，PID)控制器的设计与实现，主要介绍 PID 控制器的基本原理(组成和控制规律)，详细介绍 PID 控制器的设计过程和参数整定，构建三种典型应用场景，给出上述应用场景的 PID 控制器系统设计案例，完成系统性能指标的分析。

第 3 章介绍超前滞后校正控制系统的设计与实现，阐述超前校正法基本原理、滞后校正法基本原理和超前滞后校正法基本原理，以及超前滞后校正控制系统的设计过程，详细介绍系统设计的关键点及具体实现步骤，并以三种典型应用场景为测试案例，完成超前滞后校正控制系统的设计与实现。

第 4 章介绍参考模型校正控制系统设计与实现，介绍典型二阶和四阶参考模型法校正控制系统的基本原理，详细描述基于参考模型校正的控制系统设计过程，分析参考模型校正装置的选择和参数整定，并以三种典型应用场景为测试案例，完成参考模型校正控制系统的设计与实现。

第 5 章介绍极点配置控制系统设计与实现，介绍状态反馈极点配置控制系统和输出反馈极点配置控制系统的基本原理，详细阐述控制系统在单输入单输出和多输入多输出情况下极点配置控制系统的设计过程，并以三种典型应用场景为测试案例，完成极点配置控制系统的设计与实现。

第 6 章介绍带状态观测器的控制系统设计与实现，介绍全维状态观测器和降维状态观测器原理，详细描述带状态观测器的控制系统具体设计过程和实现步骤，并分析三种典型应用场景中带状态观测器的系统设计及实现过程。

第 7 章介绍线性二次型最优控制器的设计与实现，介绍线性二次型最优控制器的原理，详细描述最优状态调节器、最优输出调节器和最优跟踪调节器三种最优调节控制器的设计方法，以三种典型应用场景为测试案例，介绍线性二次型最优控制器的设计与实现过程，并分析线性二次型最优控制器的设计及参数整定过程。

本书第 1～4 章由韩红桂撰写，第 5 章由杨翠丽撰写，第 6 章由蒙西撰写，第 7 章由于建均撰写，全书由韩红桂统稿和定稿。北京工业大学研究生甄琪、董立新、郃晓丹、鲁树武为本书的撰写出版做了大量工作，在此表示衷心的感谢。

同时，感谢参与本书前期准备的全体人员，他们是伍小龙、范青武、李慧杰等老师，张璐、刘铮等博士研究生，没有他们的辛勤工作，本书的编写是无法顺利完成的。最后，感谢北京工业大学信息学部人工智能与自动化学院的支持。

感谢国家重点研发计划项目(2018YFC1900800)、北京高校卓越青年科学家项目(BJJWZYJH01201910005020)、国家自然科学基金重大项目(61890930)、国家自然科学基金面上项目(61973010)等的支持。

在本书的撰写过程中，查阅和参考了大量的文献资料，在此谨向参考文献的作者致以诚挚的谢意。限于作者的思想境界和学术水平，加之自动控制系统知识体系也在不断丰富和发展，书中难免存在不足之处，恳请广大读者批评指正。

作　者

2020 年 6 月于北京工业大学

目　录

第1章 绪　论

自动控制系统是指利用自动控制设备或者装置，调整被控对象的某些关键性参数，使得被控对象按预期要求自动调节的系统。自动控制系统已被广泛应用于国民经济的各个领域及社会生活的各个方面，例如，在工业生产过程中，自动控制系统不仅能够将人类从繁重的、大量重复性的劳动中解放出来，还能处理恶劣或者人类无法到达环境中的控制问题；在航空航天工程中，自动控制系统助力“神舟十一号”载人飞船与“天宫二号”空间实验室实现对接，推动了我国高精尖技术的大力发展。目前，自动控制系统已在工农业生产、航空航天以及交通运输等领域发挥了极其重要的作用，显现出其卓越的贡献。

自动控制系统能够根据不同的处理任务，基于经典控制理论或者现代控制理论设计对应的控制系统结构，使被动对象达到期望的控制效果。其中，经典控制理论以被控对象的传递函数为基础，以频域分析法和根轨迹分析法等为核心，实现被控对象的性能分析、综合及控制系统设计。现代控制理论以被控对象的状态空间方程为基础，以多变量频域法和能控/能观分析法等为核心，实现复杂被控对象的性能分析、综合及控制系统设计。因此，自动控制系统的设计是在充分分析被控对象性能的基础上，结合被控对象的特点和性能需求，基于经典控制理论或者现代控制理论设计出合适的控制系统结构，实现被控对象的有效调节，获得预期的控制需求。近年来，随着被控对象结构日益复杂以及性能需求越来越高，如何基于被控对象进行有效分析并设计出合适的自动控制系统，已成为工程技术人员和科学工作者面临的挑战性难题。

本书以满足知识实用化、内容简单化为宗旨，从自动控制系统分析与设计的实际应用角度出发，结合典型被控对象，介绍被控对象与自动控制系统的分析方法，讨论自动控制系统的设计方法，给出完整的自动控制系统分析与设计步骤等内容。为了便于理解，本章将简要介绍经典控制和现代控制的部分理论基础，讨论三个典型对象不同性能需求下的自动控制系统分析与设计：单级倒立摆角度控制系统、单容水箱液位控制系统和城市污水处理过程溶解氧浓度控制系统。单级倒立摆角度控制属于运动体控制，其自动控制系统分析与设计是实物仿真实验；单容水箱液位控制属于过程控制，其自动控制系统分析与设计也是实物仿真实验；城市污水处理过程溶解氧浓度控制也属于过程控制，其自动控制系统分析与设计是虚拟仿真实验。

1.1 自动控制系统的基础结构

自动控制系统主要由被控对象和控制器组成。被控对象是指控制系统中被控制的设备或生产过程，如锅炉、机床及工业生产过程等；控制器是指控制系统中执行控制任务的装置，是对被控对象起控制作用的设备，如某种专用运算控制电路、电动控制仪表和工业控制计算机等。自动控制系统可以用不同的方式对被控对象进行控制，其基本结构如图 1.1 所示。

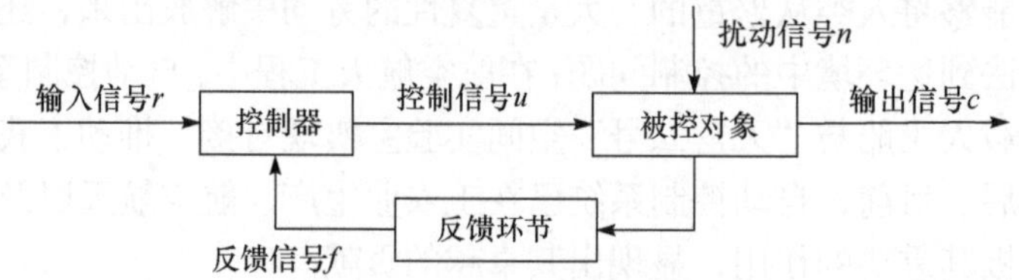

图 1.1 自动控制系统基本结构

自动控制系统利用控制器实现对被控对象的控制，并将输出信号反馈到控制器，控制器根据输入信号和反馈信号进行重新调整，将调整后的控制信号送给被控对象，完成对被控对象的控制。因此，自动控制系统中的信号主要包括输入信号、控制信号、输出信号、扰动信号和反馈信号等。其中，输入信号，又称输入量或给定量，是作用于控制器的激励信号，一般用符号 r 表示。控制信号，又称控制量，是施加给被控对象并使被控对象按照一定规律运行的作用信号，一般用符号 u 表示。输出信号，又称输出量或被控量，是自动控制系统的输出，一般用符号 c 表示。扰动信号，又称扰动量，是影响自动控制系统输出的干扰信号，一般用符号 n 表示。反馈信号，又称反馈量，是将系统输出信号反向送回输入端的过程信号，一般用字母 f 表示。

自动控制系统根据不同的性能需求，利用设计的不同控制器，实现被控对象的有效控制。以温度、压力、转速等控制为例，为了使自动控制系统保持恒定或者按照一定规律变化，需要设计相对应的控制器。同时，为了完成控制，自动控制系统通常还应当包括如下元件：定值元件、执行元件、测量元件、比较元件等。定值元件，又称给定元件，其功能是产生参考输入量或者设定值，设定值可以由手动操作设定，也可以由自动装置给定。执行元件，又称执行机构或者执行器，其功能是根据控制器的控制信号改变被控对象的工作状态。测量元件，又称检测元件，其功能是检测被控对象的输出信号，将其转换成标准信号后作为反馈信号送到比较元件。比较元件的功能是将测量元件检测到的输出信号与定值元件给出的输入信号进行比较并求出偏差。自动控制系统部分组成元件如图 1.2 所示。

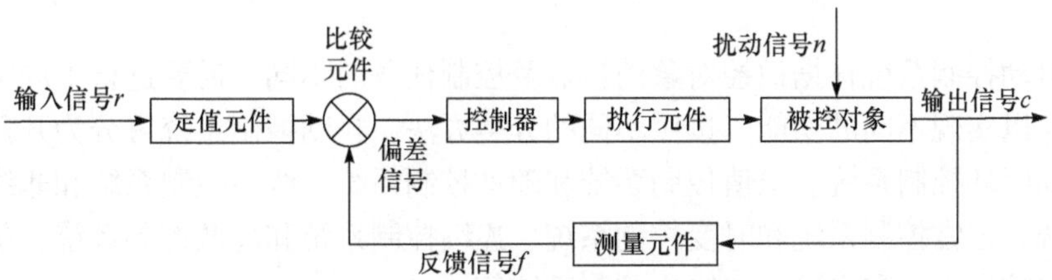

图 1.2 自动控制系统部分组成元件

为了进一步描述自动控制系统的组成，以单容水箱液位控制为例，其自动控制系统如图 1.3 所示。从元件功能的角度看，单容水箱是被控对象，利用液位控制器对单容水箱液位进行控制。单容水箱液位控制过程中，液位变送器是测量元件，单容水箱实际液位由液位变送器进行检测并转换成反馈电压。电磁阀门是执行元件，当单容水箱的设定液位与实际液位的差值大于某个值时，液位控制器控制电磁阀门运行，实现单容水箱的液位跟踪设定值变化。另外，从控制信号流通的角度看，给定的液位值是系统的激励信号，也是单容水箱液位自动控制系统的输入信号；单容水箱的实际液位是被控对象需要控制的物理量，与设定液位间保持一定的函数关系，是单容水箱液位自动控制系统的输出信号；单容水箱的给定液位与实际液位的差值由传感器检测并通过液位变送器反向送回系统输入端，是单容水箱液位自动控制系统的偏差信号。液位控制器通过调节电磁阀门开度控制单容水箱的入水量，实现液位的调节作用；同时，单容水箱的底部设置了出水口，出水量会影响水箱液位的稳定性。因此，基于单容水箱液位自动控制系统的信号流通回路分析，入水量是自动控制系统的控制信号，出水量是自动控制系统的扰动信号。

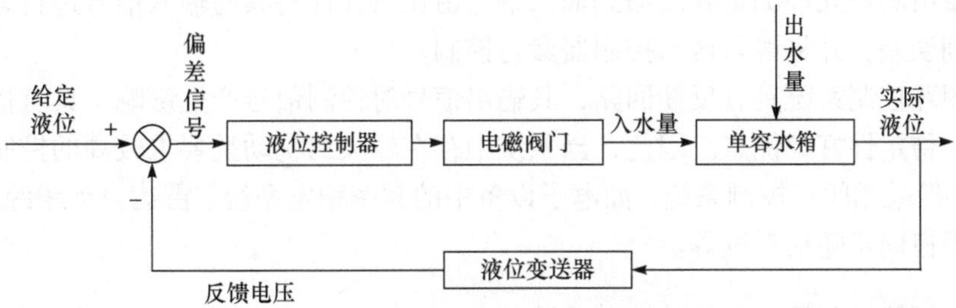

图 1.3 单容水箱液位自动控制系统

实际应用中，需要根据被控对象、控制任务、应用场景等的实际需求，设计满足需求的控制方式和元件组合，获得不同类型的自动控制系统。

1.2　自动控制系统的分类

自动控制系统根据被控对象的特点及控制任务的不同，需要进行不同结构的设计，以实现不同的功能。按照不同的分类方法，自动控制系统可分为开环控制系统和闭环控制系统、恒值控制系统和随动控制系统、线性控制系统和非线性控制系统、定常控制系统和时变控制系统、连续控制系统和离散控制系统、单输入单输出控制系统和多输入多输出控制系统等。

1.2.1　开环控制系统和闭环控制系统

自动控制系统按照控制器结构中是否存在反馈回路可以分为开环控制系统和闭环控制系统，开环控制系统与闭环控制系统的区别在于：开环控制系统中只有输入量对输出量的单向控制作用，闭环控制系统的输出量和输入端之间存在反馈回路。

1. 开环控制系统

开环控制系统是指输出量只受系统输入量控制且没有反馈回路的自动控制系统，其控制器与被控对象之间只有正向作用而没有反向作用。

开环控制系统的结构较为简单，其输出信号不能对控制信号产生影响，具有结构简单、成本低廉等优点。因此，在控制精度要求不高、外部扰动不大等情况下，一般采用开环控制系统，如自动洗衣机、电风扇及售货机等。

2. 闭环控制系统

闭环控制系统是指系统输出量和输入端之间存在反馈回路的自动控制系统，被控量由测量元件测量并反馈到输入端，由比较元件将其与输入信号进行综合比较得到误差，并将误差送入控制器参与控制。

闭环控制系统具有反馈回路，其输出信号对控制信号产生影响，具有控制精度高、稳定性好等优点。因此，当系统中存在较大的扰动且要求较高的控制精度时，一般采用闭环控制系统，如电子设备中的频率稳定系统、雷达自动跟踪系统、天线手控同步随动系统等。

1.2.2　恒值控制系统和随动控制系统

自动控制系统按照控制器的输出信号是否恒定可以分为恒值控制系统和随动控制系统，恒值控制系统与随动控制系统的区别在于：恒值控制系统的控制器输出信号保持恒定不变，随动控制系统的控制器输出信号随时间变化且变化规律不确定。

1. 恒值控制系统

恒值控制系统是指保持控制器输出量恒定的自动控制系统，当控制器输出量偏离给定值时，系统能自动调节将其恢复到给定值。

恒值控制系统也称为调节器，具有控制系统输出量恒定的特点。因此，当系统输出量需要保持恒定时，一般采用恒值控制系统，如电源设备的稳压系统需保持输出电压稳定、自动频率微调系统需保持频率恒定等。

2. 随动控制系统

随动控制系统是指控制器输出量随着输入量变化而变化的自动控制系统，系统输出量能够跟踪输入量的变化。

随动控制系统具有输出量能够快速、准确地跟随输入量变化的特点，因此当系统输入量变化规律不确定，且外部扰动不大时，一般采用随动控制系统，如雷达-火炮跟踪系统、坦克-火炮自稳系统等。

1.2.3 线性控制系统和非线性控制系统

自动控制系统按照控制器的输出信号是否满足叠加原理可以分为线性控制系统和非线性控制系统，线性控制系统和非线性控制系统的区别在于：当几个输入信号共同作用于系统时，线性控制系统的总输出等于每个输入单独作用时产生的输出线性叠加，非线性控制系统的总输出不等于每个输入单独作用时产生的输出线性叠加。

1. 线性控制系统

线性控制系统是指控制器的输出满足叠加原理的自动控制系统，系统可以用线性微分方程或线性差分方程描述。

线性控制系统具有特性分析简单、容易处理的优点，因此当系统的输入信号与输出信号呈线性关系时，一般采用线性控制系统，如线性电机转速控制系统、单容水箱液位控制系统等。

2. 非线性控制系统

非线性控制系统是指控制器的输出不满足叠加原理的自动控制系统，系统可以用非线性微分方程或差分方程描述。

非线性控制系统具有特性分析复杂、难以处理的特点，因此当系统的非线性程度不太严重时，可采用在一定范围内线性化的方法将非线性控制系统近似为线性控制系统，如具有饱和性的放大器和电磁元件可以在固定区间内理想化成线性元件。

1.2.4 定常控制系统和时变控制系统

自动控制系统按照被控对象的参数是否随时间变化可以分为定常控制系统和时变控制系统，定常控制系统与时变控制系统的区别在于：定常控制系统的系统参数不随时间变化，时变控制系统的系统参数随时间变化。

1. 定常控制系统

定常控制系统是指系统自身性质不随时间变化、响应性态只取决于输入信号和系统自身特性的自动控制系统，也称为时不变系统。定常控制系统可以使用常系数线性微分方程描述。

定常控制系统具有分析简单、控制方法较为成熟等优点，因此在系统参数不随时间变化或系统参数的变化相对于系统运动变化不明显的情况下，一般采用定常控制系统。例如，汽车定速巡航控制系统，由于汽车自身质量与路面阻尼不随时间显著变化，一般使用定常控制系统。

2. 时变控制系统

时变控制系统是指系统参数随时间变化的自动控制系统，系统可以用变系数微分方程或差分方程进行描述。

时变控制系统的响应特性不仅取决于输入信号和系统的特性，还与输入信号施加的时刻有关，因此当系统的参数随时间不断变化时，一般采用时变控制系统。例如，火箭在运行过程中随着燃料不断消耗，系统质量随时间不断降低，一般使用时变控制系统。

1.2.5 连续控制系统和离散控制系统

自动控制系统按照控制器的输入信号是否连续可以分为连续控制系统和离散控制系统，连续控制系统与离散控制系统的区别在于：连续控制系统的状态随时间连续变化，离散控制系统的状态随时间离散变化。

1. 连续控制系统

连续控制系统是指系统信号都以连续模拟量传递的自动控制系统，系统输入量和输出量均为连续函数，其运动规律可以用微分方程来表示。

连续控制系统的输入信号和输出信号均是连续量，因此当需要对系统进行实时控制时，一般采用连续控制系统，如自动驾驶与跟踪、导弹火箭与航空航天器的发射等。

2. 离散控制系统

离散控制系统是指系统信号都以离散模拟量传递的自动控制系统，系统输入量和输出量均为离散函数，其运动规律可以用离散微分方程来表示。

离散控制系统也称为数字控制系统，其信号表现形式为脉冲序列，因此当控制任务较为复杂、需要采用计算机或专用计算设备时，一般采用离散控制系统，如数控机床、无人机飞行角度控制系统等。

1.2.6 单输入单输出控制系统和多输入多输出控制系统

自动控制系统按照控制器输入与输出的端口数可以分为单输入单输出控制系统和多输入多输出控制系统，单输入单输出控制系统与多输入多输出控制系统的区别在于：控制系统的输入输出数是只有一个还是多个。

1. 单输入单输出控制系统

单输入单输出控制系统的控制器只有一个输入量和一个输出量，其输出信号完全由外部唯一的输入信号确定，因此当控制系统的输入信号只有一个且系统不受外界扰动或扰动可以忽略不计时，可以采用单输入单输出控制系统，如风机转速自动控制系统、单容水箱液位自动控制系统等。

2. 多输入多输出控制系统

多输入多输出控制系统的控制器包含多个输入量和多个输出量，其主要特点是输入信号之间呈现多路耦合，因此当系统具有多个输入信号且输入信号之间相互耦合时，一般采用多输入多输出控制系统，如涡轮螺旋桨发动机转速和进气温度控制系统、石油化工精馏塔塔顶温度和塔底温度控制系统等。

自动控制系统的类型基本可分为上述几种，在自动控制系统设计过程中，需要根据实际需要确定合适的自动控制系统，为了全面反映自动控制系统的特点，通常将上述各种分类方法组合应用。

1.3 自动控制系统的数学模型

自动控制系统的数学模型是描述其输入变量、输出变量及内部变量之间关系的数学表达式。自动控制系统的数学模型按描述的系统特性是否随时间变化可以分为静态模型和动态模型，静态模型是指当控制系统的输出信号接近或等于给定信号并处于稳定状态时，描述系统状态属性变量间关系的数学模型，一般用不含时间变量的代数方程表示。动态模型是指当系统处于输出信号随时间趋近于给定信号的过程中，描述系统状态变量各阶导数之间关系的数学模型，一般用微分方程、传递函数或频率特性表示。自动控制系统分析与设计过程中常用的动态数学模型包括微分方程、传递函数、动态结构图和状态空间方程等。

自动控制系统数学模型的建模方法包括解析法和实验法。解析法也称为机理建模法，主要根据系统所遵循的有关定律，建立自动控制系统的数学模型，如基于欧姆定律和霍夫定律建立电路的数学模型、基于牛顿三定律建立机械系统的数学模型等。实验法也称为实验辨识法，主要指根据系统对某些典型输入信号的响应或其他实验数据，建立自动控制系统的数学模型，如基于系统频率特性建立系统的数学模型、基于阶跃响应建立系统的数学模型等。当系统比较复杂，其运动特性和系统机理很难用简单数学方程表示时，一般采用实验法建立自动控制系统的数学模型。

本节主要介绍自动控制系统的解析法：首先，介绍如何根据系统遵循的物理定律列写自动控制系统的微分方程；然后，阐述如何根据系统频率特性列写控制系统的传递函数；最后，介绍如何根据系统内部运动状态建立自动控制系统的状态空间表达式。

1.3.1 自动控制系统的微分方程

微分方程是用于描述连续控制系统动态性能的数学模型，在已知自动控制系统输入信号及初始条件的情况下，可以通过求解微分方程获得系统的输出响应。

1. 微分方程定义

n 阶常系数微分方程的形式可表示为

$$y^{(n)}=f(x,y,\dot{y},\cdots,y^{(n-1)},y^{(n)}) \tag{1.1}$$

式中，x 和 y 分别为系统的输入信号和输出信号；$y,\dot{y}$，$\cdots,y^{(n-1)},y^{(n)}$分别为输出信号 y 的 $0,1,\cdots,n-1,n$ 阶导数；f 为表达函数。自动控制系统微分方程一般根据系统遵循的物理定律进行描述。

微分方程具有直观易懂、求解简单等特点，当自动控制系统较为简单、可通过物理定律描述时，一般使用微分方程建立自动控制系统的数学模型，如电气系统可以根据基尔霍夫电流和电压定律建立电学微分方程，机械系统可以根据牛顿定律建立动力学微分方程。

2. 自动控制系统微分方程构建

微分方程能够描述自动控制系统输入和输出之间的连续动态关系，其构建步骤如下：

(1) 根据实际工作情况，确定输入信号和输出信号；

(2) 根据物理或化学定律，列写各元件的关联方程；

(3) 化简各元件的关联方程；

(4) 消去中间变量，得出描述自动控制系统输出信号和输入信号关系的微分方程；

(5) 将求出的微分方程标准化，将输出相关的各项置于等号左侧，其余各项置于等号右侧，等号左右侧各项均按降幂形式排列。

为进一步了解如何构建自动控制系统的微分方程，下面以机械系统和电学系统两类典型被控对象为例，介绍其微分方程的构建方法。

例 1.1　机械传动系统

机械传动系统是利用机件间摩擦力进行传动的机械动力装置，在机械工程中应用十分广泛。机械传动系统主要由惯性负载和阻尼器组成，其基本结构如图 1.4 所示。

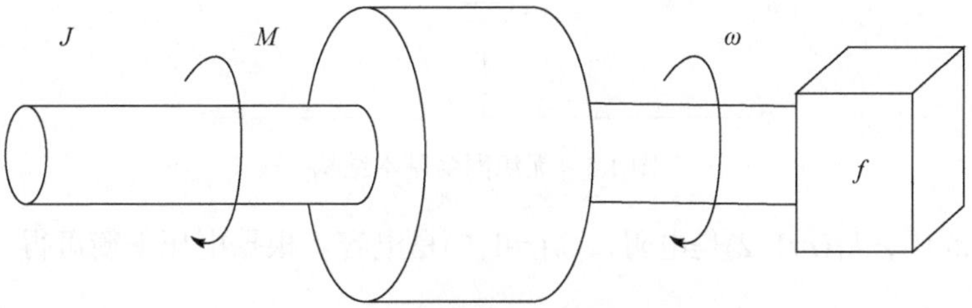

图 1.4　机械传动系统基本结构

图 1.4 中，J 为惯性负载的转动惯量，f 为阻尼器的摩擦系数。机械传动系统运动方程可根据牛顿刚体定轴传动定律表示为

$$J\dot{\omega}(t) = \sum M(t) \tag{1.2}$$

$$\sum M(t) = M(t) - M_f(t) \tag{1.3}$$

式中，$M(t)$是外部力矩；$\omega(t)$是传动系统输出角速度；$M_f(t)$为阻尼器的黏性摩擦阻尼力矩，它和 $\omega(t)$成正比，即 $M_f(t)=f\omega(t)$。则系统的运动方程为

$$J\dot{\omega}(t) + f\omega(t) = M(t) \tag{1.4}$$

若以负载转角 $\theta(t)$为系统输出量，则 $\omega(t)$可表示为

$$\omega(t) = \frac{\mathrm{d}\theta(t)}{\mathrm{d}t} \tag{1.5}$$

则系统的运动方程可写为

$$J\frac{\mathrm{d}^2\theta(t)}{\mathrm{d}t^2}+f\frac{\mathrm{d}\theta(t)}{\mathrm{d}t}=M(t) \tag{1.6}$$

机械传动系统是大多数工业生产环节中的主要传动方式，如数控车床上带动工件的旋转运动、立式加工中心上带动铣刀和砂轮等的旋转运动等。实现对机械传动系统的精准控制，不仅能够增强转速控制的可靠性，更能提高加工精度和生产效率。

例 1.2　无源网络系统

无源网络是指仅由电阻、电容和电感等电子元器件组成的网络，无源网络送到外部的能量不大于所存储的能量，是复杂电路系统的重要组成部分。无源网络的基本结构如图 1.5 所示。

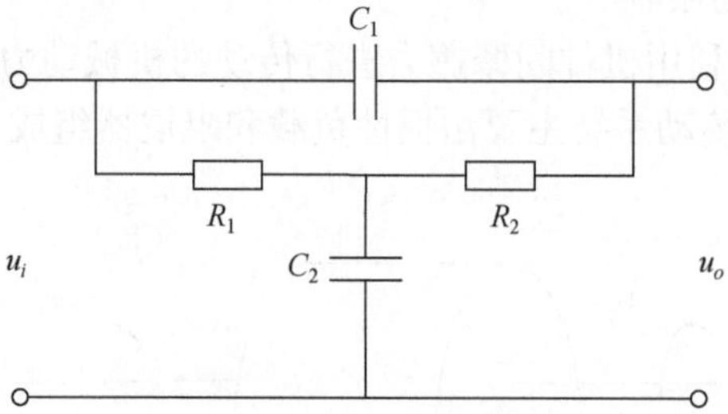

图 1.5　无源网络基本结构

图 1.5 中，$R_i\,(i=1,2)$是电阻，$C_j\,(j=1,2)$是电容。根据电压平衡可得

$$\begin{cases} Ri_1(t)=Ri_2(t)+\dfrac{1}{C_1}\displaystyle\int i_2(t)\mathrm{d}t \\ u_i(t)=\dfrac{1}{C_1}\displaystyle\int i_2(t)\mathrm{d}t+u_o(t) \\ u_o(t)=Ri_2(t)+\dfrac{1}{C_2}\displaystyle\int i(t)\mathrm{d}t \end{cases} \tag{1.7}$$

则

$$i_1(t)=i_2(t)+\frac{1}{RC_1}\int i_2(t)\mathrm{d}t \tag{1.8}$$

$$i_2(t)=C_1\frac{\mathrm{d}\left(u_i(t)-u_o(t)\right)}{\mathrm{d}t} \tag{1.9}$$

进而得

$$\frac{\mathrm{d}u_o(t)}{\mathrm{d}t}=R\frac{\mathrm{d}i_2(t)}{\mathrm{d}t}+\frac{1}{C_2}i(t) \tag{1.10}$$

由于通过左侧电阻 R_1 的电流为 $i_1(t)$，其方向自左向右，通过右侧电阻 R_2 的电流为 $i_2(t)$，其方向自右向左，$R_1=R_2=R$，通过电容 C_1 的电流为 $i_2(t)$，其方向自左向右，通过电容 C_2 的电流为 $i(t)$，其方向自上向下，则 $i(t)=i_1(t)+i_2(t)$，得到

$$\frac{\mathrm{d}u_o(t)}{\mathrm{d}t}=R\frac{\mathrm{d}i_2(t)}{\mathrm{d}t}+\frac{1}{C_2}\left[i_2(t)+\frac{1}{RC_1}\int i_2(t)\mathrm{d}t+C_1\frac{\mathrm{d}\left(u_i(t)-u_o(t)\right)}{\mathrm{d}t}\right] \tag{1.11}$$

即

$$\frac{\mathrm{d}u_o(t)}{\mathrm{d}t}=RC_1\frac{\mathrm{d}^2\left(u_i(t)-u_o(t)\right)}{\mathrm{d}t^2}+\frac{1}{C_2}\left[\frac{u_i(t)-u_o(t)}{R}+2C_1\frac{\mathrm{d}\left(u_i(t)-u_o(t)\right)}{\mathrm{d}t}\right] \tag{1.12}$$

则无源网络的微分方程可表示为

$$\begin{aligned}&R^2C_1C_2\frac{\mathrm{d}^2u_o(t)}{\mathrm{d}t^2}+R\left(2C_1+C_2\right)\frac{\mathrm{d}u_o(t)}{\mathrm{d}t}+u_o(t)\\&=R^2C_1C_2\frac{\mathrm{d}^2u_i(t)}{\mathrm{d}t^2}+2RC_1\frac{\mathrm{d}u_i(t)}{\mathrm{d}t}+u_i(t)\end{aligned} \tag{1.13}$$

为了改善自动控制系统的性能，基于上述无源网络的特点，通常在系统中引入无源网络作为校正元件。

1.3.2　自动控制系统的传递函数

微分方程是基于时域的建模方法，为了进一步在复频域中分析自动控制系统，可使用传递函数建立自动控制系统被控对象的数学模型。传递函数是基于拉氏变换的用于描述系统输入、输出关系的一种数学函数模型，拉氏变换将时域的微分、积分等函数运算简化为复频域代数运算。传递函数能够根据参数表示系统的结构，反映线性定常控制系统或线性元件的内在固有特性。

1. 传递函数的定义

假设描述系统的微分方程为

$$\begin{aligned}&c^{(n)}(t)+a_{n-1}c^{(n-1)}(t)+\cdots+a_1\dot{c}(t)+a_0c(t)\\&=b_mr^{(m)}(t)+b_{m-1}r^{(m-1)}(t)+\cdots+b_1\dot{r}(t)+b_0r(t),\quad n\geqslant m\end{aligned} \tag{1.14}$$

式中，$c^{(i)}(t)(i=0, 1, 2,\cdots, n)$为输出变量的各阶导数；$a_i(i=0, 1, 2,\cdots, n-1)$为输出变量各阶导数的常系数；$r^{(j)}(t)(j=0, 1, 2,\cdots, m)$为输入变量的各阶导数；$b_j(j=0, 1, 2,\cdots, m)$为输入变量的各阶导数的常系数。令输入变量和输出变量的初始条件都为零，即

$$\begin{cases} c(0)=\dot{c}(0)=\cdots=c^{(n-1)}(0)=0 \\ r(0)=\dot{r}(0)=\cdots=r^{(m-1)}(0)=0 \end{cases} \tag{1.15}$$

将方程(1.15)两边进行拉氏变换，得

$$(s^n+a_{n-1}s^{n-1}+\cdots+a_1s+a_0)C(s)=(b_ms^m+b_{m-1}s^{m-1}+\cdots+b_1s+b_0)R(s) \tag{1.16}$$

则输出信号的拉氏变换 $C(s)$为

$$C(s)=\frac{b_ms^m+b_{m-1}s^{m-1}+\cdots+b_1s+b_0}{s^n+a_{n-1}s^{n-1}+\cdots+a_1s+a_0}R(s) \tag{1.17}$$

输出信号拉氏变换 $C(s)$与输入信号拉氏变换 $R(s)$的比值为

$$\frac{C(s)}{R(s)}=\frac{b_ms^m+b_{m-1}s^{m-1}+\cdots+b_1s+b_0}{s^n+a_{n-1}s^{n-1}+\cdots+a_1s+a_0} \tag{1.18}$$

因此，自动控制系统的传递函数定义为：在零初始条件下，输出信号的拉氏变换与输入信号的拉氏变换之比。其传递函数表达式为

$$G(s)=\frac{C(s)}{R(s)}=\frac{b_ms^m+b_{m-1}s^{m-1}+\cdots+b_1s+b_0}{s^n+a_{n-1}s^{n-1}+\cdots+a_1s+a_0},\quad n\geqslant m \tag{1.19}$$

系统输出信号的拉氏变换 $C(s)$可以表示为变换域中传递函数 $G(s)$与输入信号拉氏变换 $R(s)$的乘积

$$C(s)=G(s)R(s) \tag{1.20}$$

传递函数不仅可以表征系统的动态性能，而且可以用来研究系统的结构或参数变化对系统性能的影响。经典控制理论中广泛应用的频率法和根轨迹法就是以传递函数为基础建立起来的。

2. 传递函数的求取方法

1) 复阻抗法求取传递函数

线性元件在时域上遵循欧姆定律，在频域中同样遵守。因此，频域中阻抗所遵循的电压-电流关系称为“广义欧姆定律”，频域中阻抗被称为复数阻抗。下面以典型 *RCL* 电路为例，介绍典型元件复阻抗的求取方法。

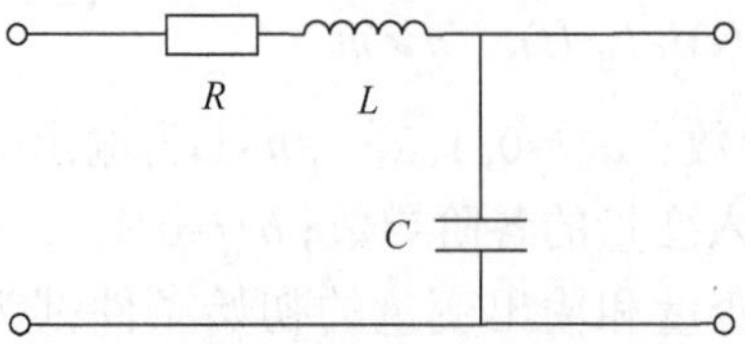

图 1.6　典型 *RCL* 网络电路图

例 1.3　*RCL* 网络电路

RCL 网络电路是指由一个电阻 *R*、电容 *C* 和电感 *L* 组成的电网络，常用作电子谐波振荡器、带通滤波器或带阻滤波器等，其结构如图 1.6 所示。

设典型 RCL 网络电路的回路电流为 $i(t)$，由基尔霍夫定律可写出其回路方程为

$$L\frac{\mathrm{d}i(t)}{\mathrm{d}t}+\frac{1}{C}\int i(t)\mathrm{d}t+Ri(t)=u_i(t) \tag{1.21}$$

$$u_o(t)=\frac{1}{C}\int i(t)\mathrm{d}t \tag{1.22}$$

消去中间变量 $i(t)$，得到描述 RCL 网络输入与输出关系的微分方程为

$$LC\frac{\mathrm{d}^2u_o(t)}{\mathrm{d}t^2}+RC\frac{\mathrm{d}u_o(t)}{\mathrm{d}t}+u_o(t)=u_i(t) \tag{1.23}$$

式中，RCL 网络输入与输出的关系是二阶线性微分方程，令初始条件为零，求取其拉氏变换

$$(LCs^2+RCs+1)U_o(s)=U_i(s) \tag{1.24}$$

则 RCL 网络电路的传递函数为

$$G(s)=\frac{U_o(s)}{U_i(s)}=\frac{1}{LCs^2+RCs+1} \tag{1.25}$$

基于 RCL 网络电路传递函数的求解过程，可以归纳出电阻 R、电容 C 和电感 L 三种基本元件的复数阻抗为

$$\begin{aligned} Z_R(s)&=\frac{U_R(s)}{I_R(s)}=R \\ Z_C(s)&=\frac{U_C(s)}{I_C(s)}=\frac{1}{Cs} \\ Z_L(s)&=\frac{U_L(s)}{I_L(s)}=Ls \end{aligned} \tag{1.26}$$

基于电阻 R、电容 C 和电感 L 三种基本元件的复数阻抗，可直接求取系统的传递函数，下面以反向运算有源网络为例，介绍如何利用典型元件的复数阻抗求取系统的传递函数。

例 1.4 反相运算放大器有源网络

反相运算放大器网络是指放大器输入端和输出端极性相反的运算放大电路，具有放大输入信号并反相输出的功能，其工作原理如图 1.7 所示。

反向运算放大器有源网络输入阻抗为

$$Z_i(s)=R_1 \tag{1.27}$$

反馈阻抗为

$$Z_f(s)=R_2+\frac{R_3\cdot 1/(Cs)}{R_3+1/(Cs)}=R_2+\frac{R_3}{R_3Cs+1} \tag{1.28}$$

则传递函数可表示为

$$G(s)=\frac{U_e(s)}{U_i(s)}=-\frac{Z_f(s)}{Z_i(s)}=-\left(\frac{R_2}{R_1}+\frac{R_3}{R_1}\cdot\frac{1}{R_3Cs+1}\right) \tag{1.29}$$

其运算关系可以简化为图 1.8，即

$$G(s)=\frac{U_o(s)}{U_i(s)}=-\frac{Z_f(s)}{Z_i(s)} \tag{1.30}$$

式中，$Z_i(s)$为输入复数阻抗；$Z_f(s)$为反馈复数阻抗；负号表示输入与输出相位相反。

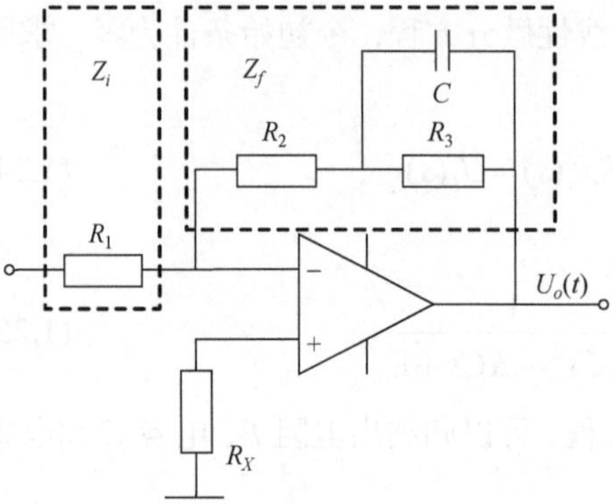

图 1.7　反向运算放大器有源网络原理图

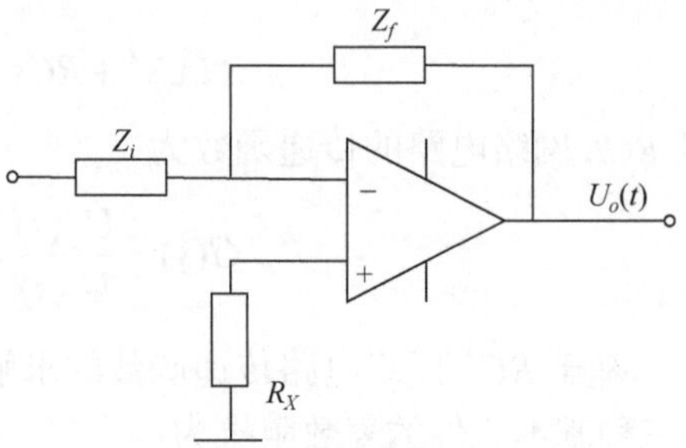

图 1.8　反向运算放大器有源网络运算关系简化图

反相运算放大器电路将输出信号的一部分返回输入端形成闭环回路，具有放大输入信号并反相输出的功能，广泛应用于波形变换、放大电压、消除失调电压及积分补偿等。

2) 典型环节传递函数

自动控制系统通常是由若干基本部件组合而成的，这些基本部件又称为典型环节。

(1) 比例环节。具有比例运算关系的元件称为比例环节，其输出输入关系为

$$u_o(t)=Ku_i(t) \tag{1.31}$$

传递函数为

$$G(s)=U_o(s)/U_i(s)=K \tag{1.32}$$

(2) 积分环节。能够实现积分运算关系的环节称为积分环节，其输出输入关系为

$$u_o(t)=\frac{1}{T}\int u_i(t)\mathrm{d}t \tag{1.33}$$

传递函数为

$$G(s)=\frac{U_o(s)}{U_i(s)}=\frac{1}{Ts} \tag{1.34}$$

式中，T 为积分环节的时间常数，表示积分快慢程度。

(3) 微分环节。能够实现微分运算关系的环节称为微分环节，其输出输入关系为

$$u_o(t)=\tau\frac{\mathrm{d}u_i(t)}{\mathrm{d}t} \tag{1.35}$$

传递函数为

$$G(s)=\frac{U_o(s)}{U_i(s)}=\tau s \tag{1.36}$$

式中，τ 为微分环节的时间常数，表示微分速率大小。

(4) 一阶惯性环节。一阶惯性环节的微分方程是一阶的，且输出响应需要一定的时间才能达到稳态值，因此称为一阶惯性环节，其输出输入关系为

$$T\frac{\mathrm{d}u_o(t)}{\mathrm{d}t}+u_o(t)=u_i(t) \tag{1.37}$$

传递函数为

$$G(s)=\frac{U_o(s)}{U_i(s)}=\frac{1}{Ts+1} \tag{1.38}$$

式中，T 为惯性环节的时间常数。

(5) 二阶振荡环节。振荡环节是由二阶微分方程描述的系统，其输出输入关系为

$$T^2\frac{\mathrm{d}^2u_o(t)}{\mathrm{d}t^2}+2\zeta T\frac{\mathrm{d}u_o(t)}{\mathrm{d}t}+u_o(t)=u_i(t) \tag{1.39}$$

传递函数为

$$G(s)=\frac{U_o(s)}{U_i(s)}=\frac{1}{T^2s^2+2\zeta Ts+1} \tag{1.40}$$

式中，T 和 ζ 是系统的特征参数。

(6) 延迟环节。具有纯时间延迟传递关系的环节称为延迟环节，其输出输入关系为

$$u_o(t)=u_i(t-\tau) \tag{1.41}$$

由拉氏变换的延迟定理得

$$U_o(s) = \mathrm{e}^{-\tau s} U_i(s) \tag{1.42}$$

传递函数为

$$G(s) = \frac{U_o(s)}{U_i(s)} = \mathrm{e}^{-\tau s} \tag{1.43}$$

基于上述典型环节的传递函数，自动控制系统可以根据结构特点进行组合，获取系统的传递函数。

例 1.5　直流电动机调速系统

直流电动机调速系统由晶闸管、直流伺服电机组成，是普遍应用的一种自动控制系统，在理论和实践上都比较成熟。直流电动机调速系统的控制任务是在某一固定负载下，通过改变电动机或电源参数使电动机转速发生变化或保持不变，其工作原理如图 1.9 所示。

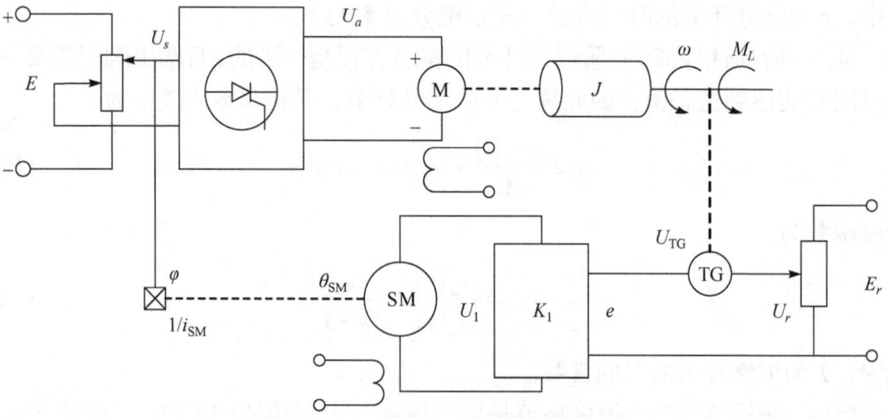

图 1.9　直流电动机调速系统原理图

图 1.9 中，直流电动机调速系统可看成多种典型环节的组合，其中，给定单元由电位器构成，电位器供给电动势 E_r 的大小对应于电动机的最高转速 ω_m，其灵敏度可表示为

$$K_r = \frac{E_r}{\omega_m} \tag{1.44}$$

滑动端的输出电压 U_r 正比于给定转速 ω_r，表达式为

$$U_r(s) = K_r \omega_r(s) \tag{1.45}$$

测速单元由测速发电机 TG 来实现，测速发电机输出端电压的大小正比于电动机的旋转角速度 ω，灵敏度为 K_{TG} (单位为 V · s)，表达式为

$$U_{TG}(s) = K_{TG} \omega(s) \tag{1.46}$$

比较单元将给定信号与实际信号比较，得出差值信号，也就是负反馈，表达

式为

$$e(s)=U_r(s)-U_{\mathrm{TG}}(s) \tag{1.47}$$

放大单元将差值信号放大，以驱动伺服电动机 SM，放大倍数为 K_1，没有量纲，表达式为

$$U_1(s)=K_1 e(s) \tag{1.48}$$

执行单元是一个直流伺服电动机 SM，输入为电压 U_1，输出为转角 θ_{SM}，驱动滑臂变阻器的滑臂转动。由于滑臂变阻器的滑臂阻力矩很小，伺服电动机 SM 运行认为在空载状态，表达式为

$$s(T_{\mathrm{SM}}s+1)\theta_{\mathrm{SM}}(s)=K_{\mathrm{SM}}U_1(s) \tag{1.49}$$

式中，T_{SM} 为 SM 的机电时间常数；K_{SM} 为 SM 的增益常数。

减速器是一个比例环节，将伺服电动机 SM 的转角变换为变阻器滑动臂的转角 φ，传递关系为变比系数 $1/i_{\mathrm{SM}}$，表达式为

$$\varphi(s)=\frac{1}{i_{\mathrm{SM}}}\theta_{\mathrm{SM}}(s) \tag{1.50}$$

变阻器也是一个比例环节，变阻器滑动臂的转角 φ 转换为晶闸管调功器触发角调节电压 U_s，传递系数为 K_s，表达式为

$$U_s(s)=K_s\varphi(s) \tag{1.51}$$

晶闸管调功器供出可调电压，以驱动直流电动机旋转。输入信号为触发角调节电压 U_s，输出量为电动机的电枢电压 U_a，表达式为

$$U_a(s)=K_aU_s(s) \tag{1.52}$$

直流电动机接收电枢电压 U_a，输出角速度 ω，驱动负载转动，表达式为

$$(T_{\mathrm{M}}s+1)\omega(s)=K_{\mathrm{M}}U_a(s)-K_LM_L(s) \tag{1.53}$$

式中，T_{M} 为电动机的时间常数；K_{M} 为电动机的增益常数；M_L 为负载力矩；K_L 为负载力矩常数。综合式(1.44)～式(1.53)，得到如下表达式：

$$\begin{cases}U_r(s)=K_r\omega_r(s)\\ U_{\mathrm{TG}}(s)=K_{\mathrm{TG}}\omega(s)\\ e(s)=U_r(s)-U_{\mathrm{TG}}(s)\\ U_1(s)=K_1e(s)\\ s(T_{\mathrm{SM}}s+1)\theta_{\mathrm{SM}}(s)=K_{\mathrm{SM}}U_1(s)\\ \varphi(s)=(1/i_{\mathrm{SM}})\theta_{\mathrm{SM}}(s)\\ U_s(s)=K_s\varphi(s)\\ U_a(s)=K_aU_s(s)\\ (T_{\mathrm{M}}s+1)\omega(s)=K_{\mathrm{M}}U_a(s)-K_LM_L(s)\end{cases} \tag{1.54}$$

消去各中间变量 $U_r(s)$、$U_{TG}(s)$、$e(s)$、$U_1(s)$、$\theta_{SM}(s)$、$\varphi(s)$、$U_s(s)$、$U_a(s)$，根据叠加定理，令负载 M_L 为零，可以得到以给定角速度 ω_r 为输入量、电动机的旋转角速度为输出量的传递函数：

$$G_{\omega}(s)=\frac{\omega(s)}{\omega_r(s)}=\frac{K_1K_{SM}K_sK_aK_M\dfrac{1}{i_{SM}}K_r}{s(T_{SM}s+1)(T_Ms+1)+K_1K_{SM}K_sK_aK_M\dfrac{1}{i_{SM}}K_{TG}} \tag{1.55}$$

设角速度 ω_r 为零，可以得到负载扰动 M_L 作用下的传递函数为

$$G_M(s)=\frac{\omega(s)}{M_L(s)}=\frac{K_Ls(T_{SM}s+1)}{s(T_{SM}s+1)(T_Ms+1)+K_1K_{SM}K_sK_aK_M\dfrac{1}{i_{SM}}K_{TG}} \tag{1.56}$$

直流调速控制系统可使电动机的转速稳定变化，具有良好的启动、制动性能，广泛应用于电力拖动领域。

3. 传递函数的结构图

传递函数的结构图是自动控制系统传递函数的一种图形描述方式，可以形象地描述自动控制系统各组成单元之间和各变量之间的相互联系，具有简明直观、运算方便等优点。

自动控制系统的结构图由信号线、传递方框、综合点和引出点组成。信号线表示信号输入和输出通道，箭头代表信号传递方向。传递方框表示对信号进行的数学变换，方框两侧应为输入信号线和输出信号线，方框内写入该输入、输出之间的传递函数。综合点又称加减点，表示几个信号相加减，在信号输入处注明信号的极性。引出点表示信号由该点取出，从同一信号线上取出的信号，其大小和性质完全相同。

基于传递函数结构图的特点，自动控制系统可以由信号线、传递方框、信号引出点及比较点组成的方块图来表示。自动控制系统结构图的构建一般需要确定结构图中输出量与输入量之间的关系，即系统的闭环传递函数，再根据输出量与输入量之间的关系确定结构图中信号线、传递方框、综合点和引出点的组成。为了进一步阐述自动控制系统结构图的构建，下面以两级 RC 滤波器为例，详细说明自动控制系统结构图的构建过程。

例 1.6 两级 *RC* 滤波网络

两级 *RC* 滤波器是由两个电容 C_1 和 C_2 以及两个电阻 R_1 和 R_2 组成的低通滤波电路网络，两级 *RC* 滤波器能使低频信号通过的同时实现高频信号的抑制或衰减，常被用于信号处理、数据传送和干扰抑制等领域。典型的两级 *RC* 网络如图 1.10 所示。

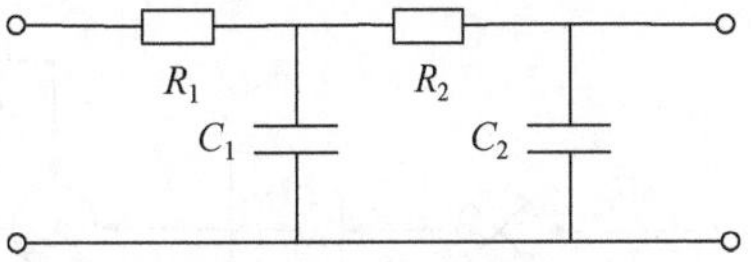

图 1.10 两级 *RC* 网络的动态结构图

图 1.10 中，设一个中间变量为电容 C_1 的电压 $u_X(t)$，采用复数阻抗法顺序写出表达代数方程组如下：

$$
\begin{aligned}
&(1)\ U_i(s)-U_X(s)=U_{R_1}(s)\\
&(2)\ U_{R_1}(s)\frac{1}{R_1}=I(s)\\
&(3)\ I(s)-I_2(s)=I_1(s)\\
&(4)\ I_1(s)\frac{1}{C_1 s}=U_X(s)\\
&(5)\ U_X(s)-U_o(s)=U_{R_2}(s)\\
&(6)\ U_{R_2}(s)\frac{1}{R_2}=I_2(s)\\
&(7)\ I_2(s)\frac{1}{C_2 s}=U_o(s)
\end{aligned}
\tag{1.57}
$$

根据式(1.57)描述的两级 *RC* 滤波器典型复数阻抗关系，构建方程对应的结构图，如图 1.11 所示。

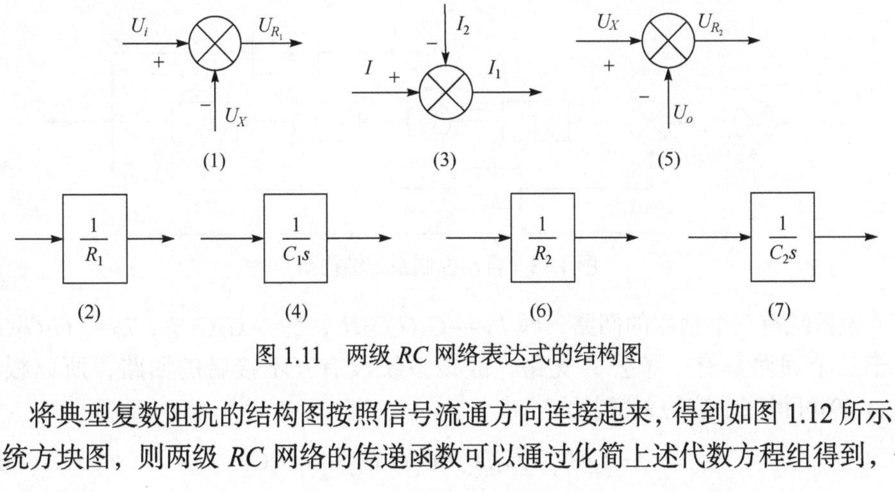

图 1.11 两级 *RC* 网络表达式的结构图

将典型复数阻抗的结构图按照信号流通方向连接起来，得到如图 1.12 所示的系统方块图，则两级 *RC* 网络的传递函数可以通过化简上述代数方程组得到，也可以通过化简结构图得到。

在分析复杂自动控制系统时，通常需要根据自动控制系统结构图的特点列写传递函数，其计算方式为梅森(Mason)公式

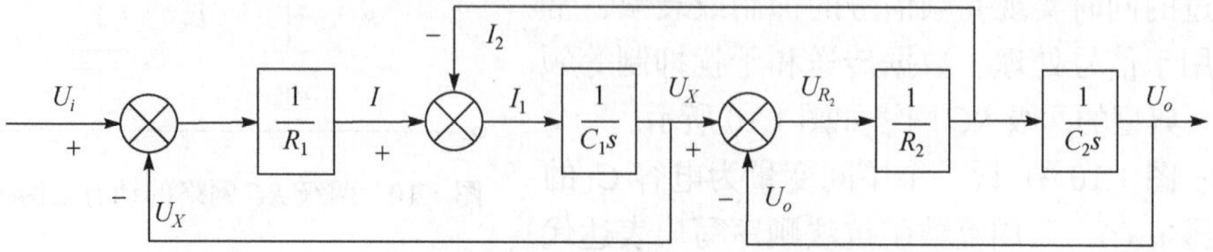

图 1.12　两级 RC 网络系统方块图

$$T=\frac{1}{\varDelta}\sum_{k=1}^{n}\varDelta_k P_k \tag{1.58}$$

$$\varDelta=1-\sum L_a+\sum L_a L_b-\sum L_a L_b L_c+\cdots \tag{1.59}$$

式中，T 为系统的总增益(或称为总传输)；$\varDelta$ 为信号流图的特征式；n 为从输入节点到输出节点前向通路的总条数；P_k 为从输入节点到输出节点第 k 条前向通路的总增益或总传输；L_a 为信号流图中第 a 个回路的增益；$\sum L_a L_b$ 为所有两两互不接触回路增益乘积项之和；$\sum L_a L_b L_c$ 为所有三个互不接触回路增益乘积项之和；$\varDelta_k$ 为第 k 条前向通路的特征式的余因子，即把特征式 $\varDelta$ 中除去与该通道 P_k 相接触的回路增益项以后所得的余因式。

根据结构图求取自动控制系统的传递函数主要包括以下步骤：①确定自动控制系统输入与输出的关系；②构建给定系统或传递函数的系统结构图；③利用梅森公式计算传递函数。下面以图 1.13 中的自动控制系统结构图为例，介绍使用梅森公式计算传递函数的步骤。

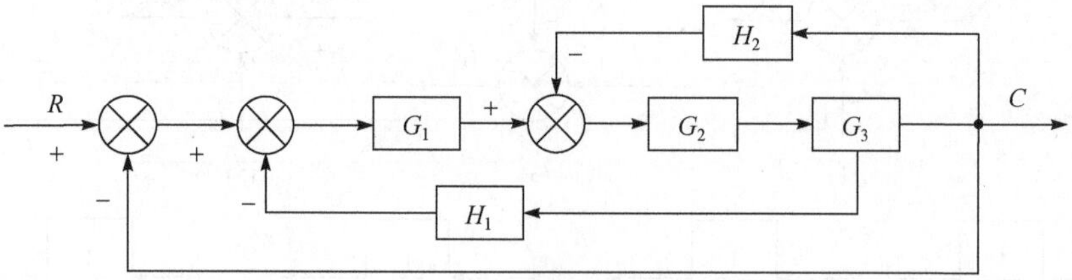

图 1.13　自动控制系统结构图

该系统有三个独立的回路，即 $L_1=-G_1G_2G_3H_1$，$L_2=-G_2G_3H_2$，$L_3=-G_1G_2G_3$，由于三个回路具有一条公共支路，故该系统没有互不接触的回路，所以根据式 (1.59)可得该系统的总增益为

$$\varDelta=1+G_1G_2G_3H_1+G_2G_3H_2+G_1G_2G_3 \tag{1.60}$$

$R(s)$和 $C(s)$之间只有一条前向通路，即 $P_1=G_1G_2G_3$，由图 1.13 可见，前向通路 P_1 只与三个回路都有接触，因而特征式的余因子 $\Delta_1=1$。

由式(1.58)可求得传递函数为

$$\frac{C(s)}{R(s)}=T=\frac{P_1\Delta_1}{\Delta}=\frac{G_1G_2G_3}{1+G_1G_2G_3H_1+G_2G_3H_2+G_1G_2G_3} \tag{1.61}$$

动态结构图不仅能够直观描述自动控制系统各元件之间信号的传递关系，而且能够反映自动控制系统中各变量之间的关系，是描述自动控制系统的一种有效方法。

1.3.3 自动控制系统的状态空间方程

以传递函数等数学模型为基础的经典控制理论着重于自动控制系统的外部联系，重点研究单输入单输出的线性定常自动控制系统。近年来，伴随着计算机的发展，以状态空间理论为基础的现代控制理论采用状态空间方程，以时域分析为主，着重研究多输入多输出自动控制系统，获取系统的状态及其内部联系。

自动控制系统状态方程可以描述系统内部变量的运动规律，内部变量也称为状态变量，自动控制系统的状态变量具有下列特点：

(1) 状态变量在时刻 t 的取值，只由它的初始状态 $\boldsymbol{x}_0=\boldsymbol{x}(t_0)(t_0\leqslant t)$以及时间由 t_0 变化到 t 时的输入量 $\boldsymbol{u}(t)$所决定。

(2) 系统在时刻 t 的输出量，由该时刻的状态变量和输入量决定。另外，自动控制系统的状态变量可以有多种组合，但不同组合形成的状态向量维数是一定的。

1. 状态空间方程的定义

状态变量属于系统内部变量，输入量和输出量属于系统外部变量，多输入多输出线性时变系统状态方程可表示为

$$\begin{cases}\dot{\boldsymbol{x}}(t)=\boldsymbol{A}(t)\boldsymbol{x}(t)+\boldsymbol{B}(t)\boldsymbol{u}(t)\\ \boldsymbol{y}(t)=\boldsymbol{C}(t)\boldsymbol{x}(t)+\boldsymbol{D}(t)\boldsymbol{u}(t)\end{cases} \tag{1.62}$$

$$\boldsymbol{x}(t)=\begin{bmatrix}\boldsymbol{x}_1(t)\\ \boldsymbol{x}_2(t)\\ \vdots\\ \boldsymbol{x}_n(t)\end{bmatrix},\quad \boldsymbol{u}(t)=\begin{bmatrix}\boldsymbol{u}_1(t)\\ \boldsymbol{u}_2(t)\\ \vdots\\ \boldsymbol{u}_p(t)\end{bmatrix},\quad \boldsymbol{y}(t)=\begin{bmatrix}\boldsymbol{y}_1(t)\\ \boldsymbol{y}_2(t)\\ \vdots\\ \boldsymbol{y}_m(t)\end{bmatrix} \tag{1.63}$$

式中，$\boldsymbol{x}(t)$、$\boldsymbol{u}(t)$和 $\boldsymbol{y}(t)$分别为状态向量、控制向量和输出向量；$\boldsymbol{A}(t)$、$\boldsymbol{B}(t)$、$\boldsymbol{C}(t)$和 $\boldsymbol{D}(t)$分别为系统矩阵、控制矩阵、输出矩阵和输入矩阵，其矩阵的维数分别为 $n\times n$、$n\times p$、$m\times n$、$m\times p$。

$$\boldsymbol{A}=\begin{bmatrix} a_{11} & a_{12} & \cdots & a_{1n} \\ a_{21} & a_{22} & \cdots & a_{2n} \\ \vdots & \vdots & & \vdots \\ a_{n1} & a_{n2} & \cdots & a_{nn} \end{bmatrix}$$

$$\boldsymbol{B}=\begin{bmatrix} b_{11} & b_{12} & \cdots & b_{1p} \\ b_{21} & b_{22} & \cdots & b_{2p} \\ \vdots & \vdots & & \vdots \\ b_{n1} & b_{n2} & \cdots & b_{np} \end{bmatrix} \tag{1.64}$$

$$\boldsymbol{C}=\begin{bmatrix} c_{11} & c_{12} & \cdots & c_{1n} \\ c_{21} & c_{22} & \cdots & c_{2n} \\ \vdots & \vdots & & \vdots \\ c_{m1} & c_{m2} & \cdots & c_{mn} \end{bmatrix}$$

$$\boldsymbol{D}=\begin{bmatrix} d_{11} & d_{12} & \cdots & d_{1p} \\ d_{21} & d_{22} & \cdots & d_{2p} \\ \vdots & \vdots & & \vdots \\ d_{m1} & d_{m2} & \cdots & d_{mp} \end{bmatrix}$$

每个矩阵的元素都是连续或分段连续的实值函数，并由系统结构参数决定，当系统为多输入多输出时不变线性系统时，状态方程可表示为

$$\begin{aligned} \dot{\boldsymbol{x}}(t) &= \boldsymbol{A}\boldsymbol{x}(t)+\boldsymbol{B}\boldsymbol{u}(t) \\ \boldsymbol{y}(t) &= \boldsymbol{C}\boldsymbol{x}(t)+\boldsymbol{D}\boldsymbol{u}(t) \end{aligned} \tag{1.65}$$

式中，$\boldsymbol{A}$、$\boldsymbol{B}$、$\boldsymbol{C}$、$\boldsymbol{D}$ 分别为 $n\times n$、$n\times p$、$m\times n$、$m\times p$ 的实常数矩阵。

2. 状态空间方程求取方法

1) 系统高阶微分方程转化为状态空间描述

设线性连续时不变单输入单输出系统的高阶微分方程为

$$\boldsymbol{y}^{(n)}(t)+a_1\boldsymbol{y}^{(n-1)}(t)+\cdots+a_n\boldsymbol{y}(t)=b_0\boldsymbol{u}^{(n)}(t)+b_1\boldsymbol{u}^{(n-1)}(t)+\cdots+b_n\boldsymbol{u}(t) \tag{1.66}$$

将高阶微分方程转化为状态空间描述，需要选择适当的系统状态变量，确定相应的系数矩阵，分如下两种情况讨论：

(1) 式(1.66)中不包含输入函数的导数，则微分方程可以表示为

$$\boldsymbol{y}^{(n)}(t)+a_1\boldsymbol{y}^{(n-1)}(t)+\cdots+a_n\boldsymbol{y}(t)=b_n\boldsymbol{u}(t) \tag{1.67}$$

式(1.67)所示的系统具有 n 个状态变量，当给定 $\boldsymbol{y}(0), \dot{y}(0),\cdots, \boldsymbol{y}^{(n-1)}(0)$和 $t\geqslant 0$ 的输入 $\boldsymbol{u}(t)$时，可以确定系统在 $t\geqslant 0$ 时的运动状态，选择 $\boldsymbol{y}(t), \dot{y}(t),\cdots, \boldsymbol{y}^{(n-1)}(t)$为系统

的一组状态变量可以获得

$$\begin{cases} \boldsymbol{x}_1(t) = \boldsymbol{y}(t) \\ \boldsymbol{x}_2(t) = \dot{\boldsymbol{x}}_1(t) = \dot{\boldsymbol{y}}(t) \\ \boldsymbol{x}_3(t) = \dot{\boldsymbol{x}}_2(t) = \ddot{\boldsymbol{y}}(t) \\ \quad\vdots \\ \boldsymbol{x}_n(t) = \dot{\boldsymbol{x}}_{n-1}(t) = \boldsymbol{y}^{(n-1)}(t) \end{cases} \tag{1.68}$$

式(1.68)所示 n 阶常微分方程可由 n 个一阶常微分方程组成：

$$\begin{cases} \dot{\boldsymbol{x}}_1(t) = \boldsymbol{x}_2(t) \\ \dot{\boldsymbol{x}}_2(t) = \boldsymbol{x}_3(t) \\ \quad\vdots \\ \dot{\boldsymbol{x}}_{n-1}(t) = \boldsymbol{x}_n(t) \\ \dot{\boldsymbol{x}}_n(t) = -a_n\boldsymbol{x}_1(t) - a_{n-1}\boldsymbol{x}_2(t) - \cdots - a_1\boldsymbol{x}_n(t) + \boldsymbol{u}(t) \end{cases} \tag{1.69}$$

将式(1.69)写成矩阵方程的形式得到

$$\dot{\boldsymbol{x}}(t) = \boldsymbol{A}\boldsymbol{x}(t) + \boldsymbol{b}\boldsymbol{u}(t) \tag{1.70}$$

式中，系统矩阵 $\boldsymbol{A}$ 为 $n\times n$ 的常系数矩阵；控制矩阵 $\boldsymbol{b}$ 为 $n\times 1$ 的常系数矩阵，即 n 维常系数列向量，具体为

$$\boldsymbol{A} = \begin{bmatrix} 0 & 1 & 0 & \cdots & 0 \\ 0 & 0 & 1 & \cdots & 0 \\ \vdots & \vdots & \vdots & & \vdots \\ 0 & 0 & 0 & \cdots & 1 \\ -a_n & -a_{n-1} & -a_{n-2} & \cdots & -a_1 \end{bmatrix}, \quad \boldsymbol{b} = \begin{bmatrix} 0 \\ 0 \\ \vdots \\ 0 \\ 1 \end{bmatrix} \tag{1.71}$$

式(1.70)表示的一阶矩阵微分方程，将系统的输出变量 $\boldsymbol{y}$ 通过状态向量 $\boldsymbol{x}$ 表示时，得到输出方程为

$$y = \boldsymbol{c}\boldsymbol{x}(t) = \boldsymbol{c}\begin{bmatrix} x_1 \\ x_2 \\ \vdots \\ x_n \end{bmatrix} \tag{1.72}$$

式中，$\boldsymbol{c}=[1 \quad 0 \quad \cdots \quad 0]$是 $1\times n$ 矩阵，式(1.70)和式(1.72)所示方程即描述系统动态特性的标准状态空间表达式。

(2) 式(1.66)中包含输入函数的导数，线性连续时不变系统输入-输出的时域模型一般形式

$$\boldsymbol{y}^{(n)}(t)+a_1\boldsymbol{y}^{(n-1)}(t)+\cdots+a_n\boldsymbol{y}(t)=b_0\boldsymbol{u}^{(n)}(t)+b_1\boldsymbol{u}^{(n-1)}(t)+\cdots+b_n\boldsymbol{u}(t) \tag{1.73}$$

对于式(1.73)所示的高阶微分方程，选取状态变量

$$\begin{cases}\boldsymbol{x}_1(t)=\boldsymbol{y}(t)-b_0\boldsymbol{u}(t)\\ \boldsymbol{x}_2(t)=\dot{\boldsymbol{x}}_1(t)-h_1\boldsymbol{u}(t)\\ \boldsymbol{x}_3(t)=\dot{\boldsymbol{x}}_2(t)-h_2\boldsymbol{u}(t)\\ \quad\vdots\\ \boldsymbol{x}_n(t)=\dot{\boldsymbol{x}}_{n-1}(t)-h_{n-1}\boldsymbol{u}(t)\end{cases} \tag{1.74}$$

式中

$$\begin{cases}h_1=b_1-a_1b_0\\ h_2=(b_2-a_2b_0)-a_1h_1\\ h_3=(b_3-a_3b_0)-a_2h_1-a_1h_2\\ \quad\vdots\\ h_n=(b_n-a_nb_0)-a_{n-1}h_1-a_{n-2}h_2-\cdots-a_2h_{n-2}-a_1h_{n-1}\end{cases} \tag{1.75}$$

通过式(1.74)表示的状态变量，可将式(1.73)写成状态方程

$$\begin{cases}\dot{\boldsymbol{x}}_1(t)=\boldsymbol{x}_2(t)+h_1\boldsymbol{u}(t)\\ \dot{\boldsymbol{x}}_2(t)=\boldsymbol{x}_3(t)+h_2\boldsymbol{u}(t)\\ \quad\vdots\\ \dot{\boldsymbol{x}}_{n-1}(t)=\boldsymbol{x}_n(t)+h_{n-1}\boldsymbol{u}(t)\\ \dot{\boldsymbol{x}}_n(t)=-a_n\boldsymbol{x}_1(t)-a_{n-1}\boldsymbol{x}_2(t)-\cdots-a_1\boldsymbol{x}_n(t)+h_n\boldsymbol{u}(t)\end{cases} \tag{1.76}$$

将式(1.76)的状态方程改写成矩阵形式为

$$\begin{bmatrix}\dot{\boldsymbol{x}}_1(t)\\ \dot{\boldsymbol{x}}_2(t)\\ \vdots\\ \dot{\boldsymbol{x}}_{n-1}(t)\\ \dot{\boldsymbol{x}}_n(t)\end{bmatrix}=\begin{bmatrix}0&1&0&\cdots&0\\ 0&0&1&\cdots&0\\ \vdots&\vdots&\vdots&&\vdots\\ 0&0&0&\cdots&1\\ -a_n&-a_{n-1}&-a_{n-2}&\cdots&-a_1\end{bmatrix}\begin{bmatrix}\boldsymbol{x}_1(t)\\ \boldsymbol{x}_2(t)\\ \vdots\\ \boldsymbol{x}_{n-1}(t)\\ \boldsymbol{x}_n(t)\end{bmatrix}+\begin{bmatrix}h_1\\ h_2\\ \vdots\\ h_{n-1}\\ h_n\end{bmatrix}\boldsymbol{u}(t) \tag{1.77}$$

则系统的输出方程为

$$\boldsymbol{y}(t)=\boldsymbol{c}\boldsymbol{x}_1(t)+b_0\boldsymbol{u}(t)=\begin{bmatrix}1&0&\cdots&0\end{bmatrix}\begin{bmatrix}\boldsymbol{x}_1(t)\\ \boldsymbol{x}_2(t)\\ \vdots\\ \boldsymbol{x}_n(t)\end{bmatrix}+b_0\boldsymbol{u}(t) \tag{1.78}$$

由式(1.70)及式(1.78)可得，线性系统运动方程不含作用函数导数项与包含作用函

数导数项时相应状态方程的区别在于系数矩阵 $\boldsymbol{B}$ 有所不同，而系数矩阵 $\boldsymbol{A}$ 则是相同的，其输出方程的区别在于含作用函数导数项时增加一项 $b_0\boldsymbol{u}(t)$ 。

2) 系统传递函数转化为状态空间

自动控制系统的传递函数为

$$W(s)=\frac{Y(s)}{U(s)}=\frac{b_1s^{n-1}+\cdots+b_{n-1}s+b_n}{s^n+a_1s^{n-1}+\cdots+a_{n-1}s+a_n} \tag{1.79}$$

分如下两种情况讨论：

(1) 自动控制系统传递函数的极点为两两相异，将式(1.79)化为部分分式形式

$$W(s)=\frac{Y(s)}{U(s)}=\frac{k_1}{s-s_1}+\frac{k_2}{s-s_2}+\cdots+\frac{k_n}{s-s_n} \tag{1.80}$$

式中，$s_1,s_2,\cdots,s_n$ 为系统中两两相异的极点；$k_1,k_2,\cdots,k_n$ 为待定常数，且

$$k_i=\lim_{s\to s_i}W(s)(s-s_i) \tag{1.81}$$

可得系统状态空间表达式为

$$\begin{bmatrix}\dot{x}_1\\ \dot{x}_2\\ \vdots\\ \dot{x}_{n-1}\\ \dot{x}_n\end{bmatrix}=\begin{bmatrix}s_1 & & & & \\ & s_2 & & & \\ & & \ddots & & \\ & & & s_{n-1} & \\ & & & & s_n\end{bmatrix}\begin{bmatrix}x_1\\ x_2\\ \vdots\\ x_{n-1}\\ x_n\end{bmatrix}+\begin{bmatrix}1\\ 1\\ \vdots\\ 1\\ 1\end{bmatrix}u \tag{1.82}$$

$$y=[k_1\quad k_2\quad \cdots\quad k_{n-1}\quad k_n]\begin{bmatrix}x_1\\ x_2\\ \vdots\\ x_{n-1}\\ x_n\end{bmatrix} \tag{1.83}$$

(2) 自动控制系统传递函数的极点为重根，设式(1.79)的极点仅有一个重根，则可将其化为

$$W(s)=\frac{Y(s)}{U(s)}=\frac{k_{11}}{(s-s_1)^n}+\frac{k_{12}}{(s-s_1)^{n-1}}+\cdots+\frac{k_{1n}}{s-s_1} \tag{1.84}$$

式中，$k_1,k_2,\cdots,k_n$ 为待定常数，则

$$k_{1i}=\lim_{s\to s_1}\frac{1}{(i-1)!}\frac{\mathrm{d}^{i-1}}{\mathrm{d}s^{i-1}}[W(s)(s-s_1)^n],\quad i=1,2,\cdots,n \tag{1.85}$$

可得系统状态空间表达式为

$$\begin{bmatrix} \dot{x}_1 \\ \dot{x}_2 \\ \vdots \\ \dot{x}_{n-1} \\ \dot{x}_n \end{bmatrix} = \begin{bmatrix} s_1 & 1 & & & \\ & s_1 & \ddots & & \\ & & \ddots & 1 & \\ & & & s_1 & 1 \\ & & & & s_1 \end{bmatrix} \begin{bmatrix} x_1 \\ x_2 \\ \vdots \\ x_{n-1} \\ x_n \end{bmatrix} + \begin{bmatrix} 0 \\ 0 \\ \vdots \\ 0 \\ 1 \end{bmatrix} u \tag{1.86}$$

$$y = [k_{11} \quad k_{12} \quad \cdots \quad k_{1n}] \begin{bmatrix} x_1 \\ x_2 \\ \vdots \\ x_{n-1} \\ x_n \end{bmatrix} \tag{1.87}$$

在建立了自动控制系统的数学模型后，需要判断系统能否快速、稳定、准确地完成控制任务，即在某种典型输入信号下其输出量变化的全过程。

1.4 自动控制系统的性能指标

1.4.1 自动控制系统的基本性能指标

自动控制系统最基本的性能指标是稳定性，稳定性是自动控制系统正常运行的前提，当自动控制系统不稳定时容易造成设备损坏，甚至造成重大损失。例如，直流电动机的失磁、导弹发射的失控、运动机械的增幅振荡等都属于自动控制系统不稳定。

在稳定的前提下，自动控制系统的基本性能指标应具有良好的动态性能和稳态性能。为了实现控制任务，要求自动控制系统的输出量应跟随给定值的变化而变化，希望被控变量等于给定值，两者之间没有误差存在。然而，由于实际系统中总是包含惯性或储能元件，自动控制系统在受到外力作用时，其被控变量不可能立即变化，存在一个跟踪过程。

考虑到动态过程在不同阶段的特点，工程上自动控制系统的性能指标主要包括快速性(快)、稳定性(稳)、准确性(准)。

1. 快速性

快速性是指自动控制系统操纵被控对象稳定到给定值所需的时间长短，持续时间越短，说明系统快速性越好；持续时间越长，说明系统响应迟钝，难以产生快速变化的指令信号，如图 1.14 中的响应曲线①所示。

快速性反映了系统在控制过程中的性能，系统在跟踪过程中，被控量偏离给定值越小，偏离的时间越短，说明系统的动态精度越高，如图 1.14 中的响应曲线②所示。

2. 稳定性

稳定性是指自动控制系统在受到外力作用后，能操纵被控对象随时间的增长很快稳定到给定值附近，如图 1.15 中的响应曲线①所示。如果被控量随时间的增长在给定值附近上下波动，则称系统的动态过程不平稳，如图 1.15 中的响应曲线②所示。

平稳的系统才能完成自动控制的任务，输出量的下上波动往往会造成设备损坏，所以稳定性是保证自动控制系统安全正常工作的前提条件。

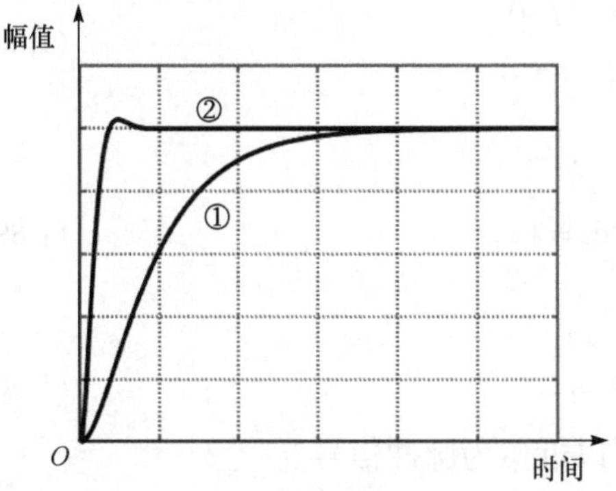

图 1.14　自动控制系统动态过程曲线
(表征快速性)

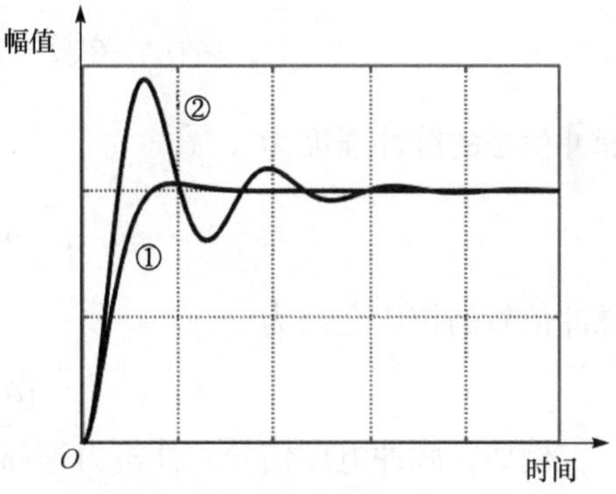

图 1.15　自动控制系统动态过程曲线
(表征稳定性)

3. 准确性

准确性是指自动控制系统动态过程结束后，其被控变量与设定值的偏差大小，该偏差即稳态误差，它是衡量系统稳态精度的指标，反映了自动控制系统的稳定性。

由于被控对象的特性不同，各系统对快、稳、准的要求应有所侧重；而且同一个系统，快、稳、准的要求是相互制约的。提高动态过程的快速性，可能会引起系统的剧烈振荡，影响系统的稳定性，控制过程有可能很迟缓，甚至会使系统的稳态精度很差。

1.4.2　自动控制系统的典型输入信号

一般情况下，自动控制系统的外加输入信号具有随机性。因此，为了方便系统的分析和设计，需要假定一些典型输入函数作为系统的实验信号，据此对系统性能进行评价，选取这些实验信号时应注意以下三个方面：

(1) 选取输入信号的典型性应反映系统工作的大部分实际情况；

(2) 选取外加输入信号的形式应尽可能简单，以便于分析处理；

(3) 应选取那些能使系统工作在最不利情况下的输入信号作为典型的实验信号。

基于上述三个要求，典型输入信号包括以下五种。

1. 脉冲信号

脉冲信号是一个持续时间极短的信号，脉冲信号$\delta(t)$如图 1.16 所示。脉冲信号的数学表达式为

$$\delta(t)=\begin{cases}\infty, & t=0\\ 0, & t\neq 0\end{cases} \tag{1.88}$$

脉冲信号的脉冲强度为

$$\int_{-\infty}^{\infty}\delta(t)\mathrm{d}t=1 \tag{1.89}$$

脉冲信号的拉氏变换为

$$L[\delta(t)]=1 \tag{1.90}$$

例如，脉冲电压信号、冲击力等都可以近似为脉冲信号。

2. 阶跃信号

阶跃信号是一种特殊的连续时间信号，阶跃信号 $r(t)$如图 1.17 所示。阶跃信号的数学表达式为

$$r(t)=\begin{cases}0, & t<0\\ R_0, & t\geqslant 0\end{cases} \tag{1.91}$$

式中，R_0为常量，若 R_0=1 则称为单位阶跃信号，其拉氏变换为

$$L[r(t)]=\frac{1}{s} \tag{1.92}$$

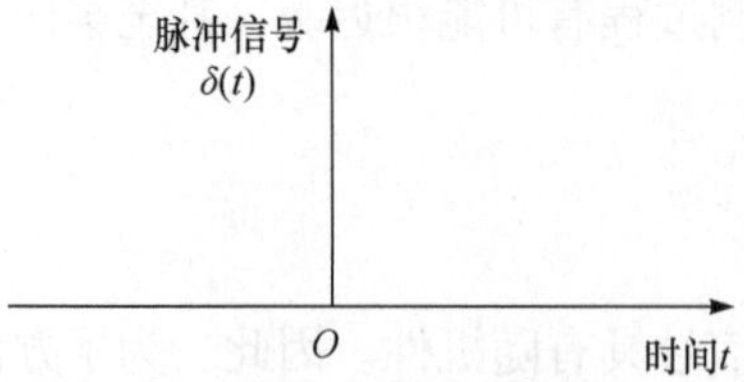

图 1.16 脉冲信号

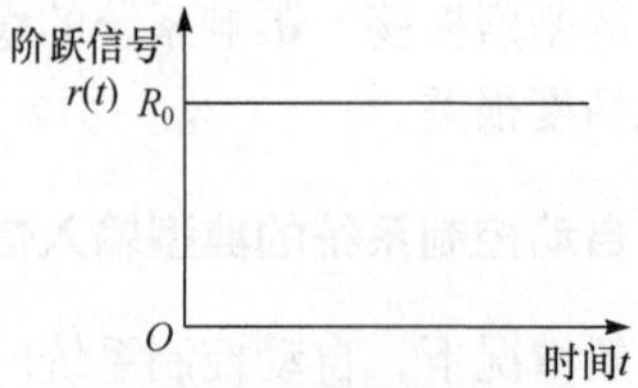

图 1.17 阶跃信号

例如，在实际工作中指令的突然转换、电源的突然接通、负荷的突变和设备故障等都可以近似为阶跃信号。

3. 斜坡信号

斜坡信号是一种线性时间信号，如图 1.18 所示。斜坡信号的数学表达式为

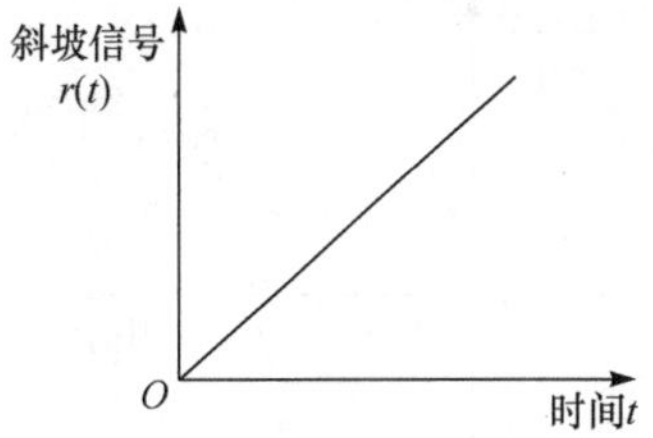

图 1.18　斜坡信号

$$r(t)=\begin{cases} v_0 t, & t \geqslant 0 \\ 0, & t<0 \end{cases} \tag{1.93}$$

式中，斜坡信号的一阶导数为常量 v_0，故斜坡信号又称等速度输入信号，当 $v_0=1$ 时则称为单位斜坡信号，其拉氏变换为

$$L[r(t)]=\frac{1}{s^2} \tag{1.94}$$

例如，大型船闸的匀速升降、列车的匀速前进、主拖动系统发出的位置信号等都可以看成斜坡信号。

4. 等加速度信号

等加速度信号是一种形为抛物线的时间信号，如图 1.19 所示。等加速度信号的数学表达式为

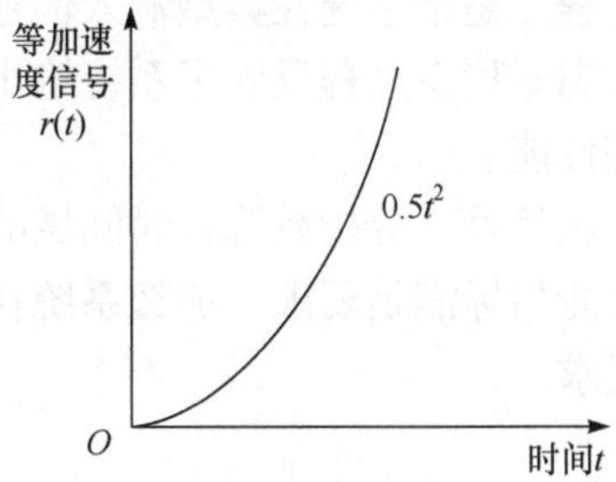

图 1.19　等加速度信号

$$r(t)=\begin{cases} 0, & t<0 \\ \dfrac{1}{2}a_0 t^2, & t \geqslant 0 \end{cases} \tag{1.95}$$

式中，a_0 为常量。等加速度信号的信号幅值随时间以等加速度不断增长，当 $a_0=1$ 时则称为单位加速度信号，其拉氏变换为

$$L[r(t)]=\frac{1}{s^3} \tag{1.96}$$

例如，航天飞行器发射控制系统的输入信号可以近似成等加速度信号。

5. 正弦信号

正弦信号是波形为正弦曲线的信号，如图 1.20 所示。正弦信号的数学表达式为

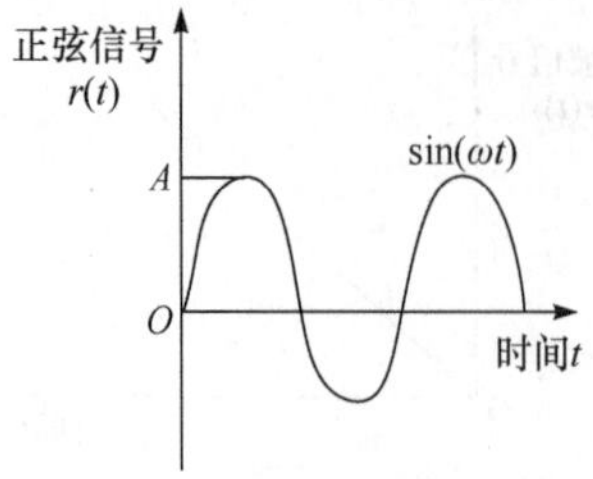

图 1.20　正弦信号

$$r(t) = A\sin(\omega t) \tag{1.97}$$

式中，A 为振幅；ω 为角频率。正弦信号主要用于求取系统的频率响应，其拉氏变换为

$$L[r(t)] = \frac{\omega^2}{s^2+\omega^2} \tag{1.98}$$

例如，交流电源、电磁波和机车设备受到的振动、电源和机械振动的噪声等都可以近似为正弦信号。

在自动控制系统分析时，选用哪一种输入信号作为系统的实验信号，应根据研究系统的实际输入信号确定。如果系统的实际输入信号是一个突变的量，则应取阶跃信号；如果系统的实际输入信号是一个瞬时冲击的量，显然选取脉冲信号最为合适；如果系统的输入信号是随时间逐渐变化的量，则应选斜坡信号，以符合实际工作需求。

1.4.3　自动控制系统的时域性能指标

在典型输入信号的作用下，任何自动控制系统的时间响应都由动态响应和稳态响应两部分组成。动态响应又称为过渡过程或瞬态过程，是指系统在典型输入信号的作用下，系统输出量从初始状态到最终状态的响应过程。由于实际自动控制系统具有惯性、摩擦等因素，根据系统结构和参数的选择情况，动态过程表现为衰减、发散或等幅振荡的形式。动态过程包含输出响应的各种运动特性，这些特性用动态性能指标描述。稳态响应又称为稳态过程，是指系统在典型输入信号作用下，当时间趋于无穷大时，系统的输出响应状态。稳态过程反映了系统输出量最终复现输入量的程度，包含了输出响应的稳态性能。

在实际应用中，通常使用单位阶跃信号作为测试信号，分析系统在时间域的动态和稳态性能。如果系统在阶跃信号作用下的性能指标满足要求，那么系统在其他形式的输入信号下，其性能指标一般可满足要求。

1. 动态性能指标

1) 最大偏差和超调量

按照控制器的输出信号是否恒定，描述控制系统的被控变量偏离给定值大小的性能指标分为最大偏差和超调量两种。其中，最大偏差是指过渡过程中被控变量偏离给定信号的最大值，超调量是指控制过程中被控变量偏离给定信号的最大程度。

在随动控制系统中，通常用超调量来描述被控变量偏离给定信号的最大程度。在图 1.21 中超调量用 B 来表示。超调量 B 是第一个峰值 MA 与新稳定值 C 之差，

即 $B = \text{MA}-C$。如果系统的新稳定值等于给定值，那么最大偏差 MA 也就与超调量 B 相等。一般超调量以百分数表示，即

$$\sigma = \frac{B}{C} \times 100\% \tag{1.99}$$

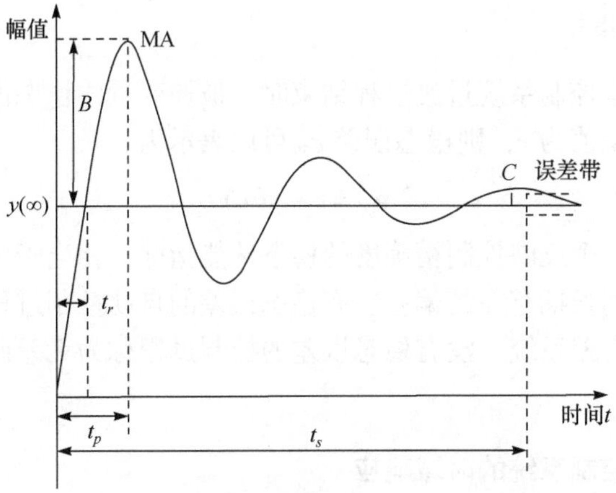

图 1.21 单位阶跃响应表示的性能指标

在定值控制系统中，通常用最大偏差来描述系统的被控变量偏离给定信号的最大值，从图 1.21 中可以看出，最大偏差为第一个波峰的输出幅值，即图 1.21 中被控变量第一个波的峰值 MA。

最大偏差表示系统瞬间偏离给定值的最大程度。若偏离越大，偏离的时间越长，则表明系统离开规定的工艺参数指标就越远，这对稳定正常的生产是不利的。同时考虑到扰动会不断出现，当第一个扰动还未清除时，第二个扰动可能又出现了，偏差有可能是叠加的，这就更需要限制最大偏差的允许值。所以，在决定最大偏差允许值时，要根据工艺情况慎重选择。

2) 调节时间

调节时间是指过渡过程从开始到结束所需的时间，又称为过渡时间。在图 1.21 中调节时间用 t_s 来表示。从图中可以看出，过渡过程要绝对地达到新的稳态，理论上需要无限长的时间。因此，当被控变量进入新稳态值 ±2%或 ±5%范围内，并保持在该范围内时，一般认为过渡过程结束。调节时间不仅可以反映系统的响应速度，还能反映系统的阻尼程度。

3) 峰值时间和上升时间

峰值时间是指被控变量超过其稳态值达到第一个峰值所需要的时间，在图 1.21 中峰值时间用 t_p 来表示。峰值时间能够反映控制系统的反应速度，但其对噪声较为敏感，因此在实际控制系统性能评价中应用较少。

上升时间是指从过渡过程开始到被控变量第一次达到稳态值的时间，在图 1.21 中上升时间用 t_r 来表示。由于有些时间没有超调量，理论上到达稳态值时间需要无穷大，此时将上升时间定义为响应曲线从稳态值的 10%上升到稳态值的 90%所需的时间。上升时间是对系统阶跃响应进行描述的常用性能指标。

2. 稳态性能指标

稳态误差是指控制系统过渡过程结束时，被控变量的稳态值与设定值之间的偏差。设新的稳态值为 r，则稳态误差 e_{ss} 可以表示为

$$e_{ss} = r - y(\infty) \tag{1.100}$$

稳态误差是一个反映控制精确度的稳态性能指标，相当于生产中允许的被控变量与设定值之间长期存在的偏差。有稳态误差的自动控制过程称为有差调节，相应的系统称为有差系统。没有稳态误差的控制过程称为无差调节，相应的系统称为无差系统。

1.4.4 一阶自动控制系统的时域响应

由于计算高阶微分方程的时间解相当复杂，时域分析法通常用于分析一、二阶自动控制系统。另外在工程上，许多高阶系统通常具有与一、二阶自动控制系统相类似的时间响应，高阶系统也常常被简化为低阶系统，因此深入研究一、二阶自动控制系统有着广泛的实际意义。

用一阶微分方程描述的自动控制系统称为一阶自动控制系统(为简化，将其称为一阶系统)，一阶系统在控制工程实际中应用广泛。一些控制元部件及简单的系统，如 RC 网络、空气加热器、液位自动控制系统等都是一阶系统。

1. 一阶系统的数学模型

图 1.22 所示的 RC 滤波器是典型的一阶系统，其特点为电路简单、抗干扰性强，具有较好的低频性能，所以广泛应用于工程测试领域中。

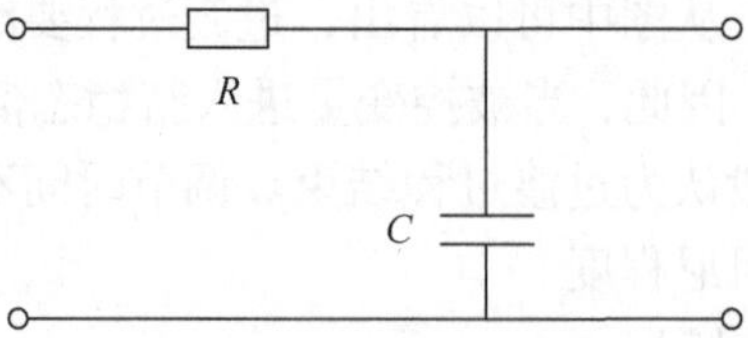

图 1.22　RC 滤波电路

RC 滤波器的微分方程为

$$RC\frac{\mathrm{d}c(t)}{\mathrm{d}t}+c(t)=r(t) \tag{1.101}$$

式中，$r(t)$为输入电压；$c(t)$为输出电压。令 $T=RC$，则得到一阶系统一般表达式为

$$T\frac{\mathrm{d}c(t)}{\mathrm{d}t}+c(t)=r(t) \tag{1.102}$$

在初始条件为零的情况下，一阶系统传递函数为

$$G(s)=\frac{C(s)}{R(s)}=\frac{1}{1+Ts} \tag{1.103}$$

式中，T 为时间常数。该系统实际上就是一个非周期性的惯性环节，下面分别分析一阶系统在初始条件等于零的情况下对单位阶跃信号、单位斜坡信号、单位脉冲信号、单位加速度信号的响应。

2. 单位阶跃响应

单位阶跃函数的拉氏变换为

$$R(s)=\frac{1}{s} \tag{1.104}$$

则一阶系统的输出为

$$C(s)=\frac{1}{s(1+Ts)}=\frac{1}{s}-\frac{T}{Ts+1} \tag{1.105}$$

对式(1.105)取拉氏逆变换，得一阶系统的单位阶跃响应为

$$c(t)=1-\mathrm{e}^{-\frac{t}{T}},\quad t\geqslant 0 \tag{1.106}$$

式中，响应曲线在 $t=0$ 时的斜率为 $1/T$，如果系统输出响应的速度恒为 $1/T$，则只要 $t=T$，输出 $c(t)$就能达到其终值 1，所以一阶系统跟踪单位阶跃信号的稳态误差为

$$e_{\mathrm{ss}}=\lim_{t\to\infty}e(t)=0 \tag{1.107}$$

一阶系统的单位阶跃响应是一条由零开始按指数规律上升的曲线。当时间 $t=T$ 时，响应曲线 $c(t)$达到其终值的 63.2%，这是一阶系统阶跃响应的一个重要特征量，T 值的大小反映系统的惯性。T 值越小，惯性越小，响应速度越快；T 值越大，惯性就大，响应速度越慢。这一结论也适用于一阶系统以外的其他系统。

3. 单位斜坡响应

单位斜坡信号的拉氏变换为

$$R(s)=\frac{1}{s^2} \tag{1.108}$$

则一阶系统的输出为

$$C(s)=\frac{1}{s^2(1+Ts)}=\frac{1}{s^2}-\frac{T}{s}+\frac{T^2}{1+Ts} \tag{1.109}$$

对式(1.109)取拉氏逆变换，得一阶系统的单位斜坡响应为

$$c(t)=t-T\left(1-\mathrm{e}^{-\frac{t}{T}}\right),\quad t\geqslant 0 \tag{1.110}$$

由于

$$e(t)=r(t)-c(t)=T\left(1-\mathrm{e}^{-\frac{t}{T}}\right) \tag{1.111}$$

所以一阶系统跟踪单位斜坡信号的稳态误差为

$$e_{\mathrm{ss}}=\lim_{t\to\infty}e(t)=T \tag{1.112}$$

由于系统存在惯性，当 $c(t)$ 从 0 上升到 1 时，对应的输出信号在数值上要滞后于输出信号一个常量 T，这就是稳态误差产生的原因。减小时间常数 T 不仅可以加快系统瞬时响应的速度，而且还能减小系统跟踪斜坡信号的稳态误差。

4. 单位脉冲响应

单位脉冲信号的拉氏变换为

$$R(s)=1 \tag{1.113}$$

则一阶系统的输出为

$$C(s)=G(s)=\frac{1/T}{s+1/T} \tag{1.114}$$

对式(1.114)取拉氏逆变换，为了区别于其他响应，将脉冲响应记作 $g(t)$，得一阶系统的单位脉冲响应为

$$g(t)=\frac{1}{T}\mathrm{e}^{-\frac{t}{T}},\quad t\geqslant 0 \tag{1.115}$$

令

$$e(t)=r(t)-g(t)=1-\frac{1}{T}\mathrm{e}^{-\frac{t}{T}} \tag{1.116}$$

所以一阶系统跟踪脉冲信号的稳态误差为

$$e_{ss}=\lim_{t\to\infty}(1-e^{-t/T})=1 \tag{1.117}$$

式中，当时间 $t=0$ 时，响应为最大值。$g_{max}(t)=1/T$。当 t 趋于无穷大时，曲线的幅值衰减到零。因此，一阶系统经过有限时间 t_s 后，可以使得脉冲式扰动信号对系统的影响衰减到允许误差之内。

5. 单位加速度响应

单位加速度信号的拉氏变换为

$$R(s)=\frac{1}{s^3} \tag{1.118}$$

则一阶系统的输出为

$$C(s)=\frac{1/T}{s+1/T}\frac{1}{s^3} \tag{1.119}$$

对式(1.119)取拉氏逆变换，得一阶系统的单位加速度响应为

$$c(t)=\frac{1}{2}t^2-Tt-T^2\left(1-e^{-\frac{t}{T}}\right),\quad t\geqslant 0 \tag{1.120}$$

由于

$$e(t)=r(t)-c(t)=Tt+T^2\left(1-e^{-\frac{t}{T}}\right) \tag{1.121}$$

式中，跟踪误差随时间推移而增大，直至无限大，因此一阶系统不能实现对加速度输入函数的跟踪。

从上述一阶系统对四种不同典型输入信号的响应，可以得出系统对输入信号微分的响应等于系统对该输入信号响应的微分；系统对输入信号积分的响应等于系统对该输入信号响应的积分，这一特性适用于任何阶线性定常连续系统，而非线性系统及线性时变系统则不具有这种特性。这样，研究定常控制系统的时间响应只取一种典型形式测定即可。

1.4.5 二阶自动控制系统的时域响应

1. 二阶系统的数学模型

二阶自动控制系统(为简化，将其称为二阶系统)是指用二阶微分方程描述的系统。图 1.6 所示的 *RCL* 振荡电路即典型的二阶系统，其微分方程为

$$LC\frac{\mathrm{d}^2c(t)}{\mathrm{d}t^2}+RC\frac{\mathrm{d}c(t)}{\mathrm{d}t}+c(t)=r(t) \tag{1.122}$$

求式(1.122)的拉氏变换，可得系统的传递函数为

$$\frac{C(s)}{R(s)}=\frac{1}{LCs^2+RCs+1} \tag{1.123}$$

为了对二阶系统的研究具有普遍意义，将式(1.123)改写成如下形式：

$$\frac{C(s)}{R(s)}=\frac{\omega_n^2}{s^2+2\zeta\omega_n s+\omega_n^2} \tag{1.124}$$

式中，ω_n 为无阻尼振荡频率，rad/s；ζ 为二阶系统的阻尼比(或相对阻尼系数)，量纲为 1。与式(1.124)对应的系统结构框图如图 1.23 所示。

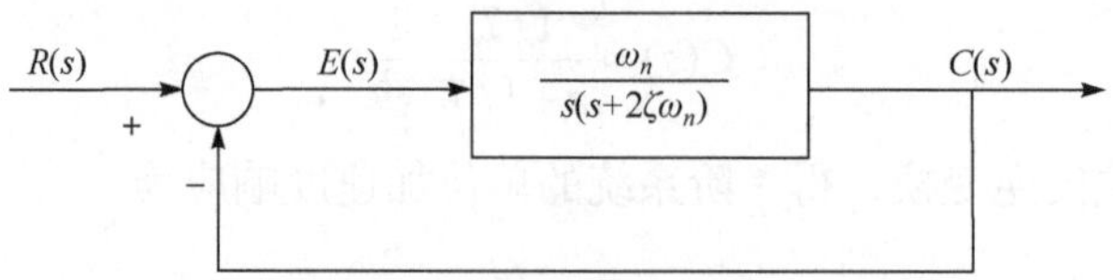

图 1.23　二阶系统的动态结构图

任何一个具有类似图 1.23 结构的二阶系统，它们的闭环传递函数都可以化为式(1.124)的标准形式。只要分析二阶系统的标准形式的动态性能与其参数 ω_n 、ζ 间的关系，就能较方便地求得任何二阶系统的动态性能。下面分别分析二阶系统在初始条件等于零的情况下对单位阶跃信号和单位脉冲信号的响应。

2. 二阶系统的单位阶跃响应

二阶系统在输入单位阶跃信号时，系统的输出为时间响应 $c(t)$。由于二阶系统的特征根在 s 平面上的位置不同，当阻尼比 ζ 取不同值时，二阶系统的时间响应 $c(t)$主要表现为无阻尼、欠阻尼、临界阻尼和过阻尼四种情况。

1) 无阻尼(ζ=0)

当 ζ=0 时，系统在 s 平面的虚轴上有一对共轭虚根，即

$$s_{1,2}=\pm \mathrm{j}\omega_n \tag{1.125}$$

此时系统的响应表现为无阻尼，其闭环传递函数为

$$G_c(s)=\left.\frac{\omega_n^2}{s^2+2\zeta\omega_n s+\omega_n^2}\right|_{\zeta=0}=\frac{\omega_n^2}{s^2+\omega_n^2} \tag{1.126}$$

系统的输出为

$$C(s)=\frac{\omega_n^2}{s^2+\omega_n^2}\frac{1}{s} \tag{1.127}$$

对应的单位阶跃时间响应为

$$c(t)=1-\cos(\omega_n t) \tag{1.128}$$

式(1.128)表明系统在无阻尼时，其瞬态响应呈等幅振荡，振荡频率为 ω_n。

2) 欠阻尼($0<\zeta<1$)

当 $0<\zeta<1$ 时，系统在 s 平面的左半平面上有一对带有负实部的共轭复根，即

$$s_{1,2}=-\zeta\omega_n\pm \mathrm{j}\omega_n\sqrt{1-\zeta^2}=-\zeta\omega_n\pm \mathrm{j}\omega_d \tag{1.129}$$

式中，ω_d 为阻尼振荡频率，rad/s。此时系统的响应表现为欠阻尼，其闭环传递函数为

$$G_c(s)=\frac{\omega_n^2}{s^2+2\zeta\omega_n s+\omega_n^2} \tag{1.130}$$

系统的输出为

$$\begin{aligned}C(s)&=G_c(s)R(s)\\&=\frac{\omega_n^2}{s^2+2\zeta\omega_n s+\omega_n^2}\frac{1}{s}\\&=\frac{1}{s}-\frac{s+\zeta\omega_n}{(s+\zeta\omega_n)^2+\omega_d^2}-\frac{\zeta\omega_n}{(s+\zeta\omega_n)^2+\omega_d^2}\end{aligned} \tag{1.131}$$

对应的单位阶跃时间响应为

$$\begin{aligned}c(t)=L^{-1}[C(s)]&=1-\mathrm{e}^{-\zeta\omega_n t}\left[\cos(\omega_d t)+\frac{\zeta}{\sqrt{1-\zeta^2}}\sin(\omega_d t)\right]\\&=1-\frac{1}{\sqrt{1-\zeta^2}}\mathrm{e}^{-\zeta\omega_n t}\sin(\omega_d t+\beta)\end{aligned} \tag{1.132}$$

式(1.132)所示的系统响应由稳态分量和瞬态分量组成，等号右方第一项为响应的稳态分量 1，第二项为响应的瞬态分量，它是一个幅值按指数规律衰减的有阻尼的正弦振荡，其振荡频率为 ω_d，β 为阻尼角。

3) 临界阻尼($\zeta=1$)

当 $\zeta=1$ 时，系统在 s 平面的负实轴上有两个相等的实根，即

$$s_{1,2}=-\omega_n \tag{1.133}$$

此时系统的响应表现为临界阻尼，其传递函数为

$$G_c(s)=\left.\frac{\omega_n^2}{s^2+2\zeta\omega_n s+\omega_n^2}\right|_{\zeta=1}=\frac{\omega_n^2}{(s+\omega_n)^2} \tag{1.134}$$

系统的输出为

$$C(s)=\frac{\omega_n^2}{s(s+\omega_n)^2}=\frac{1}{s}-\frac{\omega_n}{(s+\omega_n)^2}-\frac{1}{s+\omega_n} \tag{1.135}$$

对应的单位阶跃时间响应为

$$c(t)=L^{-1}[C(s)]=1-\omega_n t\mathrm{e}^{-\omega_n t}-\mathrm{e}^{-\omega_n t} \tag{1.136}$$

式(1.136)所示的输出响应是一条单调上升的指数曲线，经响应时间 t_s 后，响应曲线趋于稳态值，系统的稳态误差为零。

4) 过阻尼($\zeta>1$)

当 $\zeta>1$ 时，系统在 s 平面的负实轴上有两个不相等的实根，即

$$s_{1,2}=-\zeta\omega_n\pm\omega_n\sqrt{\zeta^2-1} \tag{1.137}$$

此时系统的响应表现为过阻尼。闭环传递函数为

$$G_c(s)=\frac{\omega_n^2}{s^2+2\zeta\omega_n s+\omega_n^2}=\frac{\dfrac{1}{T_1T_2}}{\left(s+\dfrac{1}{T_1}\right)\left(s+\dfrac{1}{T_2}\right)} \tag{1.138}$$

式中

$$T_1=\frac{1}{\omega_n\left(\zeta-\sqrt{\zeta^2-1}\right)} \tag{1.139}$$

$$T_2=\frac{1}{\omega_n\left(\zeta+\sqrt{\zeta^2-1}\right)} \tag{1.140}$$

系统的输出为

$$C(s)=G_c(s)R(s)=\frac{\dfrac{1}{T_1T_2}}{\left(s+\dfrac{1}{T_1}\right)\left(s+\dfrac{1}{T_2}\right)}\frac{1}{s}=\frac{a}{s}+\frac{b}{s+\dfrac{1}{T_1}}+\frac{c}{s+\dfrac{1}{T_2}} \tag{1.141}$$

对应的单位阶跃时间响应为

$$c(t)=L^{-1}[C(s)]=1+\frac{1}{\dfrac{T_2}{T_1}-1}\mathrm{e}^{\frac{1}{T_1}t}+\frac{1}{\dfrac{T_1}{T_2}-1}\mathrm{e}^{-\frac{1}{T_2}t} \tag{1.142}$$

式(1.142)所示的输出响应是一条单调且没有超调的曲线，经响应时间 t_s 后，响应曲线趋于稳态值，系统的稳态误差为零。当系统为过阻尼时，可以等效为两个一阶惯性环节的串联，因此系统有两个一阶惯性环节的时间常数，即 T_1 与 T_2。

3. 欠阻尼二阶系统的性能指标

欠阻尼二阶系统的阶跃响应，能够兼顾快速性和稳定性，表现出较好的系统性能。因此，下面主要介绍欠阻尼情况下的性能指标计算。

1) 上升时间

根据式(1.132)欠阻尼二阶系统阶跃响应的时间表达式，得

$$c(t_r)=1-\frac{1}{1-\zeta^2}\mathrm{e}^{-\zeta\omega_n t_r}\sin(\omega_d t_r+\beta)=1 \tag{1.143}$$

由式(1.143)求得欠阻尼二阶系统阶跃响应的上升时间为

$$t_r=\frac{\pi-\beta}{\omega_d} \tag{1.144}$$

式中

$$\beta=\arctan\frac{\sqrt{1-\zeta^2}}{\zeta} \tag{1.145}$$

2) 峰值时间

将式(1.143)对 t 求导，并令其导数等于零，即有

$$\left.\frac{\mathrm{d}c(t)}{\mathrm{d}t}\right|_{t=t_p}=-\frac{1}{1-\zeta^2}\left[-\zeta\omega_n\mathrm{e}^{-\zeta\omega_n t_p}\sin(\omega_d t_p+\beta)+\omega_d\mathrm{e}^{-\zeta\omega_n t_p}\cos(\omega_d t_p+\beta)\right]=0 \tag{1.146}$$

化简式(1.146)，求得

$$\tan(\omega_d t_p+\beta)=\frac{\sqrt{1-\zeta^2}}{\zeta} \tag{1.147}$$

因为

$$\tan\beta=\frac{\sqrt{1-\zeta^2}}{\zeta} \tag{1.148}$$

所以有

$$\omega_d t_p=0,\ \pi,\ 2\pi,\cdots \tag{1.149}$$

系统最大的峰值出现在 $\omega_d t_p=\pi$ 处，因而得欠阻尼二阶系统阶跃响应的峰值时间为

$$t_p = \frac{\pi}{\omega_d} \tag{1.150}$$

式中，t_p 与系统的阻尼振荡频率 ω_d 成反比。

3) 超调量

超调量是描述系统相对稳定性的一个动态指标，且

$$M_p = c(t_p) - 1 = \mathrm{e}^{\frac{5\pi}{\sqrt{1-\zeta^2}}} \tag{1.151}$$

式(1.151)表示超调量 M_p 仅与阻尼比 ζ 有关，随着 ζ 的增大，M_p 单调减小。当 $\zeta=1$ 时，$M_p=0$。此时系统没有超调，呈临界阻尼状态。

4) 调整时间

在推导 t_s 的近似算式前，应先确定系统稳态值与设置值之间的误差Δ。由于系统单位阶跃响应的瞬态分量为一幅值按指数衰减的正弦振荡曲线，据此得

$$\left| \frac{\mathrm{e}^{-\zeta\omega_n t}}{\sqrt{1-\zeta^2}} \sin(\omega_d t + \theta) \right| = \Delta \tag{1.152}$$

故当它衰减到 Δ 所需的时间可近似地视为系统的调整时间 t_s 时，有

$$\frac{\mathrm{e}^{-\zeta\omega_n t}}{\sqrt{1-\zeta^2}} = \Delta \tag{1.153}$$

由式(1.153)求得

$$t_s = \frac{1}{\zeta\omega_n}\left(\ln\frac{1}{\Delta} + \ln\frac{1}{\sqrt{1-\zeta^2}} \right) \tag{1.154}$$

若取$\Delta=0.05$，则

$$t_s = \frac{1}{\zeta\omega_n}\left(\ln\frac{1}{0.05} + \ln\frac{1}{\sqrt{1-\zeta^2}} \right) \tag{1.155}$$

当ζ 较小时，式(1.155)可近似为

$$t_s \approx \frac{3}{\zeta\omega_n} = 3T \tag{1.156}$$

式中，$T=1/\omega_n$ 为系统的时间常数。

4. 二阶系统的单位脉冲响应

当系统输入信号为单位脉冲函数$\delta(t)$时，系统的响应为单位脉冲响应。输入

信号 $r(t)=\delta(t)$，则 $R(s)=1$，系统输出为

$$C(s)=\frac{\omega_n^2}{s^2+2\zeta\omega_n s+\omega_n^2} \tag{1.157}$$

对式(1.157)取拉氏逆变换，得到不同 ζ 值的单位脉冲响应如下。

(1) 无阻尼：

$$c(t)=\omega_n\sin(\omega_n t),\quad t\geqslant 0 \tag{1.158}$$

(2) 欠阻尼：

$$c(t)=\frac{\omega_n}{\sqrt{1-\zeta^2}}\mathrm{e}^{-\zeta\omega_n t}\sin(\omega_d t),\quad t\geqslant 0 \tag{1.159}$$

(3) 临界阻尼：

$$c(t)=\omega_n^2 t\mathrm{e}^{-\omega_n t},\quad t\geqslant 0 \tag{1.160}$$

(4) 过阻尼：

$$c(t)=\frac{\omega_n}{2\sqrt{\zeta^2-1}}\left[\mathrm{e}^{-\left(\zeta-\sqrt{\zeta^2-1}\omega_n t\right)}-\mathrm{e}^{-\left(\zeta+\sqrt{\zeta^2-1}\omega_n t\right)}\right],\quad t\geqslant 0 \tag{1.161}$$

本节介绍了一阶系统和二阶系统的时域响应及性能指标，在实际应用中，高阶系统性能指标的解析式比较复杂，因此采用作闭环主导极点的方式来对高阶系统做近似分析。如果能找到一个实数主导极点，则高阶系统就可以近似按一阶系统来分析，使用一阶系统的性能指标来估计高阶系统的性能。如果能找到一对共轭复数主导极点，则高阶系统就可以近似当成二阶系统来分析。

1.5 自动控制系统的设计方法

自动控制系统的设计需要根据被控对象的特点，分析并获取系统指标，确定控制系统的结构和参数，完成自动控制系统的调试，是一个从理论到实践、从实践到理论的多次反复过程。通过本节学习，对于不同的被控对象，自动控制系统的分析与设计步骤可以归纳如图 1.24 所示。

首先，需要确定被控对象、控制精度以及系统性能指标。控制对象是指需要控制的系统变量，选择合适的被控对象是建立自动控制系统并完成控制任务的关键。例如，当控制任务为精确控制电机的运行转速时，应当将电机转速作为被控对象。控制精度是指系统变量应达到的精度指标，控制精度要求决定了测量变送传感器和控制器的选型。例如，在转速控制系统中，不同的控制精度对转速测量

传感器和电机转速控制器的选型也不同，要求的控制精度越高，所需的成本也就越高。性能指标是指自动控制系统应当达到的性能，通常包括对输入信号的响应能力、抗干扰能力、灵敏度、鲁棒性等。

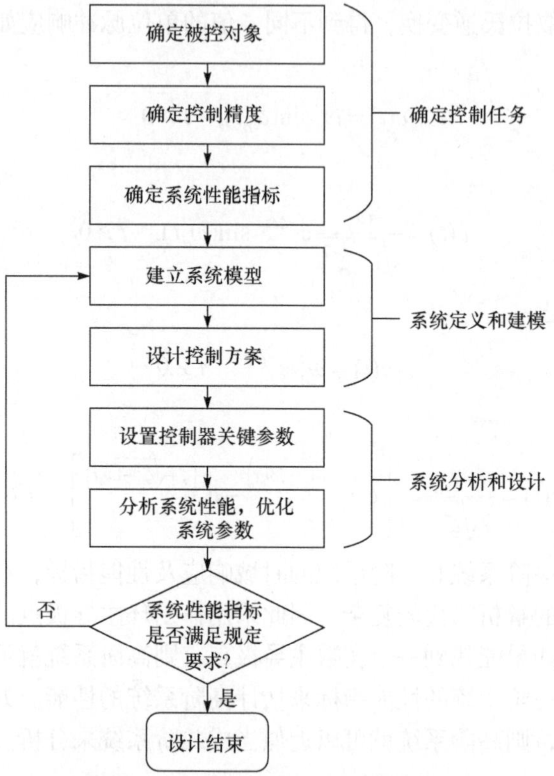

图 1.24　自动控制系统的分析与设计流程

然后，需要建立被控对象的数学模型，通常有机理法、实验法等建模方法。机理法是根据被控对象所遵循的物理定律，利用公式推导的方式建立系统的数学模型。实验法则是根据被控对象运行过程中测量得到的输入量与输出量，利用模型辨识的方法获得近似的数学模型。基于系统的数学模型，可以具体分析自动控制系统的运动规律和性能，因此建立的模型精度越高，越能真实地反映自动控制系统的特点。在此基础上，设计控制方案，控制方案的设计应综合考虑成本与效益、性能与复杂度、维护性与可靠性等多种因素，方案选择的依据一般包括：

(1) 自动控制系统的种类及使用范围；

(2) 自动控制系统的负载情况，包括负载的静阻力、惯性力及其他附加力矩，要求的线速度、角速度及加速度或被控制量的变化率；

(3) 自动控制系统的精度和动态特性要求；

(4) 对自动控制系统所采用控制元件的要求；

(5) 自动控制系统的工作条件，包括工作温度、湿度要求，抗冲击、振动要求，电磁兼容性要求，防水、防潮、防爆、防尘要求。

最后，在自动控制系统方案初步确定后，需要进行系统稳态性能和动态性能分析。稳态性能是指从系统的稳态特性要求出发，确定系统结构并选择合适的测量元件、放大元件、执行元件。动态分析是指分析系统的调节过程以判断系统是否稳定、调节时间等动态特性是否满足设计要求。若不满足要求，则应当增加校正装置以改善系统的动态特性。系统的静态分析和动态分析有时需要交叉反复进行，直到满足要求。

1.6 本章小结

本章介绍了自动控制系统的组成和工作原理，给出了读者需要熟悉和了解的自动控制基本概念和相关名词、术语。同时，介绍了自动控制系统的各种类型及其对应的特点，主要围绕自动控制系统的三种常见数学模型和自动控制系统的性能要求，即稳定性、快速性和准确性，对自动控制系统的分析和设计方法进行了详细的分析与讨论。通过本章的学习，读者可以掌握自动控制系统的基本形式、自动控制系统的分类方法、自动控制系统的性能要求以及自动控制理论的发展概况等，了解自动控制系统设计的一般规律。

1.7 课后习题

1.1 试分别列写图 1.25 中各无源网络的微分方程式。

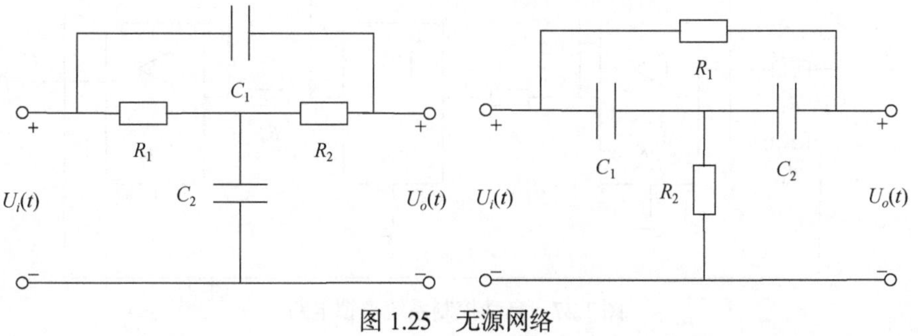

图 1.25　无源网络

1.2 在液压系统管道中，设通过阀门的流量 Q 满足如下流量方程：

$$Q = K\sqrt{P} \tag{1.162}$$

式中，K 为比例系数；P 为阀门前后的压差。若流量 Q 与压差 P 在其平衡点(Q_0, P_0)附近做微小变化，试导出线性化流量方程。

1.3　若系统在阶跃输入 $r(t)=1(t)$时，零初始条件下的输出响应为

$$c(t) = 1 - e^{-2t} + e^{-t} \tag{1.163}$$

试求系统的传递函数和脉冲响应。

1.4　设系统的传递函数为

$$\frac{C(s)}{R(s)} = \frac{2}{s^2 + 3s + 2} \tag{1.164}$$

且初始条件 $c(0)=-1$，$\dot{c}(0)=0$。试求单位阶跃输入 $r(t)=1(t)$时系统的输出响应 $c(t)$。

1.5　在图 1.26 中，已知 $G(s)$和 $H(s)$两方框相对应的微分方程分别为

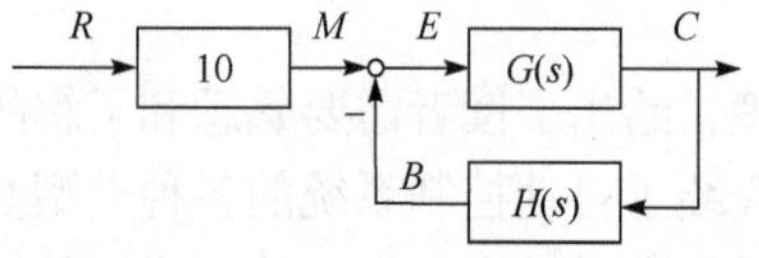

图 1.26　一阶控制系统控制结构图

$$6\frac{\mathrm{d}c(t)}{\mathrm{d}t} + 10c(t) = 20e(t)$$

$$20\frac{\mathrm{d}b(t)}{\mathrm{d}t} + 5b(t) = 10c(t)$$

且初始条件均为零，试求传递函数 $C(s)/R(s)$ 及 $E(s)/R(s)$。

1.6　由运算放大器组成的自动控制系统模拟电路如图 1.27 所示，试求闭环传递函数 $U_o(s)/U_i(s)$。

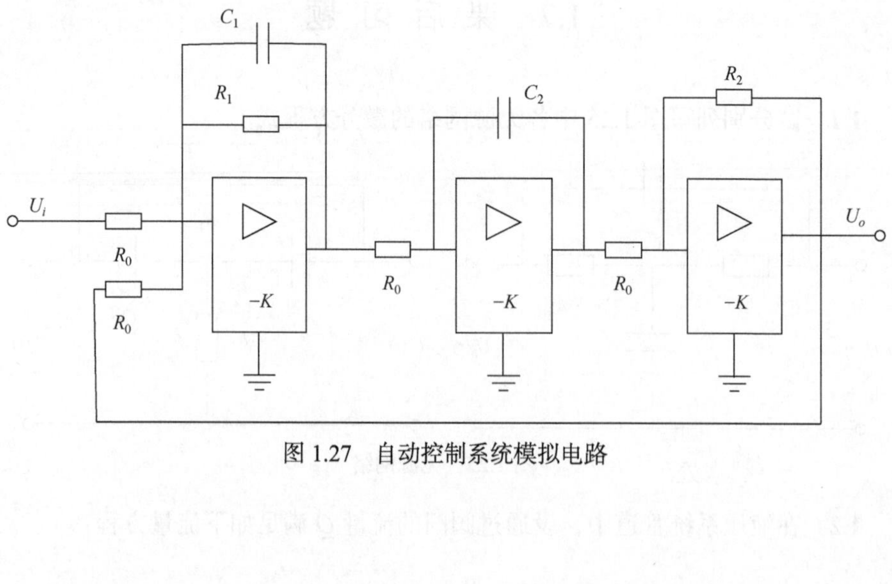

图 1.27　自动控制系统模拟电路

第 2 章　PID 控制器设计与实现

PID 控制器系统主要包括 PID 控制器和被控对象，PID 控制器起源于 20 世纪 20 年代，发展至今已有近百年历史，PID 控制器的发展经历了液动式、气动式、电动式等几个阶段，目前正在向数字化、智能化方向发展。PID 控制器由于具有结构简单、稳定性好、工作可靠、调整方便、不依赖被控对象的数学模型等优点，成为目前主要的控制方式之一，并已被广泛应用于冶金、炼油、造纸、纺织、汽车制造等领域。

PID 控制是一种负反馈闭环控制方式，主要由比例控制环节、积分控制环节和微分控制环节组成，能够将系统输出设定值与实际输出值进行比较，构成偏差，并将偏差的比例、积分和微分线性组合成控制量，对被控对象进行控制，使系统的输出迅速而准确地接近设定值。其中，比例控制环节根据偏差的大小进行控制，将偏差的瞬态值反馈到控制器，系统一旦产生偏差，比例控制环节立即产生作用，系统偏差值越大，控制作用越强，当系统偏差为零时，比例控制环节作用消失。积分控制环节可以消除系统稳态误差，根据偏差的累积进行控制，将偏差的积分值反馈到控制器，只要存在系统偏差，积分控制环节就会产生作用，当系统偏差为零时，积分控制环节作用将保持恒定。微分控制环节可以阻止偏差的变化，减小系统超调量，克服系统振荡，促进系统趋于稳定，微分控制环节根据偏差的变化趋势进行控制，将偏差的微分值反馈到控制器，系统偏差变化越快，微分控制环节的输出就越大，当系统偏差趋于稳定时，微分控制环节作用将消失。PID 控制器的性能主要由其结构和参数决定，其结构由比例控制环节、积分控制环节和微分控制环节进行线性组合，其参数根据组合后的控制器采用参数整定方法进行整定。

如何根据系统期望性能指标设计合适的 PID 控制器结构，并完成 PID 控制器参数的有效整定，是 PID 控制器设计的重点与难点。围绕 PID 控制器的设计与实现，本章首先介绍 PID 控制器的基本原理，详细介绍 PID 控制器的组成及其控制规律；然后详细介绍 PID 控制器的设计过程，包括 PID 控制器的方案设计和 PID 控制器的参数整定；最后给出 PID 控制器系统设计的测试案例——典型二阶系统 PID 控制器设计，同时利用三种典型应用场景进行 PID 控制器系统设计及应用实现，包括城市污水处理过程溶解氧浓度控制系统和单容水箱液位控制系统两个典型的过程控制系统，以及单级倒立摆系统摆杆角度控制的典型运动控制系统，对上述三种典型应用场景进行数学模型构建，完成系统性能指标的分析，根据控制要求设计合适的 PID 控制器，并对控制器参数进行整定，使控制系统达到期望的性能指标。

2.1　PID 控制器基本原理

2.1.1　PID 控制器组成

比例控制环节、积分控制环节和微分控制环节是组成 PID 控制器的三种基本控制环节，为了设计有效的 PID 控制器，本章简单介绍 PID 控制器的三种基本控制环节。

1. 比例控制

比例控制是一种具有比例作用的控制方式，能够将系统偏差转换为控制器的控制量，完成被控对象的比例控制，其控制结构如图 2.1 所示。

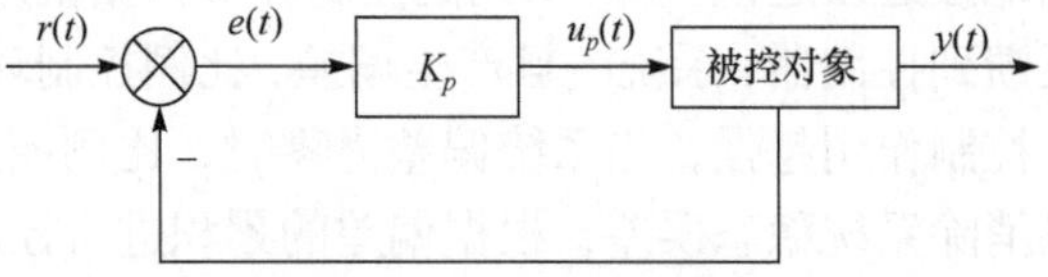

图 2.1　比例控制结构图

图 2.1 中，输入信号为 $r(t)$，输出信号为 $y(t)$，偏差信号为 $e(t)=y(t)-r(t)$，控制量为 $u_p(t)$，比例系数为 K_p，则比例控制的输入偏差 $e(t)$与控制量 $u_p(t)$之间的关系可表示为

$$u_p(t)=K_pe(t) \tag{2.1}$$

式(2.1)的拉氏变换为

$$U_p(s)=K_pE(s) \tag{2.2}$$

比例控制的传递函数为

$$G_p(s)=\frac{U_p(s)}{E(s)}=K_p \tag{2.3}$$

式中，$E(s)$为输入偏差 $e(t)$的复频域值；$U_p(s)$为控制量 $u_p(t)$的复频域值。

比例控制也可以通过模拟电路实现，其模拟电路实现如图 2.2 所示。图 2.2 中比例控制的模拟电路由四个电阻 R_0、R_1、R_2、R_3 和两个运算放大器构成，输入信号为系统偏差 $e(t)$，输出信号为控制量 $u_p(t)$，基于复阻抗法的比例控制传递函数

可表示为

$$G_p(s) = \frac{U_p(s)}{E(s)} = -\frac{R_1}{R_0}\left(-\frac{R_3}{R_2}\right) = \frac{R_1R_3}{R_0R_2} = K_p \tag{2.4}$$

式中，$U_p(s)$为控制量 $u_p(t)$的复频域值；$E(s)$为偏差 $e(t)$的复频域值；比例系数 $K_p=R_1R_3/(R_0R_2)$，比例系数 K_p 的大小可通过调节电路中电阻 R_0、R_1、R_2 和 R_3 的值来调节，实现被控对象的控制。

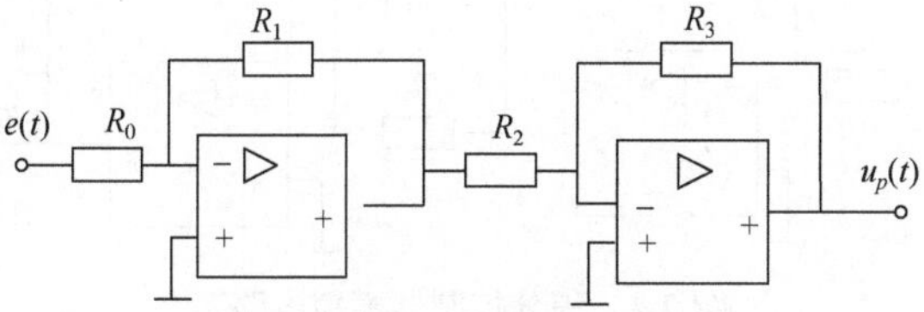

图 2.2　比例控制器模拟电路图

比例控制的输出与输入偏差大小成正比，把偏差的大小反映到控制量 $u_p(t)$上，只要系统存在偏差，比例环节就会产生控制作用减小系统偏差。

2. 积分控制

积分控制是一种具有积分作用的控制方式，能够将系统偏差积分量转换为控制器的控制量，完成被控对象的积分控制，其控制结构如图 2.3 所示。

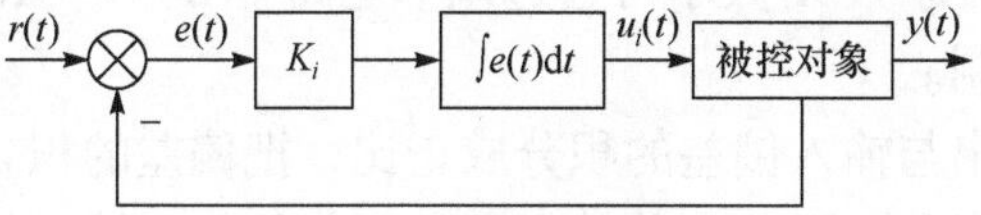

图 2.3　积分控制结构图

图 2.3 中，输入信号为 $r(t)$，输出信号为 $y(t)$，偏差信号为 $e(t)$，控制量为 $u_i(t)$，积分项为$\int e(t)\mathrm{d}t$，积分系数为 K_i。积分控制输入偏差 $e(t)$与控制量 $u_i(t)$之间的关系可表示为

$$u_i(t) = K_i\int_0^t e(t)\,\mathrm{d}t \tag{2.5}$$

式(2.5)的拉氏变换为

$$U_i(s) = K_iE(s)\frac{1}{s} \tag{2.6}$$

积分控制的传递函数为

$$G_i(s)=\frac{U_i(s)}{E(s)}=\frac{K_i}{s} \tag{2.7}$$

式中，$E(s)$为输入偏差 $e(t)$的复频域值；$U_i(s)$为控制量 $u_i(t)$的复频域值；$1/s$ 为积分因子。

积分控制也可以通过模拟电路实现，其模拟电路实现如图 2.4 所示。

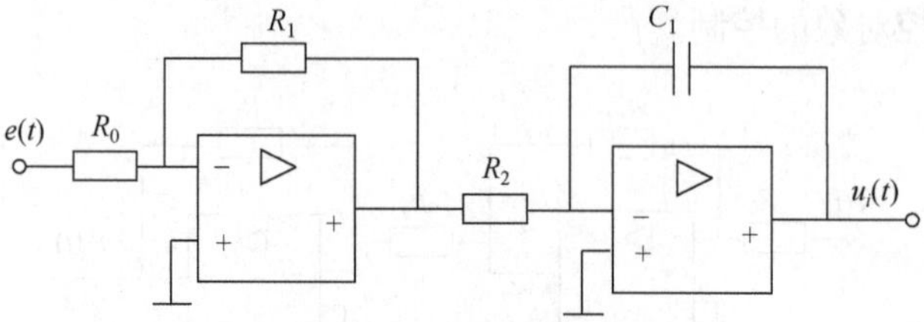

图 2.4　积分控制器模拟电路图

图 2.4 中，积分控制的模拟电路由三个电阻 R_0、R_1、R_2，一个电容 C_1 和两个运算放大器构成，输入信号为系统偏差 $e(t)$，输出信号为控制量 $u_i(t)$，基于复阻抗法分析获得积分控制的传递函数为

$$G_i(s)=\frac{U_i(s)}{E(s)}=-\frac{R_1}{R_0}\left(-\frac{1}{R_2C_1s}\right)=\frac{R_1}{R_0R_2C_1s}=\frac{K_i}{s} \tag{2.8}$$

式中，$U_i(s)$为控制量 $u_i(t)$的复频域值；$E(s)$为输入偏差 $e(t)$的复频域值；积分系数 $K_i=R_1/(C_1R_0R_2)$，积分系数 K_i 大小可通过调节电路中 R_0、R_1、R_2 和 C_1 的值来调节，实现被控对象的控制。

积分控制的输出与输入偏差的积分成正比，把偏差的积分反映到输出量 $u_i(t)$ 上，只要系统存在偏差，积分环节就会不断起作用，对输入偏差进行积分，产生控制作用消除系统偏差。

3. 微分控制

微分控制是一种具有微分控制作用的控制方式，能够将系统偏差微分量转换为控制器的控制量，完成被控对象的微分控制，其控制结构如图 2.5 所示。

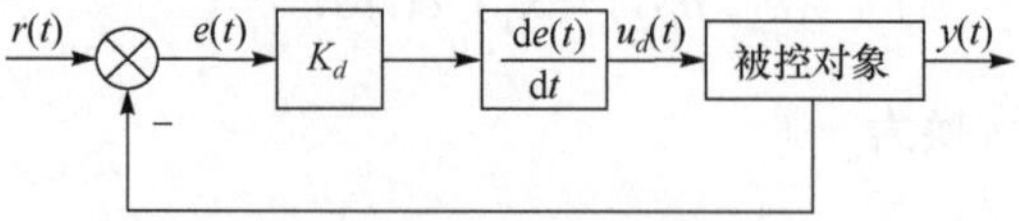

图 2.5　微分控制结构图

图 2.5 中，输入信号为 $r(t)$，输出信号为 $y(t)$，偏差信号为 $e(t)$，控制量为 $u_d(t)$，微分项为 $de(t)/dt$，微分系数为 K_d，微分控制输入偏差 $e(t)$与控制量 $u_d(t)$之间的关

系可表示为

$$u_d(t)=K_d\frac{\mathrm{d}}{\mathrm{d}t}e(t) \tag{2.9}$$

式(2.9)的拉氏变换为

$$U_d(s)=K_dE(s)s \tag{2.10}$$

微分控制的传递函数为

$$G_d(s)=\frac{U_d(s)}{E(s)}=K_ds \tag{2.11}$$

式中，$E(s)$为输入偏差 $e(t)$对应的复频域值；$U_d(s)$为控制量 $u_d(t)$的复频域值；s 为微分因子。

微分控制也可以通过模拟电路实现，其模拟电路实现如图 2.6 所示。

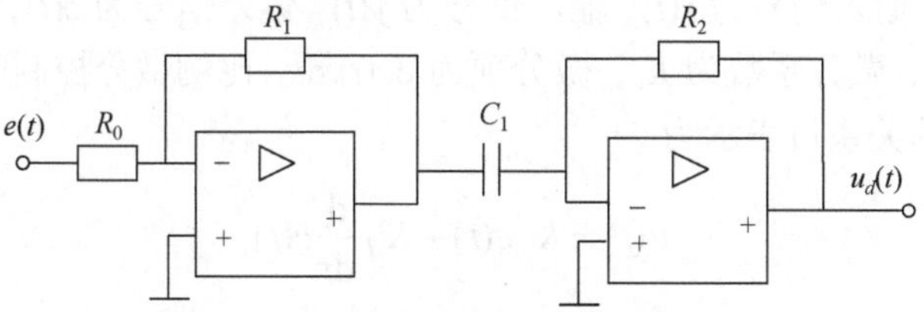

图 2.6　微分控制器模拟电路图

图 2.6 中，微分控制模拟电路由三个电阻 R_0、R_1、R_2，一个电容 C_1 和两个运算放大器构成，输入信号为系统偏差 $e(t)$，输出信号为控制量 $u_d(t)$，基于复阻抗法获得微分控制的传递函数为

$$G_d(s)=\frac{U_d(s)}{E(s)}=-\frac{R_1}{R_0}(-R_2C_1s)=\frac{R_1R_2C_1s}{R_0}=K_ds \tag{2.12}$$

式中，$U_d(s)$为控制量 $u_d(t)$的复频域值；$E(s)$为输入偏差 $e(t)$的复频域值；微分系数 $K_d=R_1R_2C_1/R_0$，微分系数 K_d 大小可通过调节电路中 R_0、R_1、R_2 和 C_1 的值来调节，实现被控对象的控制。

微分控制的输出与输入偏差变化率成正比，将偏差的变化率反映到控制量 $u_d(t)$上，只要系统偏差变化率不为零，微分环节就会不断起作用，对输入偏差进行微分，产生控制作用抑制系统偏差的变化。

2.1.2　PID 控制器控制规律

PID 控制器的控制规律是指在比例控制、积分控制和微分控制组合的控制方式下其相关控制特性。按照组合控制方式的不同，常见的 PID 控制器的控制规律有比例微分控制、比例积分控制和比例积分微分控制三种方式，具体形式如下。

1. 比例微分控制

比例微分控制是一种具有比例和微分作用的控制方式，能够将系统的偏差量和偏差微分量转换为控制器的控制量，完成被控对象的控制，其控制结构如图 2.7 所示。

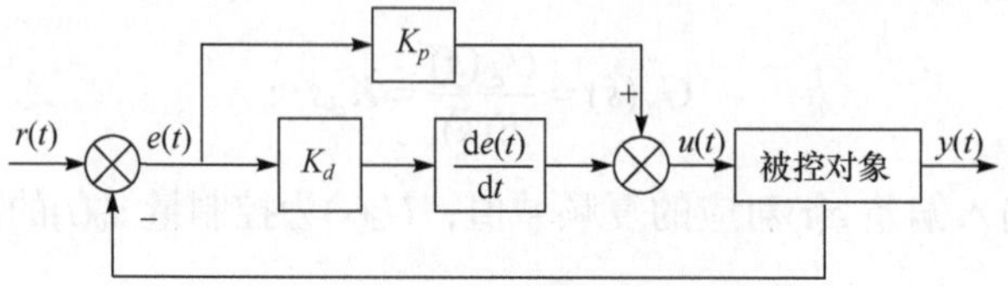

图 2.7　比例微分控制结构图

图 2.7 中，输入信号为 $r(t)$，输出信号为 $y(t)$，偏差信号为 $e(t)$，控制量为 $u(t)$，比例系数为 K_p，微分系数为 K_d，微分项为 $de(t)/dt$。比例微分控制的输入偏差 $e(t)$ 与控制量 $u(t)$的关系可表示为

$$u(t) = K_p e(t) + K_d \frac{d}{dt} e(t) \tag{2.13}$$

式(2.13)的拉氏变换为

$$U(s) = K_p E(s) + K_d E(s) s \tag{2.14}$$

比例微分控制的传递函数为

$$G(s) = U(s) / E(s) = K_p + K_d s \tag{2.15}$$

式中，$E(s)$为输入偏差 $e(t)$的复频域值；$U(s)$为控制量 $u(t)$对应的复频域值；s 为微分因子。

比例微分控制也可以通过模拟电路实现，其模拟电路实现如图 2.8 所示。

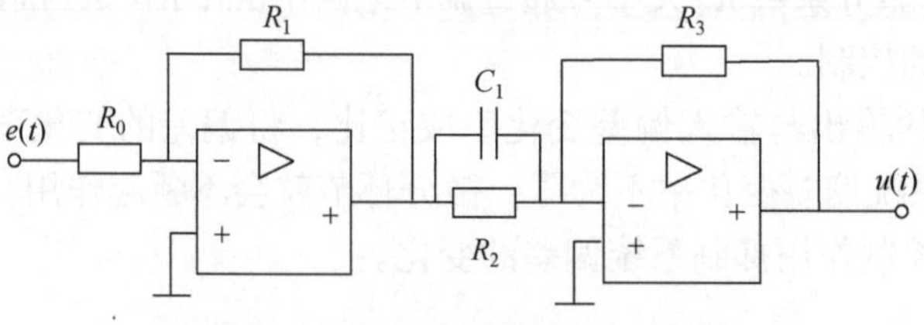

图 2.8　比例微分控制模拟电路图

图 2.8 中，比例微分控制的模拟电路由四个电阻 R_0、R_1、R_2、R_3，一个电容 C_1 和两个运算放大器构成，输入信号为系统偏差 $e(t)$，输出信号为控制量 $u(t)$，基于复阻抗法获得比例微分控制的传递函数为

$$G(s)=\frac{U(s)}{E(s)}=\frac{R_1}{R_0}\frac{R_3}{R_2//(1/C_1s)}=\frac{R_3R_1}{R_2R_0}+\frac{R_3C_1s}{R_0}=K_p+K_ds \tag{2.16}$$

式中，$U(s)$为控制量 $u(t)$的复频域值；$E(s)$为输入偏差 $e(t)$的复频域值；// 为并联符号；比例系数 $K_p=R_3R_1/(R_2R_0)$，微分系数 $K_d=R_3C_1/R_0$，比例系数 K_p 和微分系数 K_d 的大小可通过电路中的 R_0、R_1、R_2、R_3 和 C_1 的值来调节，实现被控对象的控制。

比例微分控制输出与输入偏差的比例微分成正比，将偏差大小和偏差变化率反映到输出量 $u(t)$上，如果系统存在偏差，偏差变化率不为零，比例微分环节就会产生控制作用减小系统偏差并抑制偏差变化。

2. 比例积分控制

比例积分控制是一种具有比例积分作用的控制方式，能够将系统偏差量和偏差积分量转换为控制器的控制量，完成被控对象的控制，其控制结构如图 2.9 所示。

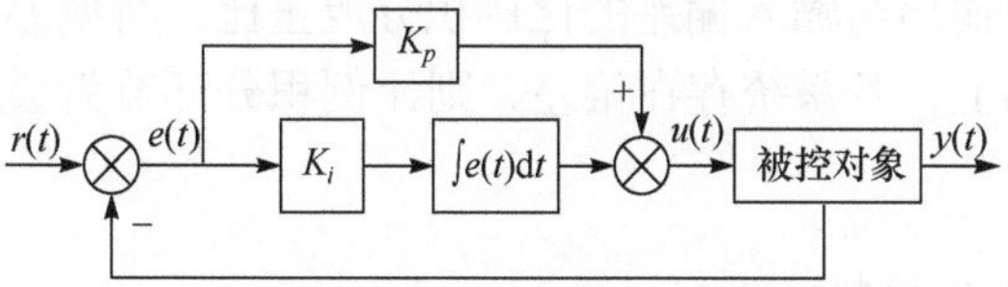

图 2.9　比例积分控制结构图

图 2.9 中，输入信号为 $r(t)$，输出信号为 $y(t)$，偏差信号为 $e(t)$，控制量为 $u(t)$，比例系数为 K_p，积分系数为 K_i，积分项为 $\int e(t)\mathrm{d}t$ 。比例积分控制输入偏差 $e(t)$与输出控制量 $u(t)$的关系为

$$u(t)=K_pe(t)+K_i\int_0^t e(t)\,\mathrm{d}t \tag{2.17}$$

式(2.17)的拉氏变换为

$$U(s)=K_pE(s)+\frac{K_iE(s)}{s} \tag{2.18}$$

比例积分控制的传递函数为

$$G(s)=\frac{U(s)}{E(s)}=K_p+\frac{K_i}{s} \tag{2.19}$$

式中，$E(s)$为输入偏差 $e(t)$的复频域值；$U(s)$为控制量 $u(t)$的复频域值；$1/s$ 为积分因子。

比例积分控制也可以通过模拟电路实现，其模拟电路实现如图 2.10 所示。

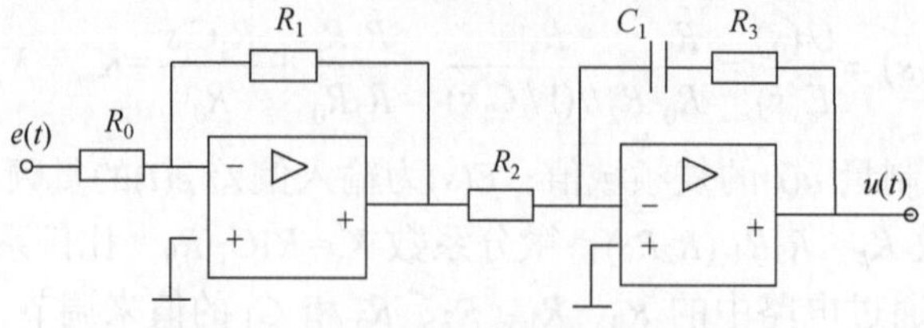

图 2.10　比例积分控制器模拟电路图

图 2.10 中，比例积分控制的模拟电路由四个电阻 R_0、R_1、R_2、R_3，一个电容 C_1 和两个运算放大器构成，输入信号为系统偏差 $e(t)$，输出信号为控制量 $u(t)$，基于复阻抗法获得比例微分控制的传递函数为

$$G(s)=\frac{U(s)}{E(s)}=\frac{R_1}{R_0}\frac{(1/C_1s)+R_3}{R_2}=\frac{R_1R_3}{R_0R_2}+\frac{R_1}{R_0R_2C_1s}=K_p+\frac{K_i}{s} \tag{2.20}$$

式中，比例系数 $K_p=R_1R_3/(R_0R_2)$；积分系数 $K_i=R_1/(R_0R_2C_1)$；比例系数 K_p 和积分系数 K_i 的大小可通过电路中 R_0、R_1、R_2、R_3 和 C_1 的值来调节，实现被控对象的控制。

比例积分控制输出与输入偏差的比例积分成正比，将偏差大小和偏差积分量反映到输出量 $u(t)$上，若系统存在偏差，则比例积分环节就会产生控制作用消除系统偏差。

3. 比例积分微分控制

比例积分微分控制是一种具有比例积分微分作用的控制方式，能够将系统偏差量、偏差积分量和偏差微分量转换为控制器的控制量，完成被控对象的控制，其控制结构如图 2.11 所示。

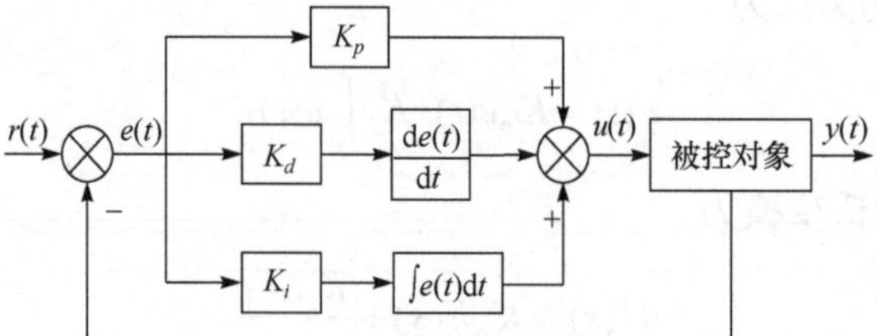

图 2.11　比例积分微分控制结构图

图 2.11 中，输入信号为 $r(t)$，输出信号为 $y(t)$，偏差信号为 $e(t)$，控制量为 $u(t)$，比例系数为 K_p，微分系数为 K_d，积分项为 $\int e(t)\mathrm{d}t$，微分项为 $\mathrm{d}e(t)/\mathrm{d}t$。比例积分微分控制输入偏差 $e(t)$与控制量 $u(t)$之间的关系为

$$u(t)=K_p e(t)+K_i\int_0^t e(t)\,\mathrm{d}t+K_d\frac{\mathrm{d}}{\mathrm{d}t}e(t) \tag{2.21}$$

式(2.21)的拉氏变换为

$$U(s)=K_p E(s)+\frac{K_i E(s)}{s}+K_d E(s)s \tag{2.22}$$

比例积分微分控制的传递函数为

$$G(s)=\frac{U(s)}{E(s)}=K_p+\frac{K_i}{s}+K_d s \tag{2.23}$$

式中，$E(s)$为输入偏差 $e(t)$的复频域值；$U(s)$为控制量 $u(t)$的复频域值；$1/s$ 为积分因子；s 为微分因子。

式(2.21)还可以表示为

$$u(t)=K_p\left[e(t)+\frac{1}{T_i}\int_0^t e(t)\mathrm{d}t+T_d\frac{\mathrm{d}e(t)}{\mathrm{d}t}\right] \tag{2.24}$$

式中，K_p 为比例系数；$T_i=K_p/K_i$ 为积分时间常数；$T_d=K_d/K_p$ 为微分时间常数。

比例积分微分控制也可以通过模拟电路实现，其模拟电路实现如图 2.12 所示。

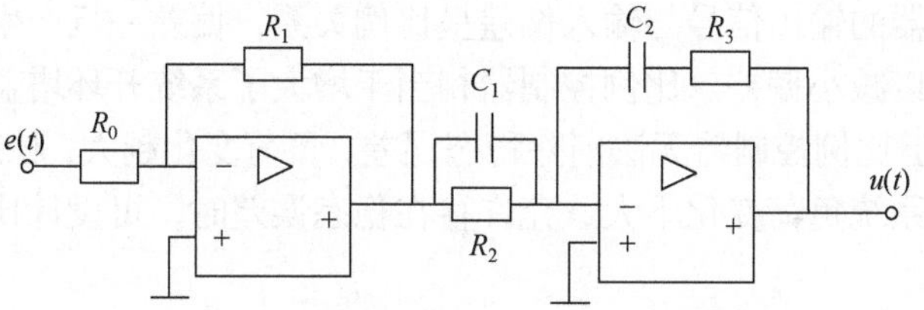

图 2.12　比例积分微分控制器模拟电路图

图 2.12 中，比例积分微分控制的模拟电路由四个电阻 R_0、R_1、R_2、R_3，两个电容 C_1、C_2 和两个运算放大器构成，输入信号为系统偏差 $e(t)$，输出信号为控制量 $u(t)$，基于复阻抗法获得比例积分微分控制器传递函数为

$$G(s)=\frac{U(s)}{E(s)}=\frac{R_1}{R_0}\frac{\dfrac{1}{C_2 s}+R_3}{\dfrac{1}{C_1 s}//R_2}=\frac{R_1}{R_0}\left(\frac{R_3}{R_2}+\frac{C_1}{C_2}\right)+\frac{R_1}{R_0 R_2 C_2 s}+\frac{R_1 R_3 C_1 s}{R_0} \tag{2.25}$$

$$=K_p+\frac{K_i}{s}+K_d s$$

式中，$U(s)$为控制量 $u(t)$的复频域值；$E(s)$为输入偏差 $e(t)$的复频域值；比例系数 $K_p=(R_1/R_0)(R_3/R_2+C_1/C_2)$，积分系数 $K_i=R_1/(R_0R_2C_2)$，微分系数 $K_d=R_1R_3C_1/R_0$，比

例系数 K_p、积分系数 K_i 和微分系数 K_d 大小可通过电路中 R_0、R_1、R_2、R_3、C_1 和 C_2 的大小来调节，实现被控对象的控制。

比例积分微分控制输出与输入偏差的比例积分微分成正比，将偏差大小、偏差积分和偏差变化率反映到输出量 $u(t)$上，如果系统存在偏差，则偏差变化率不为零，比例积分微分环节就会产生控制作用消除系统偏差并抑制偏差变化。

2.2　PID 控制器设计

2.2.1　PID 控制器结构设计

PID 控制器结构设计主要针对不同的系统性能需求，设计满足性能指标的控制器结构。常见的 PID 控制器结构有比例控制器、比例积分控制器、比例微分控制器和比例积分微分控制器等。

围绕如何根据系统性能需求设计适用的 PID 控制器结构，本节简单阐述几种典型 PID 控制器结构的结构特点。

1. 比例控制器结构特点

比例控制器的输出信号与输入偏差呈比例关系，偏差一旦产生，控制器立即产生控制作用以减小偏差。比例控制器相当于增大了系统开环增益，从而减小系统稳态误差。但比例控制器无法消除稳态误差，负荷变化越大，稳态误差就越大。因此，在控制系统负荷变化不大、允许存在稳态误差时，可设计比例控制器对系统进行控制。

2. 比例积分控制器结构特点

比例积分控制器在比例控制的基础上加入积分控制，而积分控制的输出与偏差的积分成比例，只要偏差存在，积分调节则产生控制作用，直至消除偏差。采用比例积分控制器可以消除稳态误差，但是积分调节的引入会导致系统超调量和振荡周期都相应增大，过渡过程时间也加长。因此，在控制系统响应时间要求不高、负荷变化不大、工艺参数不允许有稳态误差时，可设计比例积分控制器对系统进行控制。

3. 比例微分控制器结构特点

比例微分控制器在比例控制的基础上加入微分控制，微分控制的输出与输入偏差的变化率成比例，对克服对象的滞后有显著效果，可以有效减小系统调节时间，在不影响系统稳态性能的基础上改善了系统的动态性能，但是比例微分控制器不能消除稳态误差。因此，当控制系统滞后较大、控制结果允许有稳态误差存在时，可设计比例微分控制器对系统进行控制。

4. 比例积分微分控制器结构特点

比例积分微分控制器结合了比例控制、积分控制和微分控制三种基本控制方式的特性，同时弥补了比例微分控制器不能消除稳态误差的缺点和比例积分控制器不能改善系统动态性能的缺点，能够综合改善系统的稳态性能和动态性能。因此，当控制系统对控制质量要求较高时，可设计比例积分微分控制器对系统进行控制。

2.2.2 PID 控制器参数整定

PID 控制器参数整定是 PID 控制器设计的核心内容之一，通过调节 PID 控制器的比例系数 K_p、积分时间 T_i 和微分时间 T_d，可以改善控制系统的动态性能和静态性能。按照 PID 控制器参数整定方式的不同，可以将整定方法分为理论计算整定法和工程整定法。

理论计算整定法基于被控对象的数学模型，通过理论计算直接求得控制的整定参数。其中，衰减频率特性法是常见的一种理论计算整定法，该方法通过改变系统的整定参数使控制系统的开环频率特性变成具有规定相对稳定度的衰减频率特性，使闭环系统响应满足规定衰减率，基本整定原理如下。

由 PID 控制器和被控对象组成的控制系统，其开环衰减频率特性曲线 $W_0(m,\mathrm{j}\omega)$数学表示为

$$W_0(m,\mathrm{j}\omega)=G_c(m,\mathrm{j}\omega)G_p(m,\mathrm{j}\omega) \tag{2.26}$$

式中，$G_c(m,\mathrm{j}\omega)$和 $G_p(m,\mathrm{j}\omega)$分别为 PID 控制器和被控对象的衰减频率特性；m 为衰减频率特性曲线的实部值；ω 为衰减频率特性曲线的虚部值。$G_c(m,\mathrm{j}\omega)$和 $G_p(m,\mathrm{j}\omega)$也可表示为模和相角的形式，即

$$G_c(m,\mathrm{j}\omega)=M_c(m,\mathrm{j}\omega)\mathrm{e}^{\mathrm{j}\varphi_c(m,\omega)} \tag{2.27}$$

$$G_p(m,\mathrm{j}\omega)=M_p(m,\mathrm{j}\omega)\mathrm{e}^{\mathrm{j}\varphi_p(m,\omega)} \tag{2.28}$$

根据稳定度判据，为了保证系统响应具有相对稳定度 $m_s=m/\omega$，开环衰减特性 $W_0(m,\mathrm{j}\omega)$曲线需要经过$(-1,\mathrm{j}0)$点，则开环衰减特性 $W_0(m,\mathrm{j}\omega)$可表示为

$$W_0(m,\mathrm{j}\omega)=G_c(m,\mathrm{j}\omega)G_p(m,\mathrm{j}\omega)=M_c(m,\mathrm{j}\omega)M_p(m,\mathrm{j}\omega)\mathrm{e}^{\mathrm{j}\varphi_c(m,\omega)+\mathrm{j}\varphi_p(m,\omega)}=1\cdot\mathrm{e}^{\mathrm{j}(-\pi)} \tag{2.29}$$

解得幅值条件为

$$M_c(m,\mathrm{j}\omega)M_p(m,\mathrm{j}\omega)=1 \tag{2.30}$$

相角条件为

$$\varphi_c(m,\omega)+\varphi_p(m,\omega)=-\pi \tag{2.31}$$

根据相角条件确定系统主导振荡分量频率后，代入幅值条件可求得控制器的整定参数值。

理论计算整定法依赖已知系统的数学模型，但是在实际应用中很难获取系统准确的数学模型，因此理论计算整定法应用受限。工程整定法基于被控对象的阶跃响应曲线，直接在闭环控制系统的实验中确定控制器的相关参数。工程整定法相比于理论计算整定法具有计算简单、易于掌握且不需要获得各个环节的准确传递函数等优点，在工程实际中得到广泛应用，常见的工程整定法有临界比例度法、衰减曲线法和经验试凑法。

1. 临界比例度法

临界比例度法是一种基于纯比例控制系统临界振荡实验所得的数据，利用经验公式，求得控制器参数值的闭环整定方法，其整定步骤如下：

(1) 将调节器的积分时间 T_i 置于最大(T_i=∞)，微分时间 T_d 置零(T_d=0)，比例度 δ 置为较大的数值，闭环运行系统。

(2) 待系统运行稳定后，对设定值施加阶跃扰动，并减小 δ，直到系统出现如图 2.13 所示的等幅振荡，记录下此时的临界比例度 δ_k 和临界振荡周期 T_k。

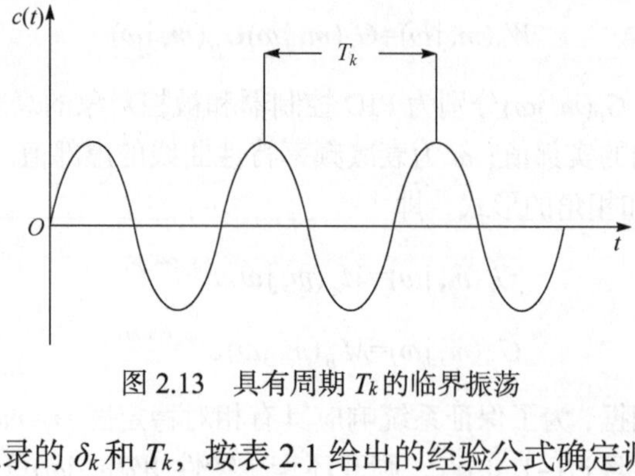

图 2.13　具有周期 T_k 的临界振荡

(3) 根据所记录的 δ_k 和 T_k，按表 2.1 给出的经验公式确定调节器的参数。

表 2.1　临界比例度法确定的模拟 PID 控制器参数

调节作用	比例度 δ/%	积分时间 T_i	微分时间 T_d
比例	$2\delta_k$	—	—
比例积分	$2.2\delta_k$	$0.85T_k$	—
比例微分	$1.8\delta_k$	—	$0.1T_k$
比例积分微分	$1.7\delta_k$	$0.5T_k$	$0.125T_k$

临界比例度法不需要对被控对象单独求取响应曲线，直接在闭环反馈控制系统中进行，受实验条件的限制少，通用性较强。

2. 衰减曲线法

衰减曲线法是一种基于纯比例控制系统衰减振荡实验所得的数据，利用经验公式，求得控制器参数值的闭环整定方法，其整定步骤如下：

(1) 将调节器的积分时间 T_i 置于最大($T_i=\infty$)，微分时间 T_d 置零($T_d=0$)，比例度 δ 置为较大的数值，闭环运行系统。

(2) 待系统运行稳定后，对设定值进行阶跃扰动，然后观察系统的响应。若响应振荡衰减太快，则减小比例度 δ；反之，则增大比例度 δ，直到出现如图 2.14(a)所示的衰减振荡。记录下此时的比例度 δ_s(衰减比为 4：1)或 δ_r(衰减比为 10：1)，以及如图 2.14(a)所示的衰减振荡周期 T_s，或者如图 2.14(b)所示的响应上升时间 T_r。

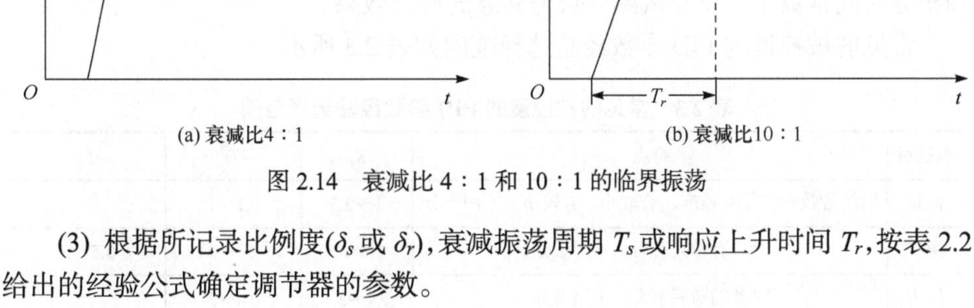

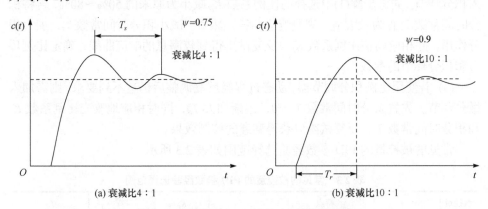

图 2.14　衰减比 4：1 和 10：1 的临界振荡

(3) 根据所记录比例度(δ_s 或 δ_r)，衰减振荡周期 T_s 或响应上升时间 T_r，按表 2.2 给出的经验公式确定调节器的参数。

表 2.2　衰减曲线法整定计算公式

衰减比	调节作用	比例度 δ	积分时间 T_i	微分时间 T_d
4：1	比例	δ_s	—	—
	比例积分	$1.2\delta_s$	$0.5T_s$	—
	比例积分微分	$0.8\delta_s$	$0.3T_s$	$0.1T_s$
10：1	比例	δ_r	—	—
	比例积分	$1.2\delta_r$	$2T_r$	—
	比例积分微分	$0.8\delta_r$	$1.2T_r$	$0.4T_r$

衰减曲线法直接在闭环反馈控制系统中进行，原理简单，操作方便，适用于大多数过程控制系统。

3. 经验试凑法

经验试凑法是一种基于长期生产实践中总结出的各环节参数对系统响应的经验，通过反复调整 PID 控制器参数以获得期望响应曲线的闭环整定方法，其整定步骤如下：

(1) 整定比例部分，逐渐增加比例系数 K_p，闭环运行系统，观察系统响应，直至获得反应快、超调小的响应曲线。若系统性能指标已达到期望要求，则只需要比例调节器即可。

(2) 如果仅调节比例调节器参数，系统的稳态误差还达不到期望要求，则需加入积分环节。先将步骤(1)中选择的比例系数 K_p 减小为原来的 50%～80%，再将积分时间常数 T_i 置为较大值，观测响应曲线。然后，减小积分时间常数 T_i，加大积分作用，并相应调整比例系数 K_p，反复试凑得到较满意的响应曲线，确定比例环节和积分环节的参数。

(3) 若使用比例积分调节器，动态过程经反复调整后仍达不到要求，则需加入微分环节。先置微分时间常数 T_d =0，逐渐加大 T_d，同时相应地改变比例系数 K_p 和积分时间常数 T_i，反复试凑以获得满意的控制效果。

常见的被控量的 PID 参数经验选择范围如表 2.3 所示。

表 2.3　常见的被控量的 PID 参数经验选择范围

被控量	特点	K_p	T_i	T_d
流量	时间常数小，并有噪声，K_p 较小，T_i 较小，不用微分	1～2.5	0.1～1	—
温度	对象有较大滞后，常用微分	1.6～5	3～10	0.5～3
压力	对象的滞后不大，不用微分	1.4～3.5	0.4～3	—
液位	允许有静差时，不用积分和微分	1.25～5	—	—

经验试凑法不需要进行理论计算，利用各环节参数对系统响应的经验对系统进行参数整定即可。

2.3　PID 控制系统设计范例

2.3.1　二阶系统 PID 控制系统设计范例

二阶系统是利用二阶微分方程进行描述的系统，在控制系统中广泛应用，如弹簧-质量-阻尼器系统、扭转弹簧系统等。另外，部分高阶系统在一定条件下可以简化成二阶系统进行分析。因此，在自动控制系统设计中，二阶系统 PID 控制系统设计具有重要的意义。

本节主要阐述二阶系统 PID 控制系统设计过程，已知单位反馈二阶系统的开环传递函数为

$$G_0(s)=\frac{Y(s)}{U(s)}=\frac{25}{s^2+3s+25}$$

设计 PID 控制器，使系统在单位阶跃响应下满足性能指标：超调量 $M_p \leqslant 5\%$，稳态误差 $e_{ss}=0$，调节时间 $t_s \leqslant 3s$。

二阶系统 PID 控制系统设计过程如下：

(1) 系统分析。绘制系统单位阶跃响应下的响应曲线，如图 2.15 所示，程序见 2.6 节“程序附录”2.1。

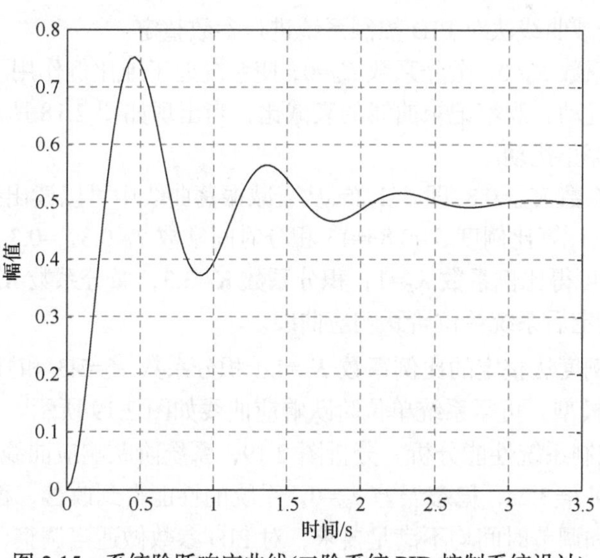

图 2.15　系统阶跃响应曲线(二阶系统 PID 控制系统设计)

分析图 2.15，系统在阶跃输入作用下是稳定的，但是存在明显偏差，稳态误差 e_{ss}=0.5。

(2) PID 控制器的设计与整定。为了消除二阶系统稳态误差，并使超调量和调节时间均满足期望的性能指标要求，设计 PID 控制器，系统结构如图 2.16 所示。

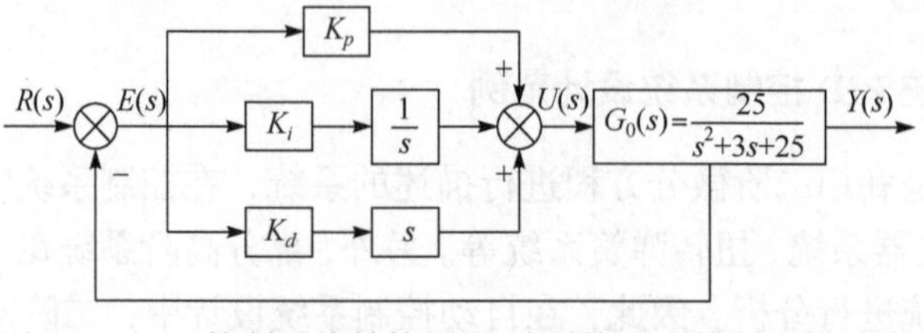

图 2.16　PID 控制系统结构图(二阶系统 PID 控制系统设计)

(3) PID 控制系统搭建。搭建 PID 控制系统 Simulink 模型框图，如图 2.17 所示。

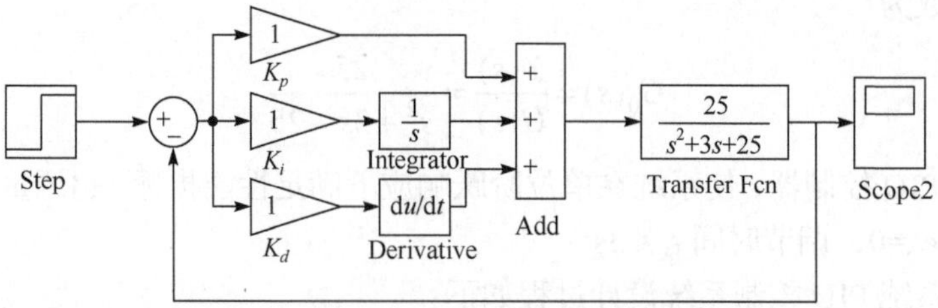

图 2.17　PID 控制系统 Simulink 模型框图(二阶系统 PID 控制系统设计)

(4) PID 控制系统参数整定。

① 采用衰减曲线法对 PID 控制系统进行参数整定。

设置积分系数 K_i=0，微分系数 K_d=0，使系统处于纯比例作用下，在达到稳定时，加入阶跃扰动，观察记录曲线的衰减比，当出现如图 2.18 所示的 4∶1 衰减比振荡曲线时停止扰动。

可得比例系数 K_{p0}=0.8，即 δ=1.25，从衰减振荡曲线中可以读出振荡周期 T_s=1，根据表 2.2 可以计算比例度 δ'=0.8δ=1，积分时间常数 T_i=0.3T_s=0.3，微分时间常数 T_d=0.1T_s=0.1，可得比例系数 K_p=1，积分系数 K_i=3.3，微分系数 K_d=0.1。

② 绘制整定后系统单位阶跃响应曲线。

将临界比例度法整定的比例系数 K_p=1、积分系数 K_i=3.3 和微分系数 K_d=0.1 输入 Simulink 模型，可得系统单位阶跃响应曲线如图 2.19 所示。

(5) PID 控制系统性能分析。分析图 2.19，系统阶跃响应曲线的超调量 M_p = 18%，调节时间 t_s=3.2s，稳态误差 e_{ss}=0，系统的性能得到改善，稳态误差满足要求，但超调量和调节时间均不满足要求，对 PID 参数做适当调整，设置微分系数 K_d=0.5，比例系数 K_p 和积分系数 K_i 保持不变。重新进行仿真，得到系统阶跃响应曲线如图 2.20 所示，系统超调量 M_p=5%，调节时间 t_s=2s ≤ 3s，性能指标均满足要求期望要求。

可得二阶系统 PID 控制结构如图 2.21 所示。

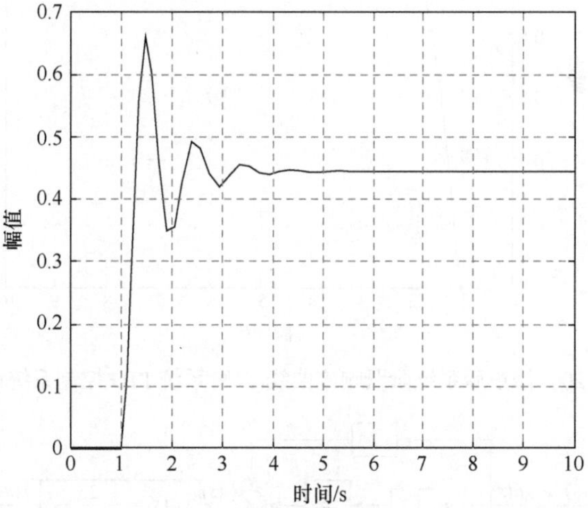

图 2.18　4：1 衰减比振荡曲线(二阶系统 PID 控制系统设计)

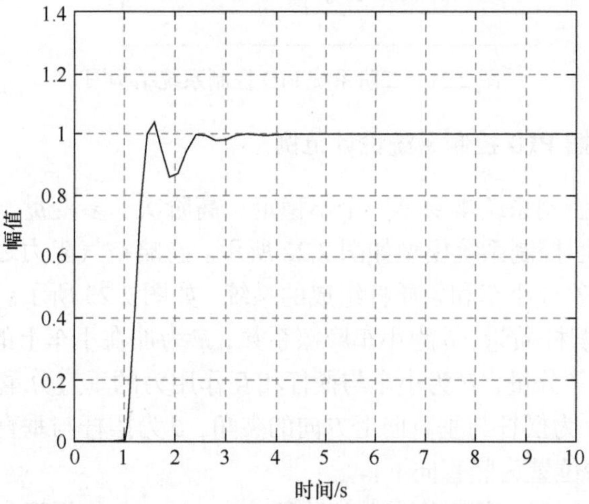

图 2.19　衰减曲线法整定系统阶跃响应曲线(二阶系统 PID 控制系统设计)

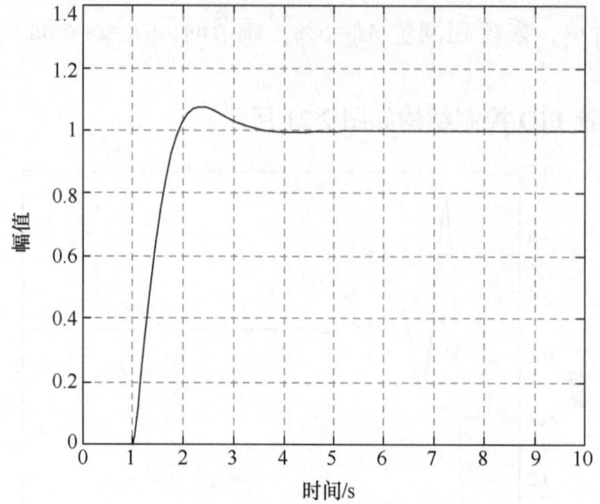

图 2.20 修正后系统阶跃响应曲线(二阶系统 PID 控制系统设计)

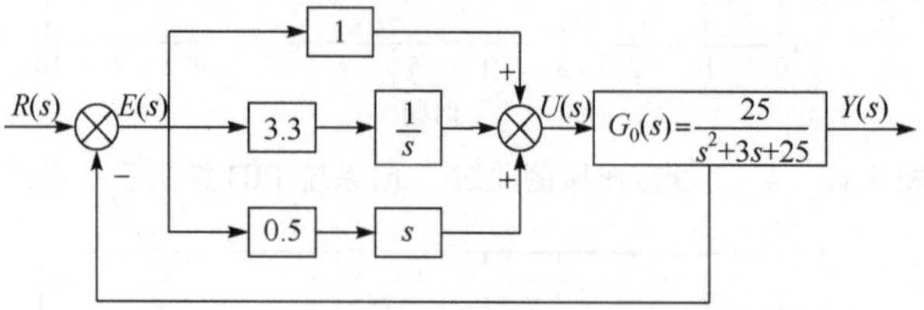

图 2.21 二阶系统 PID 控制系统结构图

2.3.2 单级倒立摆 PID 控制系统设计范例

单级倒立摆控制系统本身是一个不稳定、高阶次、多变量、强耦合的非线性系统。单级倒立摆控制系统模型如图 2.22 所示。忽略空气阻力之后，可将直线单级倒立摆系统抽象成小车和匀质杆组成的系统，如图 2.23 所示。图 2.23 中，M 为小车质量，m 为摆杆质量，b 为小车摩擦系数，F 为加在小车上的力，N 为小车与相互作用力的水平分量，P 为小车与摆杆相互作用力的垂直分量，x 为小车位置，$\dot{x}$ 为小车速度，φ 为摆杆与垂直向上方向的夹角，θ 为摆杆与垂直向下方向的夹角(考虑到摆杆初始位置为竖直向下)。

设计 PID 控制器，使系统在单位阶跃响应 $r(t)=1(t)$作用下，单级倒立摆闭环控制系统的响应指标满足：系统的超调量 $M_p \leqslant 20\%$，调节时间 $t_s \leqslant 5\text{s}$。

单级倒立摆系统输入量是小车的加速度 a，输出量是摆杆的角度 φ，可建立摆杆角度 φ 与小车加速度 a 之间的数学模型。

对单级倒立摆摆杆垂直方向进行受力分析，根据牛顿第二定律可得

$$P - mg = m\frac{\mathrm{d}^2}{\mathrm{d}t^2}(l\cos\varphi) \tag{2.32}$$

式中，l 为摆杆转动轴心到杆质心的长度。

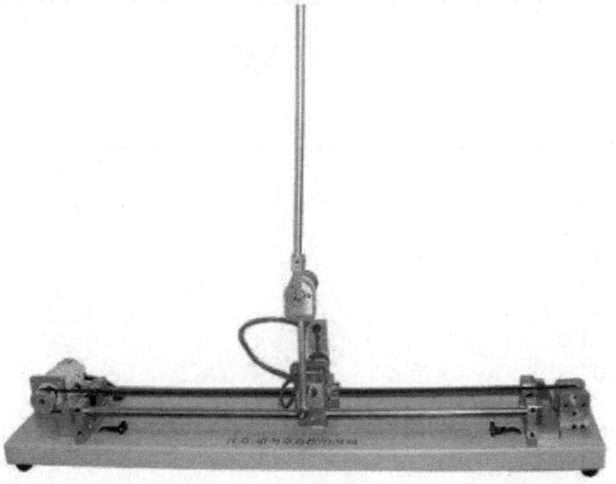

图 2.22　单级倒立摆控制系统模型

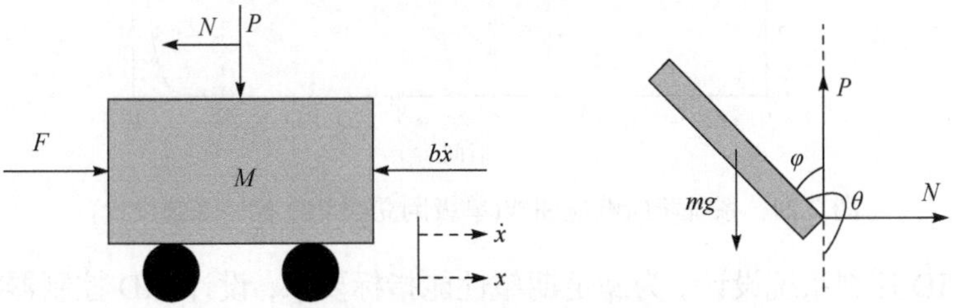

图 2.23　一级倒立摆的结构原理图

力矩平衡方程如下：

$$-Pl\sin\varphi - Nl\cos\varphi = I\ddot{\varphi} \tag{2.33}$$

式中，I 为摆杆惯量。

根据式(2.32)和式(2.33)可获得摆杆角度 φ 和小车加速度 a 的传递函数为

$$G(s) = \frac{\phi(s)}{V(s)} = \frac{ml}{(I+ml^2)s^2 - mgl} \tag{2.34}$$

实际系统的模型参数如下：小车质量 M=1.096kg，摆杆质量 m=0.109kg，小车摩擦系数 b=0.1N/(m·s)，摆杆转动轴心到杆质心的长度 l=0.25m，摆杆惯量 $I = 0.0034\,\text{kg}\cdot\text{m}\cdot\text{m}$，采样频率 T=0.005s。

将模型参数代入式(2.34)可得单级倒立摆系统传递函数为

$$G(s) = \frac{\phi(s)}{V(s)} = \frac{0.02725}{0.0102125s^2 - 0.26705} \tag{2.35}$$

单级倒立摆 PID 控制系统设计过程如下：

(1) 系统分析。绘制系统单位阶跃响应下响应曲线如图 2.24 所示，程序见 2.6

节“程序附录”2.2。

分析图 2.24，系统单位阶跃响应不随时间的增加而衰减，呈现发散的趋势，故系统不稳定。

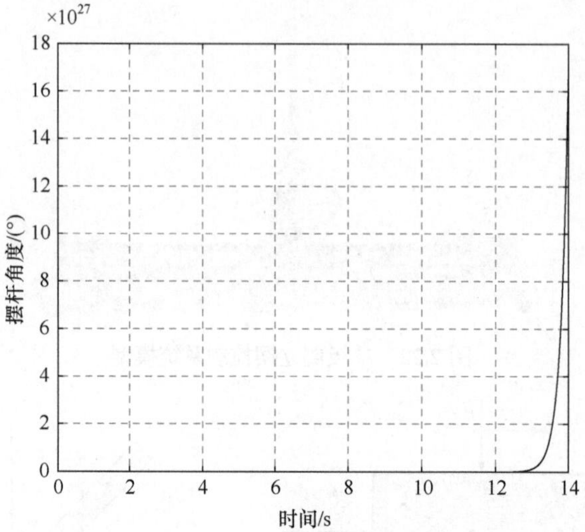

图 2.24　系统阶跃响应曲线(单级倒立摆 PID 控制系统设计)

(2) PID 控制系统设计。为满足期望性能指标要求，设计 PID 控制器对单级倒立摆系统进行控制，系统结构如图 2.25 所示。

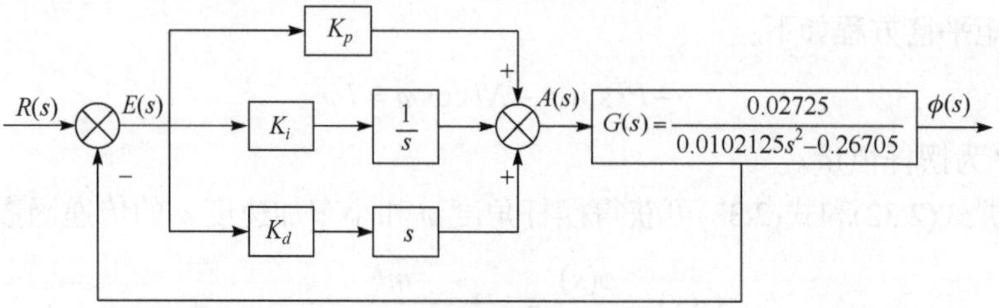

图 2.25　PID 控制系统结构图(单级倒立摆 PID 控制系统设计)

(3) PID 控制系统搭建。搭建 PID 控制系统 Simulink 模型框图，如图 2.26 所示。

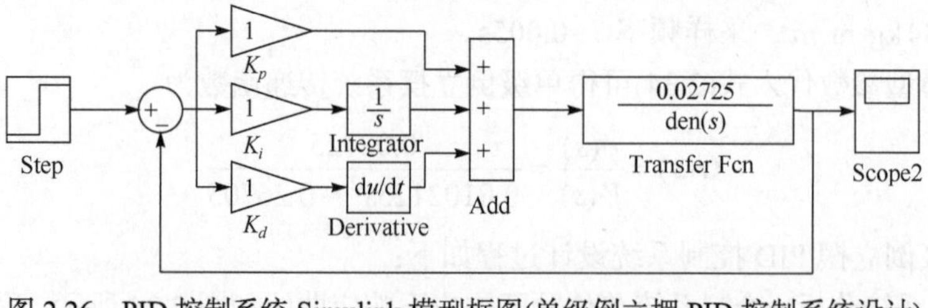

图 2.26　PID 控制系统 Simulink 模型框图(单级倒立摆 PID 控制系统设计)

(4) PID 控制系统参数整定。

① 采用临界比例度法对 PID 控制系统进行参数整定。

设置比例系数 K_p=100、积分系数 K_i=0 和微分系数 K_d=0，系统出现如图 2.27 所示的等幅振荡曲线，可得临界比例度 δ_k=0.01，从等幅振荡曲线中近似地测量出临界振荡周期 T_k=0.8，根据表 2.2 中的 PID 参数整定公式可以求得比例系数 K_p=125，积分时间常数 T_i =0.96，微分时间常数 T_d =0.32。可得积分系数 K_i=130，微分系数 K_d=40。

② 绘制整定后 PID 控制系统单位阶跃响应曲线。

将临界比例度法整定的比例系数 K_p=125、积分系数 K_i=130 和微分系数 K_d=40 输入 Simulink 模型，可得系统单位阶跃响应曲线如图 2.28 所示。

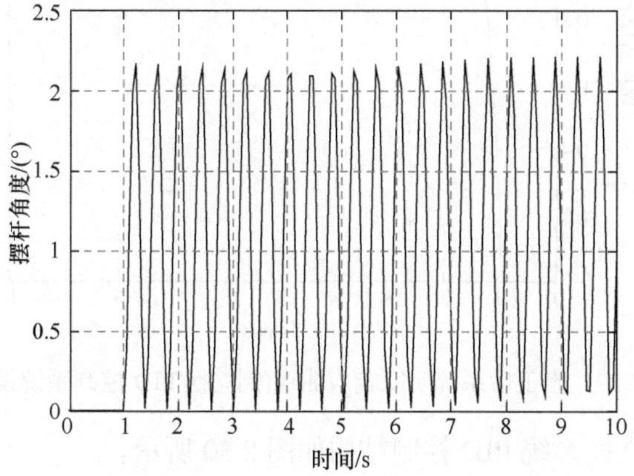

图 2.27　等幅振荡曲线(单级倒立摆 PID 控制系统设计)

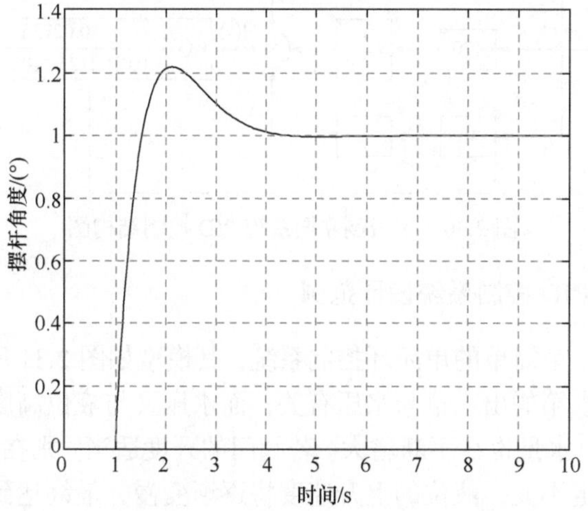

图 2.28　临界比例度法整定系统阶跃响应曲线(单级倒立摆 PID 控制系统设计)

(5) PID 控制系统性能分析。

分析图 2.28，系统阶跃响应曲线的超调量 M_p=22%，调节时间 t_s=3.8s，稳态误差为 0，超调量不满足要求，对整定的 PID 参数做适当调整。设置比例系数 K_p=200，微分系数 K_d=40，积分系数 K_i =120。重新进行仿真，得到系统阶跃响应曲线如图 2.29 所示，系统的超调量 M_p=15%，调节时间 t_s=4.6s，稳态误差为 0，系统的超调量和调节时间均满足期望要求。

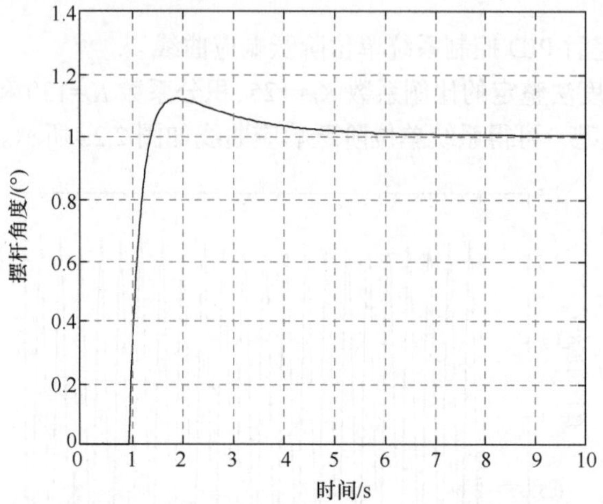

图 2.29　修正后系统阶跃响应曲线(倒立摆 PID 控制系统设计)

可得单级倒立摆系统 PID 控制结构如图 2.30 所示。

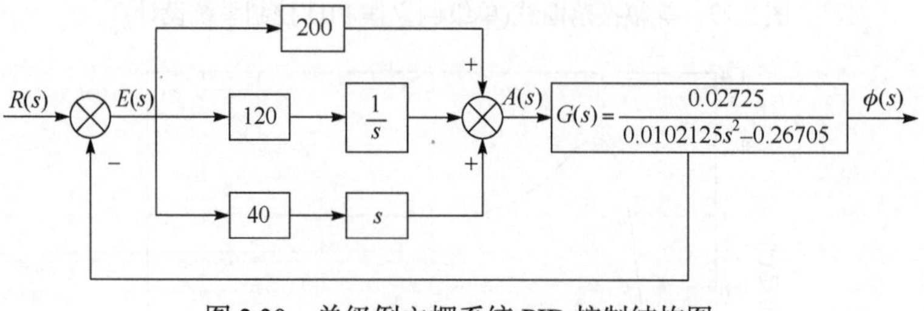

图 2.30　单级倒立摆系统 PID 控制结构图

2.3.3　单容水箱 PID 控制系统设计范例

单容水箱是一个简单的单闭环控制系统，其模型如图 2.31 所示。根据单容水箱的流量特性，水箱的出水量与水压有关，而水压又与液位高度成正比，在水箱液位升高时，其出水量也在不断增大。若阀门的开度适当，则在不溢出的情况下，水箱的进水量恒定不变，液位的上升速度将逐渐变慢，最终达到平衡。

图 2.31 中，Q_i 为入水流量，Q_o 为出水流量，Q_d 为扰动，H 为水箱液位的液

位值，LC 为液位控制器，LT 为液位变送器，F 为水槽的横截面积。

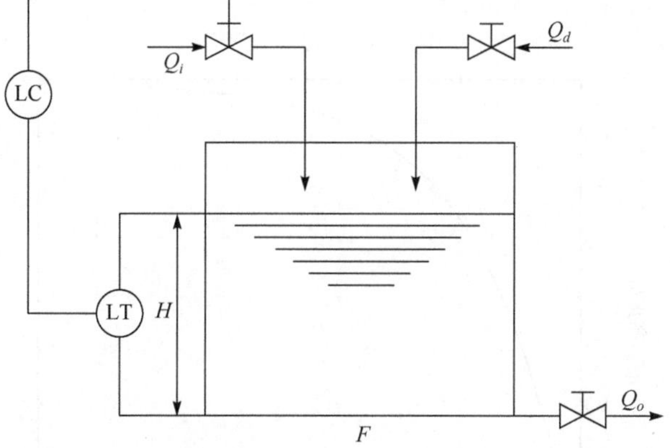

图 2.31　单容水箱模型

设计 PID 控制器，使系统在单位阶跃响应 $r(t)=1(t)$作用下，单容水箱闭环控制系统的响应指标满足：超调量 $M_p \leqslant 30\%$，稳态误差 $e_{ss}=0$，调节时间 $t_s \leqslant 6s$。

单容水箱系统输入量是调节阀开度 u，输出量是液位高度 H，可建立调节阀开度 u 与液位高度 H 之间的数学模型。

单容水箱液位变化满足如下动态物料平衡方程：

$$\frac{\mathrm{d}H}{\mathrm{d}t}=\frac{1}{F}(Q_i+Q_d-Q_o)=\frac{1}{F}\Delta Q \tag{2.36}$$

$$Q_i=k_u u,\quad Q_o=\frac{\sqrt{H}}{R} \tag{2.37}$$

式中，k_u 为取决于阀门特性的系数；R 为与负载阀的开度有关的系数，在阀门开度固定不变的条件下，R 可视为常数；u 为调节阀开度；控制水流入量 Q_i 由液位控制器控制。

根据式(2.36)和式(2.37)可得调节阀开度 u 与液位高度 H 的传递函数为

$$G(s)=\frac{H(s)}{U(s)}=\frac{2R\sqrt{H_0}}{2RF\sqrt{H_0}s+1}\frac{K_v}{T_v s+1} \tag{2.38}$$

实际系统的模型参数如下：液位初始值为 H_0=16cm，负载阀的开度系数 R=0.0375s/cm^2，水槽的横截面积 F=1000cm^2，K_v=28cm^3/(s · mA)，T_v=1s。

将模型参数代入式(2.38)，可得调节阀开度 u 与液位高度 H 之间的传递函数为

$$G(s)=\frac{H(s)}{U(s)}=\frac{8.4}{(300s+1)(s+1)} \tag{2.39}$$

单容水箱 PID 控制系统设计过程如下：

(1) 系统分析。绘制系统单位阶跃响应如图 2.32 所示，程序见 2.6 节“程序附录”2.3。

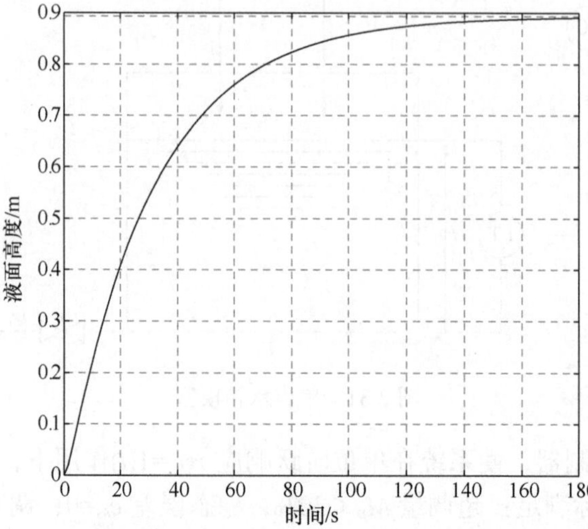

图 2.32 系统阶跃响应曲线(单容水箱 PID 控制系统设计)

分析图 2.32，系统的单位阶跃响应是稳定的，但存在明显偏差，稳态误差 e_{ss}=0.1，不满足期望要求。

(2) PID 控制系统设计。为消除稳态误差，并使超调量和调节时间均满足期望性能指标要求，设计 PID 控制器对系统进行控制，系统结构如图 2.33 所示。

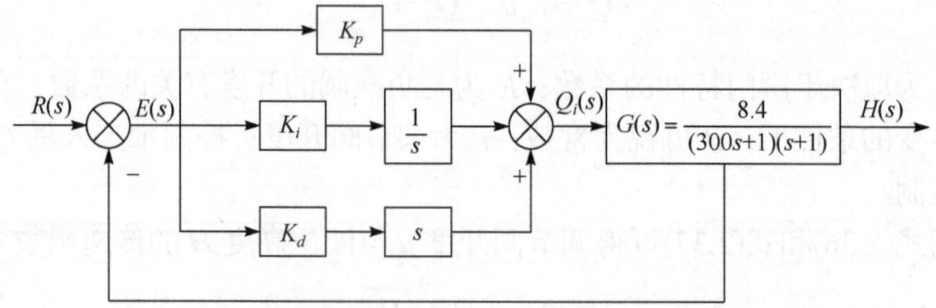

图 2.33 PID 控制系统结构图(单容水箱 PID 控制系统设计)

(3) PID 控制系统搭建。搭建 PID 控制系统 Simulink 模型框图，如图 2.34 所示。

(4) PID 控制系统参数整定。

① 采用衰减曲线法对 PID 控制系统进行参数整定。

设置比例系数 K_p=200，积分系数 K_i=0，微分系数 K_d=0，系统出现如图 2.35 所示的 4∶1 衰减比曲线，可得比例度 δ=0.005，从衰减振荡曲线中近似测量出振

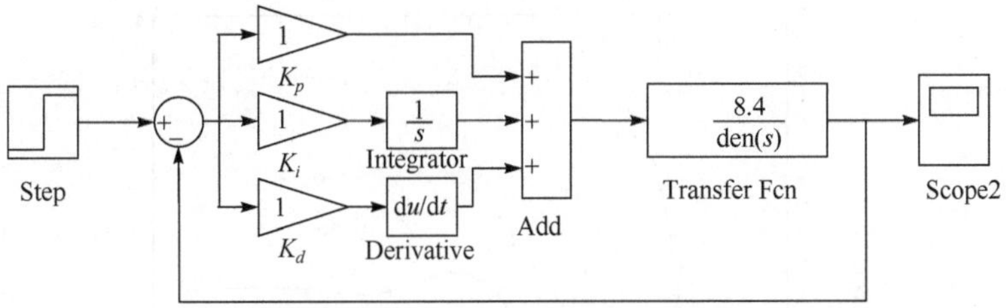

图 2.34　PID 控制系统 Simulink 模型框图(单容水箱 PID 控制系统设计)

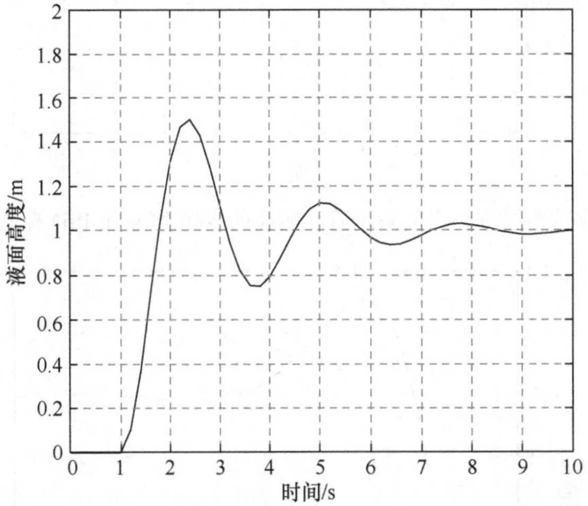

图 2.35　4∶1 衰减比振荡曲线(单容水箱 PID 控制系统设计)

荡周期 T_s=2.76，根据表 2.2 的 PID 参数整定公式可以求出比例度 δ'=0.8δ=0.004，积分时间常数 T_i=0.3T_s=0.828，微分时间常数 T_d=0.1T_s=0.276，可得比例系数 K_p=250，积分系数 K_i=301，微分系数 K_d=69。

② 绘制整定后系统单位阶跃响应曲线。

将衰减曲线法整定的比例系数 K_p=250、积分系数 K_i=301 和微分系数 K_d=69 输入 Simulink 模型，可得系统单位阶跃响应曲线如图 2.36 所示。

(5) PID 控制系统性能分析。分析图 2.36，系统阶跃响应曲线的超调量 M_p=58.6%，调节时间 t_s=5.8s，稳态误差 e_{ss}=0。经参数整定后，系统的性能得到改善，但超调量仍不满足要求，需对整定的 PID 参数做适当调整。设置微分系数 K_d=150，积分系数 K_i=200，比例系数 K_p 保持不变。重新进行仿真，得到系统阶跃响应曲线如图 2.37 所示，系统的超调量 M_p=29%⩽30%，调节时间 t_s=5.2s<6s，性能指标均满足期望要求。

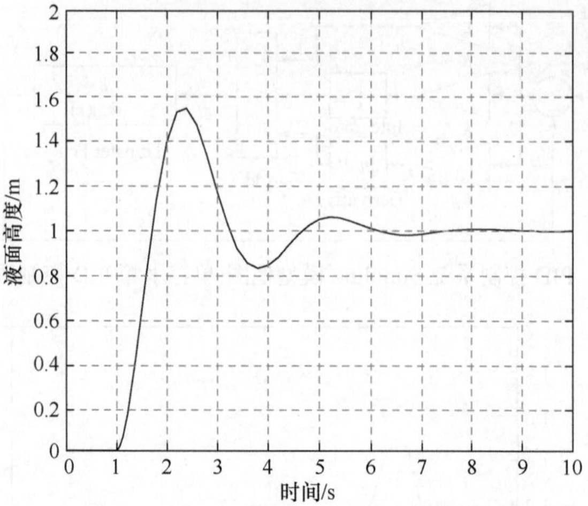

图 2.36　衰减曲线法整定的系统阶跃响应曲线(单容水箱 PID 控制系统设计)

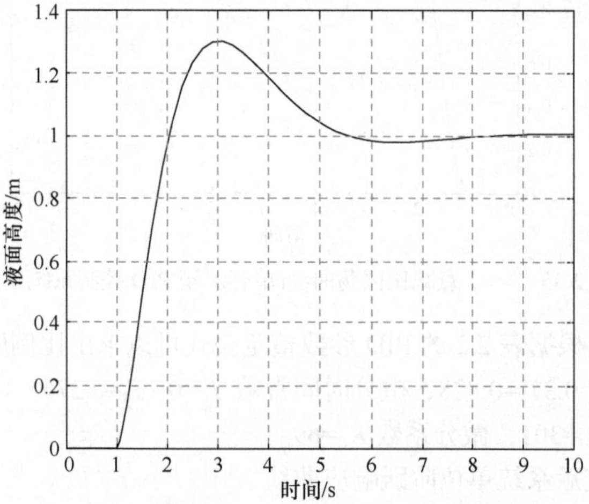

图 2.37　修正后的系统阶跃响应曲线(单容水箱 PID 控制系统设计)

可得单容水箱系统 PID 控制结构如图 2.38 所示。

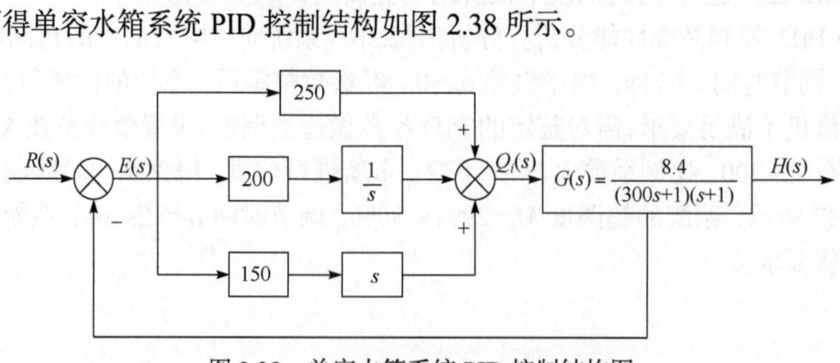

图 2.38　单容水箱系统 PID 控制结构图

2.3.4　城市污水处理过程溶解氧浓度 PID 控制系统设计范例

活性污泥法城市污水处理系统是一个复杂的闭环控制系统，由初沉池、生物反应池和二沉池构成，系统结构如图 2.39 所示。活性污泥法城市污水处理系统主要利用活性污泥中人工培养的微生物群落的吸附和降解能力，去除污水中的悬浮固体颗粒、可生化有机物，达到改善水质的作用。活性污泥中的微生物对有机物的降解过程实际上是对氧气的消耗利用过程，水中溶解氧浓度过低会导致丝状菌的大量繁殖，从而引发污泥膨胀。水中溶解氧浓度过高则会导致能耗过高，增加经济开销。因此，水中溶解氧浓度是一个非常重要的控制参量。

设计 PID 控制器，使系统在单位阶跃响应 $r(t)=1(t)$作用下，溶解氧浓度控制系统的响应指标满足：超调量 $M_p \leqslant 25\%$，调节时间 $t_s \leqslant 5\text{s}$，稳态误差 $e_{ss}=0$。

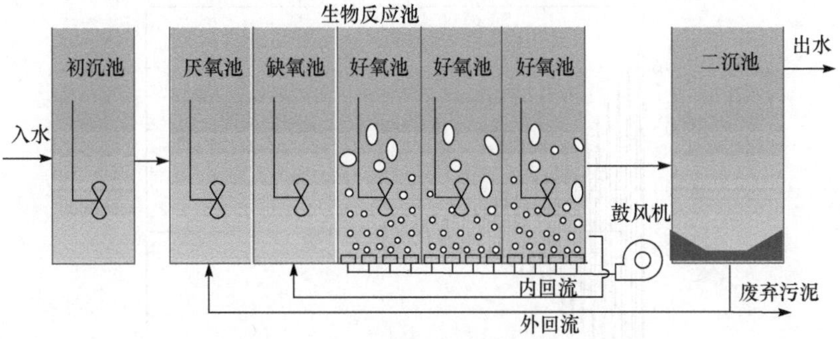

图 2.39　活性污泥法污水处理系统结构图

溶解氧浓度控制系统输入是鼓风机的空气通量 u，输出是曝气池溶解氧浓度 S_O，可建立鼓风机的空气通量 u 与曝气池溶解氧浓度 S_O之间的数学模型。

曝气池溶解氧浓度 S_O与鼓风机的空气通量 u 之间的关系为

$$\frac{\mathrm{d}^2 S_O}{\mathrm{d}t^2} = -\frac{Q}{V}\frac{\mathrm{d}S_O}{\mathrm{d}t} - S_O + \varsigma u \tag{2.40}$$

式中，Q 为进水流量；V 为反应池的容积；ς 为关联系数。

式(2.40)的拉氏变换为

$$s^2 S_O(s) = -\frac{Q}{V} s S_O(s) - S_O(s) + \varsigma U(s) \tag{2.41}$$

根据式(2.41)，可获得曝气池溶解氧浓度 S_O 与鼓风机的空气通量 u 之间的传递函数为

$$G_p(s) = \frac{S_O(s)}{U(s)} = \frac{\varsigma}{s^2 + \frac{Q}{V}s + 1} \tag{2.42}$$

实际系统的模型参数如下：关联系数 $\varsigma = 0.5$，进水流量 $Q = 66.65\text{m}^3/\text{h}$，反应池的容积 V=1333m^3。

将模型参数代入式(2.42)可得溶解氧浓度控制系统传递函数为

$$G_p(s) = \frac{S_O(s)}{U(s)} = \frac{0.5}{s^2 + 0.05s + 1} \tag{2.43}$$

溶解氧浓度 PID 控制系统设计过程如下：

(1) 系统分析，绘制系统单位阶跃响应下的响应曲线如图 2.40 所示，程序见 2.6 节“程序附录”2.4。

分析系统阶跃响应曲线，系统的稳态误差较大，超调量和调节时间均不满足期望性能指标要求。

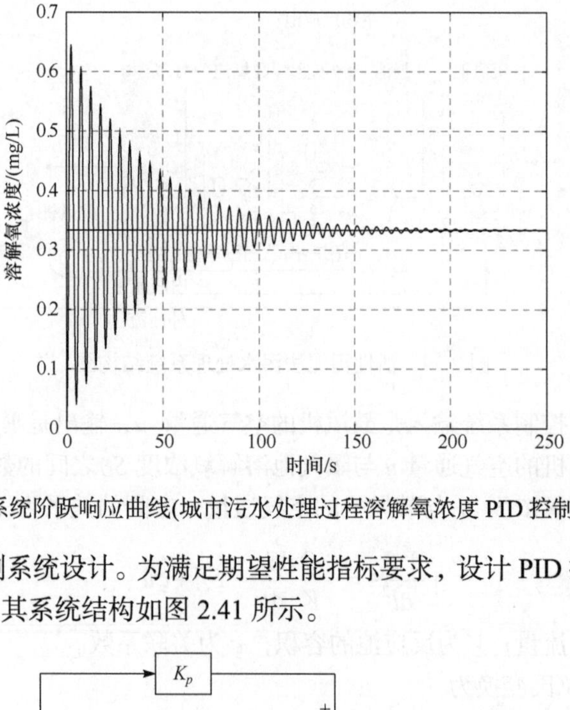

图 2.40　系统阶跃响应曲线(城市污水处理过程溶解氧浓度 PID 控制系统设计)

(2) PID 控制系统设计。为满足期望性能指标要求，设计 PID 控制器对溶解氧浓度进行控制，其系统结构如图 2.41 所示。

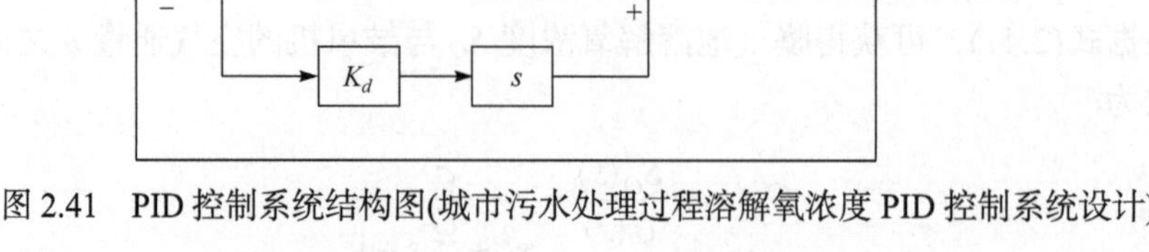

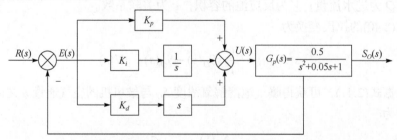

图 2.41　PID 控制系统结构图(城市污水处理过程溶解氧浓度 PID 控制系统设计)

(3) PID 控制系统搭建。搭建 PID 控制系统 Simulink 模型框图，如图 2.42 所示。

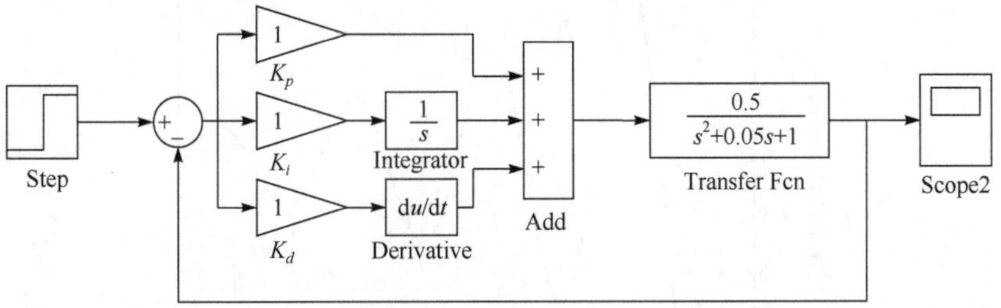

图 2.42　PID 控制系统 Simulink 模型框图(城市污水处理过程溶解氧浓度 PID 控制系统设计)

(4) PID 控制系统参数整定。

① 采用临界比例度法对 PID 控制系统进行参数整定。

设置比例系数 K_p=20，积分系数 K_i=0，微分系数 K_d=0，系统出现如图 2.43 所示的等幅振荡曲线，可得临界比例度 δ_k=0.05，从等幅振荡曲线中近似地测量出临界振荡周期 T_k=1.8，根据表 2.2 中的 PID 参数整定公式求出比例系数 K_p=12，积分时间常数 T_i=0.9，微分时间常数 T_d=0.225。可得比例系数 K_p=12，积分系数 K_i=13.3，微分系数 K_d=2.7。

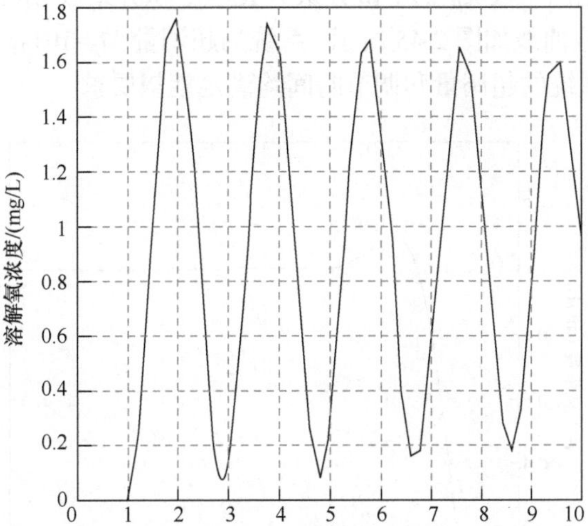

图 2.43　等幅振荡曲线(城市污水处理过程溶解氧浓度 PID 控制系统设计)

② 绘制整定后 PID 控制系统单位阶跃响应曲线。

将临界比例度法整定的比例系数 K_p=12、积分系数 K_i=13.3 和微分系数 K_d=2.7 输入 Simulink 模型，可得系统单位阶跃响应曲线如图 2.44 所示。

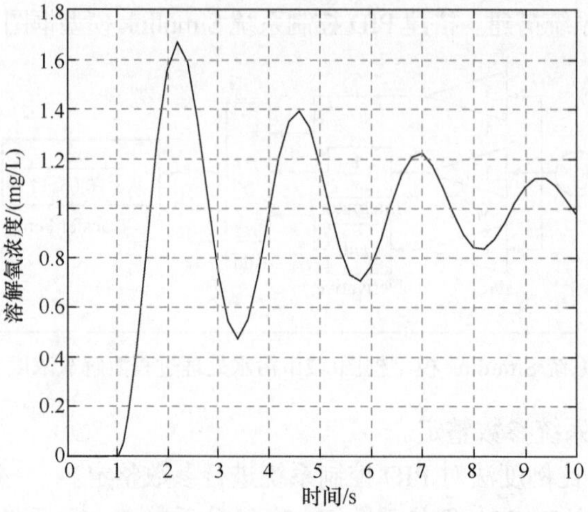

图 2.44　临界比例度法整定的系统阶跃响应曲线(城市污水处理过程溶解氧浓度 PID 控制系统设计)

(5) PID 控制系统性能分析。分析图 2.44，系统阶跃响应曲线的超调量 M_p=60%，调节时间 t_s=9.8s，超调量和调节时间均不满足要求，对整定的 PID 参数做适当调整，设置比例系数 K_p=12，微分系数 K_d=6，积分系数 K_i=5。重新进行仿真，得到系统阶跃响应曲线如图 2.45 所示，系统的超调量 M_p=10%，调节时间 t_s=3.5s，稳态误差为 0，系统的超调量和调节时间均满足期望要求。

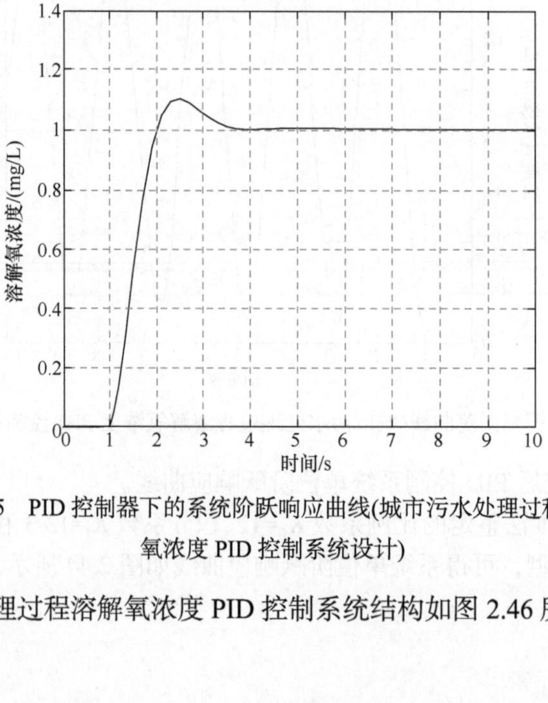

图 2.45　PID 控制器下的系统阶跃响应曲线(城市污水处理过程溶解氧浓度 PID 控制系统设计)

可得污水处理过程溶解氧浓度 PID 控制系统结构如图 2.46 所示。

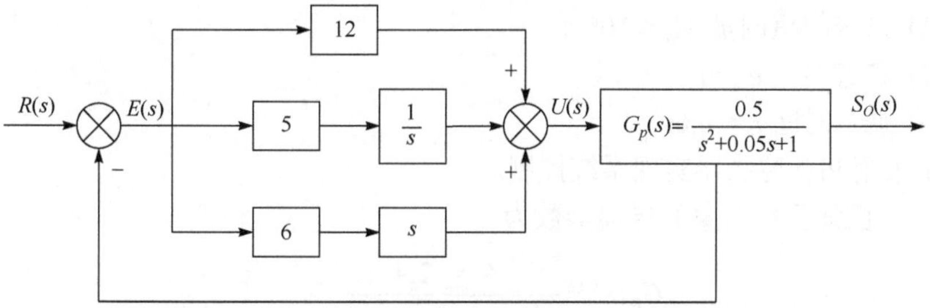

图 2.46　城市污水处理过程溶解氧浓度 PID 控制系统结构图

2.4　本 章 小 结

本章围绕 PID 控制器的设计与实现，阐述了如何根据系统期望性能指标设计合适的 PID 控制器结构，并完成 PID 控制器参数的有效整定。针对 PID 控制器的结构设计，讲述了如何针对不同系统场景设计相应控制器。其中，当控制系统负荷变化不大、允许存在稳态误差时，可设计比例控制器对系统进行控制；当控制系统响应时间要求不高、负荷变化不大、工艺参数不允许有稳态误差时，可设计比例积分控制器对系统进行控制；当控制系统滞后较大，控制结果允许有稳态误差存在时，可设计比例微分控制器对系统进行控制；当控制系统对控制质量要求较高，上述控制器均不能满足要求时，可设计比例积分微分控制器对系统进行控制。针对 PID 控制器的参数整定，介绍了如何对控制器进行参数整定。由于工程整定方法基于被控对象的阶跃响应曲线，直接在闭环控制系统的实验中确定控制器的相关参数，相比于理论计算整定法具有计算简单、易于掌握，且不需要准确获得各个环节传递函数等优点，本章重点介绍了临界比例法、衰减曲线法和经验试凑法三种常见的工程整定方法的整定步骤。然而，上述三种方法整定的 PID 控制器的参数可能不能完全满足期望系统性能指标，还需对整定的参数进行微调，使控制器的控制特性和过程特性相匹配，改善控制系统的动态性能和静态性能，取得最佳的控制效果。

2.5　课 后 习 题

2.1　已知受控对象的传递函数为

$$G_0(s)=\frac{15}{(s+1)(s+3)}$$

设期望校正后系统的性能指标如下：

(1) 系统的超调量 $M_p \leqslant 10\%$；

(2) 稳态误差 $e_{ss}=0$；

(3) 调节时间 $t_s \leqslant 0.6s$。

试采用 PID 控制器实现系统控制。

2.2　已知受控对象的传递函数为

$$G_0(s)=\frac{2.4}{s^3+0.8s^2-27.9s+2.3}$$

设期望校正后系统的性能指标如下：

(1) 系统的超调量 $M_p \leqslant 15\%$；

(2) 稳态误差 $e_{ss}=0$；

(3) 调节时间 $t_s \leqslant 4s$。

试采用 PID 控制器实现系统控制。

2.3　已知受控对象的传递函数为

$$G_0(s)=\frac{1}{s^2+10s+20}$$

设期望校正后系统的性能指标如下：

(1) 系统的超调量 $M_p \leqslant 5\%$；

(2) 稳态误差 $e_{ss}=0$；

(3) 调节时间 $t_s \leqslant 2s$。

试采用 PID 控制器实现系统控制。

2.4　自主设计一个三阶物理可实现的对象模型，使其阶跃响应的超调量 $M_p>30\%$。

设期望校正后系统的性能指标如下：

(1) 系统的超调量 $M_p \leqslant 10\%$；

(2) 稳态误差 $e_{ss}=0$。

试采用 PID 控制器实现系统控制。

2.6　程序附录

2.1　基于 PID 控制器的二阶系统设计

原系统单位阶跃响应下的响应曲线

```
1. num=[25];                              %传递函数分子系数
2. den=[1,3,25];                          %传递函数分母系数
3. G0=tf(num,den);                        %生成传递函数
```

```
G1=feedback(G0,1);                 %被控对象施加负反馈作用
step(G1)                           %绘制系统阶跃响应曲线
```

2.2　基于 PID 控制器的单级倒立摆系统设计

原系统单位阶跃响应下的响应曲线

```
num=[0.02725];                     %传递函数分子系数
den=[0.0102125,0,-0.26705];        %传递函数分母系数
G=tf(num,den);                     %生成传递函数
G0=feedback(G,1);                  %被控对象施加负反馈作用
step(G0)                           %绘制系统阶跃响应曲线
```

2.3　基于 PID 控制器的单容水箱系统设计

原系统单位阶跃响应下的响应曲线

```
num=[8.4];                         %传递函数分子系数
den=[300,301,1];                   %传递函数分母系数
G=tf(num,den);                     %生成传递函数
G0=feedback(G,1);                  %被控对象施加负反馈作用
step(G0)                           %绘制系统阶跃响应曲线
```

2.4　基于 PID 控制器的城市污水处理虚拟仿真设计实例

原系统单位阶跃响应下的响应曲线

```
den10=[1,0.05,1];                  %传递函数分母系数
Gp=tf(0.5,den10);                  %生成传递函数
G1=feedback(Gp,1);                 %被控对象施加负反馈作用
step(G1)                           %绘制系统阶跃响应曲线
```

第 3 章 超前滞后校正控制系统设计与实现

超前滞后校正法是一种基于频率分析的校正方法，主要通过将超前滞后校正装置的频率特性与原系统的频率特性叠加，改变原系统的频率特性，使校正后的系统能够达到期望的频率特性，完成系统性能的校正。超前滞后校正法由于具有结构简单、求解方便和易于实现等优点，已成为目前应用最为广泛的校正方法之一。

超前滞后校正法按照校正装置频率特性的不同可以分为超前校正法、滞后校正法和超前滞后校正法三种方式。超前校正法主要利用其超前校正装置的相角超前特性，产生超前相角，补偿原系统的相角滞后，改善原系统的动态特性；当原系统的开环截止频率小于期望的开环截止频率，且原系统的相角裕度小于期望的相角裕度时，一般采用超前校正装置对系统进行校正。滞后校正法主要通过滞后校正装置的中频及高频幅值衰减特性，降低系统的开环截止频率，提高低频段增益改善系统的稳态性能，提高相角裕度改善系统的动态性能；当原系统的开环截止频率大于期望的开环截止频率，且原系统的相角裕度小于期望的相角裕度时，一般采用滞后校正装置对系统进行校正。超前滞后校正法利用超前校正装置的相角超前特性提高相角裕度改善系统动态性能，同时利用滞后校正装置的中高频幅值衰减特性改善系统的稳态性能；当原系统不稳定，且期望校正后系统的响应速度、相角裕度和稳态精度要求较高，仅通过超前校正法或滞后校正法难以达到预期的校正效果时，可采用兼有超前校正法和滞后校正法优点的超前滞后校正法对系统进行校正。

超前滞后校正控制系统的性能主要由校正装置的频率特性决定，因此如何根据系统的期望性能指标设计具有合适频率特性的超前滞后校正装置，是超前滞后校正控制系统设计的重点和难点。本章围绕超前滞后校正控制系统的设计与实现，首先介绍超前滞后校正法的基本原理，包括超前校正法基本原理、滞后校正法基本原理和超前滞后校正法基本原理。然后详细介绍超前滞后校正控制系统的设计过程，包括超前校正、滞后校正和超前滞后校正的设计关键点和具体实现步骤。最后给出超前滞后校正控制系统设计的测试案例——典型二阶系统超前滞后校正系统设计，并利用三种典型应用场景进行超前滞后校正系统设计及应用实现：城市污水处理过程溶解氧浓度控制系统和单容水箱液位控制系统两个典型的过程控制系统，以及典型运动控制系统——单级倒立摆系统摆杆的角度控制系统，通过对上述三种典型应用场景进行数学模型构建，完成系统性能指标的分析，根据系统期望性能指标设计相应的超前滞后校正装置，完成系统校正。

3.1 超前滞后校正原理

超前校正法、滞后校正法和超前滞后校正法是超前滞后校正的三种基本校正方式，为设计有效的超前滞后校正装置，本节简单介绍三种校正方法的原理。

3.1.1 超前校正法原理

超前校正法是利用超前校正装置提供的超前相角，增大原系统的相角裕度，改善系统动态性能的校正方法，其校正装置模拟电路如图 3.1 所示。

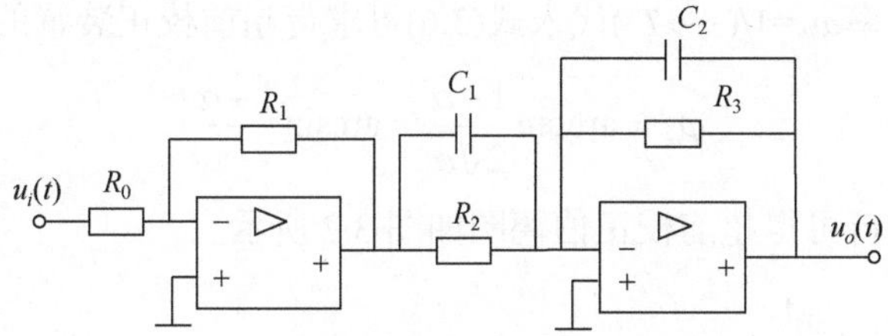

图 3.1　超前校正装置模拟电路图

图 3.1 中，超前校正装置模拟电路由四个电阻 R_0、R_1、R_2、R_3，两个电容 C_1 和 C_2，以及两个运算放大器构成，输入信号为 $u_i(t)$，输出信号为 $u_o(t)$，则超前校正的传递函数可表示为

$$G_{c0}(s)=\frac{U_o(s)}{U_i(s)}=\frac{R_1}{R_0}\frac{R_2R_3C_1s+1}{R_2R_3C_2s+1}=\frac{R_1R_3C_2}{R_0R_2C_1}\frac{R_2C_1s+1}{R_3C_2s+1}=K_0\frac{Ts+1}{\alpha Ts+1} \tag{3.1}$$

式中，$K_0=R_1R_3C_2/(R_0R_2C_1)$为超前校正增益；$\alpha=R_3C_2/(R_2C_1)(0<\alpha<1)$为超前校正衰减率；$T=R_2C_1$ 为超前校正时间常数；$U_o(s)$为输出信号 $u_o(t)$的复频域值；$U_i(s)$为输入信号 $u_i(t)$的复频域值。

为了保证系统在校正前后的开环增益保持不变，需串联放大器 $K_c=1/K_0$，串联补偿放大器后校正装置的传递函数可表示为

$$G_c(s)=\frac{1}{K_0}G_{c0}(s)=\frac{Ts+1}{\alpha Ts+1} \tag{3.2}$$

将 $s=\mathrm{j}\omega$ 代入式(3.2)，可得超前校正装置的频率特性为

$$G_c(\mathrm{j}\omega)=\frac{\mathrm{j}\omega T+1}{\mathrm{j}\omega\alpha T+1}=\sqrt{\frac{1+\omega^2T^2}{1+\alpha^2\omega^2T^2}}\angle(\arctan(\omega T)-\arctan(\alpha\omega T)) \tag{3.3}$$

则超前校正装置的幅频特性和相频特性为

$$L(\omega) = 20\lg\sqrt{\frac{1+\omega^2 T^2}{1+\alpha^2\omega^2 T^2}} \tag{3.4}$$

$$\varphi(\omega) = \arctan(\omega T) - \arctan(\alpha\omega T) \tag{3.5}$$

根据 $\mathrm{d}\varphi(\omega)/\mathrm{d}\omega=0$，可求得超前校正装置的最大超前角频率为$\omega_m=1/(\sqrt{\alpha}T)$，由于超前校正装置的转折频率为$\omega_1=1/T$，$\omega_2=1/(\alpha T)$，两个转折频率的几何中心点为$\omega=\sqrt{\omega_1\omega_2}=1/(\sqrt{\alpha}T)$，则超前校正装置的最大超前角频率$\omega_m$出现在两个转折频率$\omega_1$和$\omega_2$的几何中心点处。将最大超前角频率$\omega_m=1/(\sqrt{\alpha}T)$代入式(3.5)可求得超前校正装置在最大超前角$\omega_m$处的对数幅值为

$$L_c(\omega_m) = 10\lg(1/\alpha) \tag{3.6}$$

将最大超前角频率$\omega_m=1/(\sqrt{\alpha}T)$代入式(3.6)可求得超前校正装置的最大超前角为

$$\varphi_m = \arctan\frac{1-\alpha}{2\sqrt{\alpha}} = \arcsin\frac{1-\alpha}{1+\alpha} \tag{3.7}$$

根据上述分析可得超前校正伯德图如图 3.2 所示。

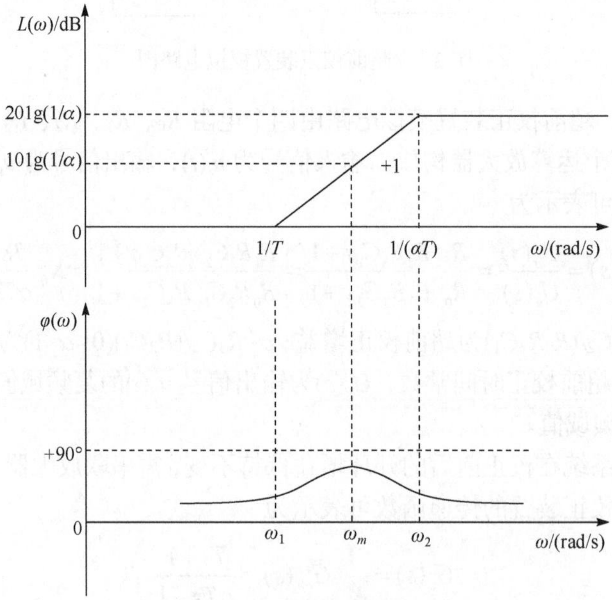

图 3.2 超前校正伯德图

分析图 3.2，可获得超前校正的幅频特性为：频率ω在 $1/T$ 和 $1/(\alpha T)$之间时，幅频特性曲线 $L(\omega)$斜率为 20dB/dec，由于纯微分环节对数幅频特性的斜率也为

20dB/dec，表明频率 ω 在 $1/T$ 和 $1/(\alpha T)$之间超前校正装置对输入信号起到微分作用。超前校正的相频特性为：在$\omega = 0\to\infty$的所有频率下，均有$\varphi(\omega)>0$，即超前校正装置的输出信号在相角上总是超前于输入信号。

3.1.2　滞后校正法原理

滞后校正法是一种利用滞后校正装置的中高频幅值衰减特性，降低原系统的开环截止频率，增加原系统的相角裕度，改善原系统的动态特性的校正方法，其校正装置模拟电路如图 3.3 所示。

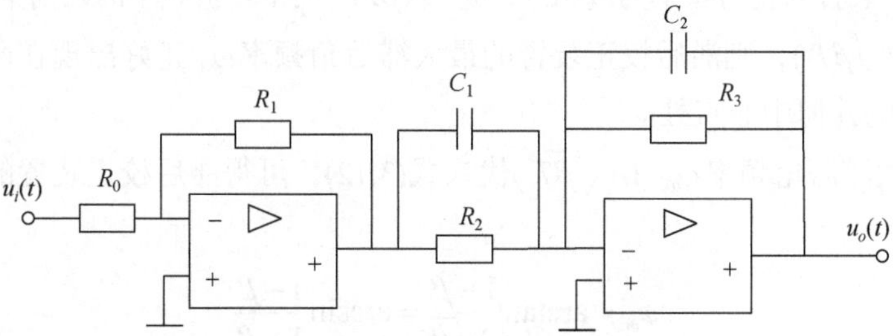

图 3.3　滞后校正装置模拟电路图

图 3.3 中，滞后校正装置模拟电路由四个电阻 R_0、R_1、R_2、R_3，两个电容 C_1 和 C_2，以及两个运算放大器构成，输入信号为 $u_i(t)$，输出信号为 $u_o(t)$，则滞后校正的传递函数可表示为

$$G_{c0}(s)=\frac{U_o(s)}{U_i(s)}=\frac{R_1}{R_0}\frac{R_2R_3C_1s+1}{R_2R_3C_2s+1}=\frac{R_1R_3C_2}{R_0R_2C_1}\frac{R_2C_1s+1}{R_3C_2s+1}=K_0\frac{Ts+1}{\beta Ts+1} \tag{3.8}$$

式中，$K_0=R_1R_3C_2/(R_0R_2C_1)$为滞后校正增益；$\beta=R_3C_2/(R_2C_1)(\beta>1)$为滞后校正衰减率；$T=R_2C_1$ 为滞后校正时间常数；$U_o(s)$为输出信号 $u_o(t)$的复频域值；$U_i(s)$为输入信号 $u_i(t)$的复频域值。

为了保证系统在校正前后的开环增益保持不变，需串联放大器 $K_c=1/K_0$，补偿滞后校正装置对系统开环增益产生的影响，串联补偿放大器后校正装置的传递函数可表示为

$$G_c(s)=\frac{1}{K_0}G_{c0}(s)=\frac{Ts+1}{\beta Ts+1} \tag{3.9}$$

将 $s=\mathrm{j}\omega$ 代入式(3.9)可得滞后校正装置的频率特性为

$$G_c(\mathrm{j}\omega)=\frac{\mathrm{j}\omega T+1}{\mathrm{j}\omega\beta T+1}=\sqrt{\frac{1+\omega^2T^2}{1+\beta^2\omega^2T^2}}\angle(\arctan(\omega T)-\arctan(\beta\omega T)) \tag{3.10}$$

则滞后校正装置的幅频特性为

$$L(\omega)=20\lg\sqrt{\frac{1+\omega^2T^2}{1+\beta^2\omega^2T^2}} \tag{3.11}$$

分析式(3.11)可求得滞后校正对低频信号无衰减，但对高频信号却有明显的削弱作用。β值越大，衰减越大，通过网络的高频噪声电平就越低。当频率$\omega\to+\infty$时，$L(\omega)\to-20\lg\beta$，滞后校正装置的相频特性表达式为

$$\varphi(\omega)=\arctan(\omega T)-\arctan(\beta\omega T) \tag{3.12}$$

根据 $\mathrm{d}\varphi(\omega)/\mathrm{d}\omega=0$ 可求得滞后校正装置的最大滞后角频率为$\omega_m=1/(\sqrt{\beta}T)$，由于滞后校正装置的转折频率为$\omega_1=1/T$，$\omega_2=1/(\beta T)$，两个转折频率的几何中心点为$\omega=\sqrt{\omega_1\omega_2}=1/(\sqrt{\beta}T)$，则滞后校正装置的最大滞后角频率$\omega_m$ 正好出现在两个转折频率ω_1和ω_2的几何中心点处。

将最大滞后角频率$\omega_m=1/(\sqrt{\beta}T)$代入式(3.12)，可得滞后校正装置的最大滞后角为

$$\varphi_m=\arctan\frac{1-\beta}{2\sqrt{\beta}}=\arcsin\frac{1-\beta}{1+\beta} \tag{3.13}$$

根据上述分析可得滞后校正伯德图如图 3.4 所示。

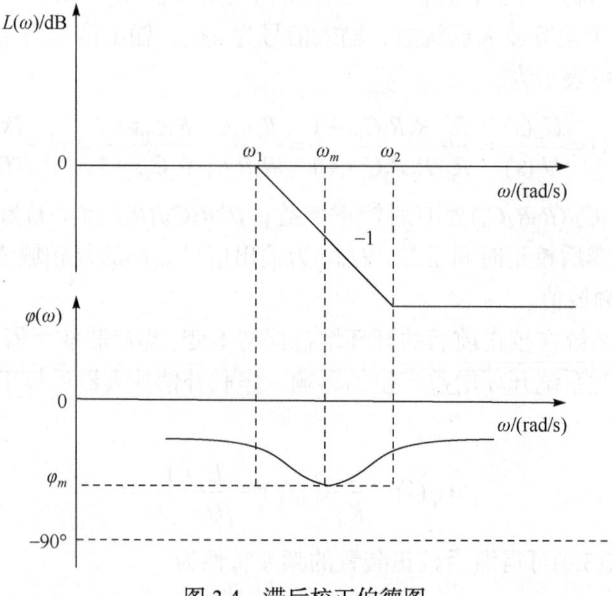

图 3.4　滞后校正伯德图

分析图 3.4，可得滞后校正的幅频特性为：频率 ω 在 $1/(\beta T)\sim1/T$ 时，曲线的斜率为-20dB/dec，与积分环节的对数幅频特性的斜率相同，表明频率ω 在 $1/(\beta T)\sim1/T$

时滞后校正装置对输入信号起到积分作用。滞后校正的相频特性为：在$\omega=0\to\infty$的所有频率下，均有$\varphi(\omega)<0$，即系统的输出信号在相位上总是滞后于输入信号。

3.1.3　超前滞后校正法原理

超前滞后校正法是一种综合利用超前校正装置的相角超前特性和滞后校正装置的高频衰减特性，改善系统性能的校正方法，超前滞后校正装置模拟电路如图 3.5 所示。

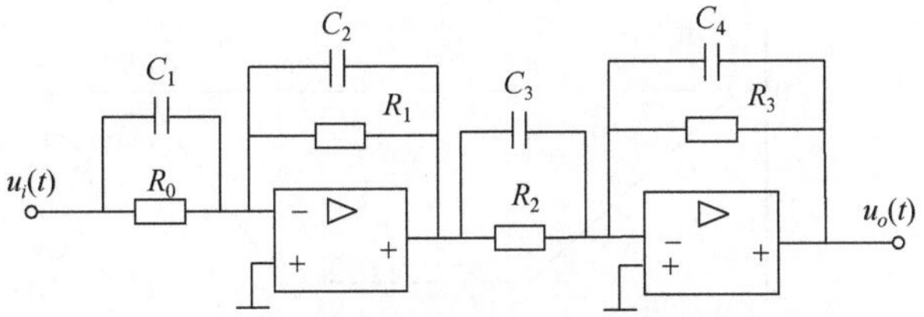

图 3.5　超前滞后校正装置模拟电路图

图 3.5 中，超前滞后校正装置模拟电路由四个电阻 R_0、R_1、R_2、R_3，四个电容 C_1、C_2、C_3 和 C_4，以及两个运算放大器构成，输入信号为 $u_i(t)$，输出信号为 $u_o(t)$，则超前滞后校正的传递函数可表示为

$$\begin{aligned}G_{c0}(s)&=\frac{U_o(s)}{U_i(s)}=\frac{R_0R_1C_1s+1}{R_0R_1C_2s+1}\frac{R_2R_3C_3s+1}{R_2R_3C_4s+1}\\&=\frac{R_1R_3C_2C_4}{R_0R_2C_1C_3}\frac{R_0C_1s+1}{R_1C_2s+1}\frac{R_2C_3s+1}{R_3C_4s+1}=K_0\frac{T_1s+1}{\alpha T_1s+1}\frac{T_2s+1}{\beta T_2s+1}\end{aligned}\tag{3.14}$$

式中，$K_0=R_1R_3C_2C_4/(R_0R_2C_1C_3)$为超前滞后校正增益；$T_1=R_0C_1$ 和 $T_2=R_2C_3$ 为超前滞后校正时间常数；$\alpha=R_1C_2/(R_0C_1)(0<\alpha<1)$和$\beta=R_3C_4/(R_2C_3)(\beta>1)$为超前滞后校正衰减率；$U_o(s)$为输出信号 $u_o(t)$的复频域值；$U_i(s)$为输入信号 $u_i(t)$的复频域值。

为了保证系统校正前后的开环增益保持不变，需串联放大器 $K_c=1/K_0$，补偿超前滞后校正装置对系统开环增益产生的影响，则串联补偿放大器后校正装置的传递函数可表示为

$$G_c(s)=\frac{1}{K_0}G_{c0}(s)=\frac{T_1s+1}{\alpha T_1s+1}\frac{T_2s+1}{\beta T_2s+1}\tag{3.15}$$

将 $s=\mathrm{j}\omega$ 代入式(3.15)，可得超前滞后校正装置的频率特性为

$$\begin{aligned}G_c(\mathrm{j}\omega)&=\frac{\mathrm{j}\omega T_1+1}{\mathrm{j}\omega\alpha T_1+1}\frac{\mathrm{j}\omega T_2+1}{\mathrm{j}\omega\beta T_2+1}=\sqrt{\frac{(1+\omega^2T_1^2)(1+\omega^2T_2^2)}{(1+\alpha^2\omega^2T_1^2)(1+\beta^2\omega^2T_2^2)}}\\&\quad\cdot\angle\big(\arctan(\omega T_1)+\arctan(\omega T_2)-\arctan(\alpha\omega T_1)-\arctan(\beta\omega T_2)\big)\end{aligned}\tag{3.16}$$

则超前滞后校正装置的幅频特性和相频特性为

$$L(\omega)=20\lg\sqrt{\frac{(1+\omega^2T_1^2)(1+\omega^2T_2^2)}{(1+\alpha^2\omega^2T_1^2)(1+\beta^2\omega^2T_2^2)}} \tag{3.17}$$

$$\varphi(\omega)=\arctan(\omega T_1)+\arctan(\omega T_2)-\arctan(\alpha\omega T_1)-\arctan(\beta\omega T_2) \tag{3.18}$$

根据式(3.17)和式(3.18)，可得超前滞后校正伯德图如图 3.6 所示。

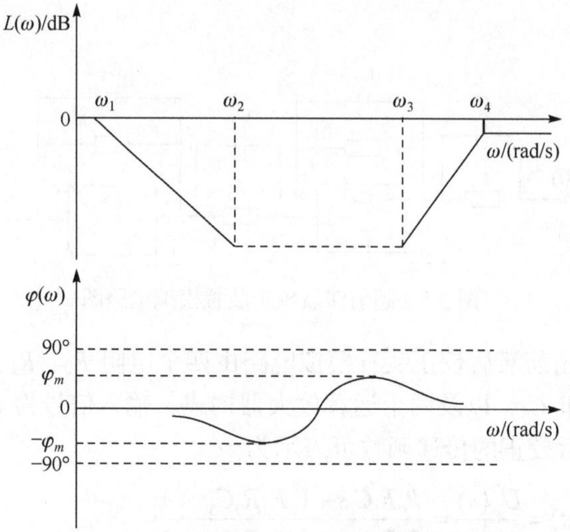

图 3.6　超前滞后校正伯德图

分析图 3.6，可获得超前滞后校正的幅频特性为：频率 ω 在 $1/(\beta T_2)\sim1/T_2$ 时，幅频特性曲线 $L(\omega)$的斜率为 −20dB/dec，表明频率 ω 在 $1/(\beta T_2)\sim1/T_2$ 对输入信号起到积分作用，频率 ω 在 $1/T_1\sim1/(\alpha T_1)$时，$L(\omega)$ 曲线的斜率为 20dB/dec，表明频率 ω 在 $1/T_1\sim1/(\alpha T_1)$对输入信号起到微分作用。超前滞后校正的相频特性为：频率 ω 在 $1/(\beta T_2)\sim1/T_2$ 时，校正装置具有相角滞后作用，频率在$\omega=\omega_1\to\infty$的所有频率下，校正装置具有相角超前作用。

3.2　超前滞后校正控制系统设计

3.2.1　超前校正法设计

1. 超前校正法设计步骤

超前校正法设计的关键是将转折频率 $1/T$ 和 $1/(\alpha T)$选在待校正系统开环截止频率ω_{c0}的两侧，并选择适当的参数 α 和 T，保证系统的开环截止频率和相角裕度满足期望性能指标的要求，改善闭环系统的动态性能，系统的稳态性能则可以通过调整已校正系统的开环增益来满足。具体设计步骤如下：

(1) 根据稳态误差要求，确定开环增益 K。

(2) 根据已确定的开环增益 K，绘制原系统的对数频率特性曲线 $L_0(\omega)$和$\varphi_0(\omega)$，计算其相角裕度γ_0和幅值裕度L_{g0}。

(3) 确定超前校正装置的衰减率 α 和校正后系统的开环截止频率ω_c。

① 若已知校正后系统的期望开环截止频率ω_c，则可根据期望要求值选定ω_c，然后在伯德图上查得原系统的 $L_0(\omega_c)$值，取$\omega_m=\omega_c$，使超前网络的对数幅频值$L_c(\omega_m)$与$L_0(\omega_c)$之和为 0，即

$$L_0(\omega_c)+10\lg\frac{1}{\alpha}=0 \tag{3.19}$$

求出超前校正装置的衰减率α。

② 若未知校正后系统的期望开环截止频率ω_c，则可根据期望的相角裕度γ_c，通过经验公式求得超前网络的最大超前角φ_m为

$$\varphi_m=\gamma_c-\gamma_0+\varDelta \tag{3.20}$$

式中，$\varDelta$=5°～10°为校正引入后开环截止频率右移而导致相角裕度减小的补偿量，根据$\alpha=(1-\sin\varphi_m)/(1+\sin\varphi_m)$计算超前校正装置的衰减率$\alpha$，并在原系统的幅频特性曲线$L_0(\omega)$上查出幅值等于10lg$\alpha$所对应的频率，即校正后系统的开环截止频率$\omega_c$。

(4) 确定超前校正装置的传递函数，根据所求得的ω_m和α，求得超前校正装置时间常数 T 和传递函数 $G_c(s)$为

$$T=\frac{1}{\omega_m\sqrt{\alpha}} \tag{3.21}$$

$$G_c(s)=\frac{Ts+1}{\alpha Ts+1} \tag{3.22}$$

(5) 确定校正后系统传递函数 $G(s)$为

$$G(s)=G_0(s)G_c(s) \tag{3.23}$$

(6) 绘制超前校正装置和校正后系统的对数频率特性曲线$L_c(\omega)$和 $L(\omega)$，计算校正后系统是否满足给定指标的要求。若校验结果证实系统校正后已全部满足性能指标的要求，则设计工作结束。反之，则需重选ω_m和α，重复上述步骤，直至满足期望性能指标。

2. 超前校正法设计例题

已知角位移随动系统的开环传递函数为

$$G_0(s)=\frac{K}{s(s+1)} \tag{3.24}$$

设计超前校正装置，使系统在单位阶跃信号 $r(t)=1(t)$作用下，稳态误差 $e_{ss}\leqslant 0.1$，开环截止频率$\omega_c\geqslant 4.41\text{rad/s}$，相角裕度 $\gamma_c\geqslant 45°$。

解 (1) 为满足稳态性能，确定开环增益 K 值。根据稳态误差

$$e_{ss}=\frac{1}{K}\leqslant 0.1 \tag{3.25}$$

求得开环增益 $K\geqslant 10$，取 $K=10$。则系统开环传递函数为

$$G_0(s)=\frac{10}{s(s+1)} \tag{3.26}$$

(2) 计算系统开环截止频率ω_{c0} 和相角裕度 γ_{c0}，绘制系统对数幅频特性曲线$L_0(\omega)$如图 3.7 所示，系统的开环截止频率为$\omega_{c0}=3.16\text{rad/s}<4.41\text{rad/s}$，相角裕度为$\gamma_{c0}=180°+\varphi(3.16)=17.5°<45°$，均不满足期望的裕度要求，由于系统的开环截止频率$\omega_{c0}$小于期望的开环截止频率$\omega_c$，且相角裕度 γ_{c0} 小于期望的开环截止频率 γ_c，则采用超前校正对系统进行校正。

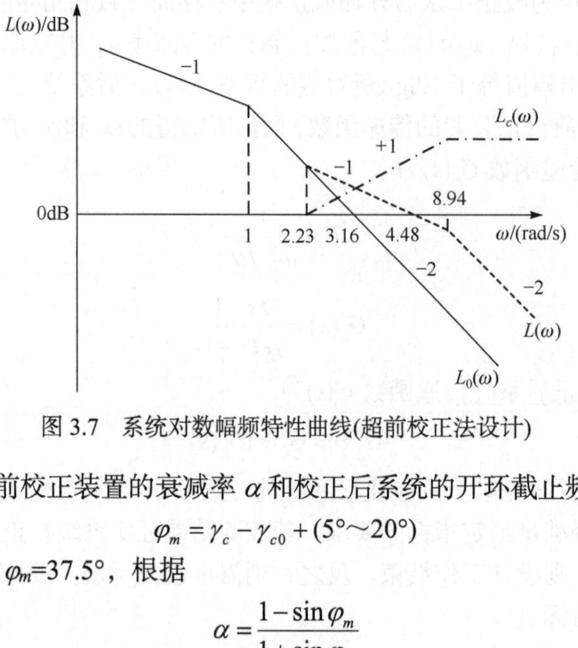

图 3.7 系统对数幅频特性曲线(超前校正法设计)

(3) 确定超前校正装置的衰减率 α 和校正后系统的开环截止频率ω_c，根据

$$\varphi_m=\gamma_c-\gamma_{c0}+(5°\sim 20°) \tag{3.27}$$

求得相位超前角$\varphi_m=37.5°$，根据

$$\alpha=\frac{1-\sin\varphi_m}{1+\sin\varphi_m} \tag{3.28}$$

求得校正装置的衰减率$\alpha=0.25$，根据

$$L_0(\omega_c)=10\lg\alpha=-6\text{dB} \tag{3.29}$$

求得系统开环截止频率ω_c=4.48rad/s。

(4) 确定超前校正装置的传递函数，根据

$$T = \frac{1}{\omega_m \sqrt{\alpha}} \tag{3.30}$$

求得超前校正装置时间常数 T=0.45s，则超前校正装置的传递函数为

$$G_c(s) = \frac{0.45s+1}{0.11s+1} \tag{3.31}$$

(5) 校正后系统传递函数可表示为

$$G(s) = G_c(s)G_0(s) = \frac{0.45s+1}{0.11s+1}\frac{10}{s(s+1)} \tag{3.32}$$

(6) 绘制校正后系统的对数幅频特性曲线 $L(\omega)$如图 3.7 所示，校正后的系统开环截止频率为ω_c=4.48rad/s>4.41rad/s，校正后的系统相角裕度γ_c=180°+φ(4.48)=50°>45°，且已调整开环增益 K 值满足稳态性能的要求，故校正后系统满足期望的性能指标要求。

3.2.2　滞后校正法设计

1. 滞后校正法设计步骤

滞后校正法设计的关键是将转折频率 $1/T$ 和 $1/(\beta T)$ 选在远离待校正系统截止频率 ω_{c0} 的左侧，并适当选择参数 β 和 T，保证校正后系统的开环截止频率和相角裕度满足性能指标的要求，改善闭环系统的动态性能，闭环系统的稳态性能则可以通过调整已校正系统的开环增益来满足。具体设计步骤如下：

(1) 根据稳态误差要求，确定开环增益 K。

(2) 根据已确定的开环增益 K，绘制原系统的对数频率特性曲线 $L_0(\omega)$和$\varphi_0(\omega)$，计算其相角裕度γ_0和幅值裕度 L_{g0}。

(3) 确定校正后系统的开环截止频率ω_c。

① 若已知校正后系统的开环截止频率ω_c，则可根据期望要求值选定ω_c。

② 若未知校正后系统的开环截止频率ω_c，则可根据期望的相角裕度γ_c，按下述经验公式计算相角裕度$\gamma(\omega_c)$：

$$\gamma(\omega_c) = \gamma_c + \Delta \tag{3.33}$$

式中，$\gamma(\omega_c)$为系统开环在截止频率ω_c处的相角裕度；γ_c为期望相角裕度；Δ=2°～5°为补偿滞后校正装置而增加的相角裕度。根据相角裕度$\gamma(\omega_c)$，在原系统的相频特性曲线上查得对应$\gamma(\omega_c)$值的频率作为校正后系统的开环截止频率ω_c。

(4) 确定滞后校正装置的衰减率β，根据原系统在 ω_c 处的对数幅频值 $L_0(\omega_c)$，

由式(3.34)可求出滞后校正装置衰减率 β:

$$L(\omega_c) - 20\lg\beta = 0 \tag{3.34}$$

(5) 确定滞后校正装置的传递函数和校正后系统传递函数，根据所求的开环截止频率ω_c，可求出滞后校正装置的时间常数 T、滞后校正装置的传递函数 $G_c(s)$ 和校正后系统传递函数 $G(s)$为

$$T = \frac{5 \sim 10}{\omega_c} \tag{3.35}$$

$$G_c(s) = \frac{Ts+1}{\beta Ts+1} \tag{3.36}$$

$$G(s) = G_0(s)G_c(s) \tag{3.37}$$

(6) 绘制校正装置和校正后系统的对数频率特性曲线 $L_c(\omega)$和 $L(\omega)$，计算校正后系统是否满足给定指标的要求。若未达到要求，则可进一步左移ω_c后重新计算，直至满足期望性能指标要求。

2. 滞后校正法设计例题

已知系统的开环传递函数为

$$G_0(s) = \frac{K}{s(0.1s+1)(0.2s+1)} \tag{3.38}$$

设计滞后校正装置，使系统静态速度误差系数 $K_v \geqslant 30$，开环截止频率$\omega_c \geqslant$ 2.31rad/s，相角裕度 $\gamma_c \geqslant 45°$。

解　(1) 为满足稳态性能，确定开环增益 K 值。由于系统为Ⅰ型系统，满足 $K_v=K$，根据 $K_v \geqslant 30$，取 $K=30$，则系统开环传递函数为

$$G_0(s) = \frac{30}{s(0.1s+1)(0.2s+1)} \tag{3.39}$$

(2) 计算系统开环截止频率 ω_{c0} 和相角裕度 γ_{c0}，绘制系统对数幅频特性曲线 $L_0(\omega)$如图 3.8 所示，可得系统开环截止频率为 ω_{c0}=11rad/s，相角裕度为 $\gamma_{c0}=180° +\varphi(11)=-23°<0°$，系统是不稳定的，需要进行校正。由于期望开环截止频率 $\omega_c \geqslant 2.31$rad/s，相角裕度 $\gamma_c \geqslant 45°$，则可通过减小原系统的开环截止频率来改善相角裕度，则采用滞后校正对系统进行校正。

(3) 确定新的开环截止频率 ω_c，根据

$$\gamma(\omega_c) = \gamma_c + \varDelta \tag{3.40}$$

求得相角裕度$\gamma(\omega_c)=45°+5°=50°$，在系统对数幅频特性曲线 $L_0(\omega)$上选取相角裕度为 $\gamma(\omega_c)=50°$的角频率作为新的开环截止频率 ω_c，即ω_c =2.5rad/s。

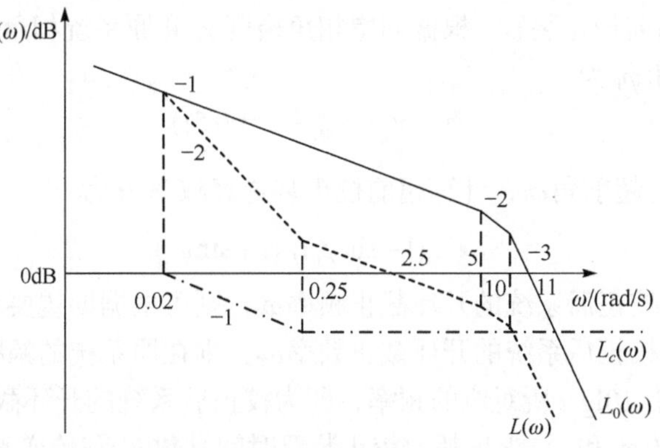

图 3.8　系统对数幅频特性曲线(滞后校正法设计)

(4) 计算滞后校正装置衰减率β，根据

$$L_0(2.5) = 20\lg\beta = 22.5\text{dB} \tag{3.41}$$

求得滞后校正装置衰减率β=12.5。

(5) 计算校正装置传递函数，根据

$$T \approx \frac{10}{\omega_c} \tag{3.42}$$

求得滞后校正装置时间常数 T=4s，则校正装置传递函数为

$$G_c(s) = \frac{Ts+1}{\beta Ts+1} = \frac{4s+1}{50s+1} \tag{3.43}$$

(6) 绘制校正后系统的对数幅频特性曲线 $L(\omega)$如图 3.8 所示，校正后系统的开环截止频率为ω_c=2.5rad/s>2.31rad/s，校正后系统的相角裕度γ_c=180°+φ(2.5)=45.4°>45°，且已调整开环增益 K 值满足稳态性能要求，则校正后系统满足期望性能指标要求。

3.2.3　超前滞后校正法设计

1. 超前滞后校正法设计步骤

超前滞后校正法设计的关键是选取合适的 T_1、T_2、α 和 β 值，综合利用超前滞后校正装置的超前部分来增大系统的相角裕度，改善系统的动态性能；同时利用滞后部分来改善系统的稳态性能。具体设计步骤如下：

(1) 根据稳态性能要求确定开环增益 K 值。

(2) 根据已确定的开环增益 K 值，绘制原校正系统的对数频率特性曲线 $L_0(\omega)$和$\varphi_0(\omega)$，计算开环截止频率ω_{c0}、相角裕度γ_0和幅值裕度 L_{g0}。

(3) 设计超前校正装置。根据期望相角裕度γ_c和原系统相角裕度γ_{c0}，计算需要引入的超前角φ_1为

$$\varphi_1 = \gamma_c - \gamma_{c0} + (5° \sim 15°) \tag{3.44}$$

根据计算的超前角φ_1，计算超前校正装置衰减率α为

$$\alpha = (1 - \sin\varphi_1)/(1 + \sin\varphi_1) \tag{3.45}$$

① 若已知校正后系统的开环截止频率ω_c，则可根据期望要求值选定ω_c。

② 若未知校正后系统的开环截止频率ω_c，则在原系统的幅频特性曲线$L_0(\omega)$上查出幅值等于$10\lg\alpha$所对应的频率，即为校正后系统的开环截止频率ω_c。

根据求得的ω_c和α，求出超前校正装置时间常数T_1和传递函数$G_{c1}(s)$为

$$T_1 = \frac{1}{\omega_c\sqrt{\alpha}} \tag{3.46}$$

$$G_{c1}(s) = \frac{T_1 s + 1}{\alpha T_1 s + 1} \tag{3.47}$$

(4) 设计滞后校正装置。根据求得的开环截止频率ω_c，计算滞后校正装置衰减率β为

$$L_0(\omega_c) + L_1(\omega_c) = 20\lg\beta \tag{3.48}$$

式中，$L_1(\omega_c)$为超前校正装置在ω_c处的对数幅频特性值。

根据求得的β和ω_c，可求出滞后校正装置时间常数T_2和传递函数$G_{c2}(s)$为

$$T_2 = (5 \sim 10)\frac{1}{\omega_c} \tag{3.49}$$

$$G_{c2}(s) = \frac{T_2 s + 1}{\beta T_2 s + 1} \tag{3.50}$$

(5) 计算超前滞后校正装置传递函数为

$$G_c(s) = \frac{T_1 s + 1}{\alpha T_1 s + 1}\frac{T_2 s + 1}{\beta T_2 s + 1} \tag{3.51}$$

(6) 计算校正后系统传递函数为

$$G(s) = G_c(s)G_0(s) \tag{3.52}$$

(7) 绘制校正装置和校正后系统的对数频率特性曲线$L_c(\omega)$和$L(\omega)$，计算校正后系统性能指标是否满足要求，若符合要求，则设计成功，否则，返回步骤(3)，重新设计超前滞后校正装置，直至符合设计要求。

2. 超前滞后校正设计例题

已知单位反馈系统开环传递函数为

$$G_0(s)=\frac{K}{s(0.2s+1)} \tag{3.53}$$

设计超前滞后校正装置，使系统静态速度误差系数 $K_v \geqslant 100$，开环截止频率 ω_c=22rad/s，相角裕度 γ_c>30°。

解　(1) 为满足稳态性能，确定开环增益 K 值。由于系统为Ⅰ型系统，满足 $K_v=K$，根据 $K_v \geqslant 100$，取 K=100，则系统的开环传递函数为

$$G_0(s)=\frac{100}{s(0.2s+1)} \tag{3.54}$$

(2) 计算系统开环截止频率 ω_{c0} 和相角裕度 γ_{c0}，绘制系统对数幅频特性曲线 $L_0(\omega)$如图 3.9 所示。

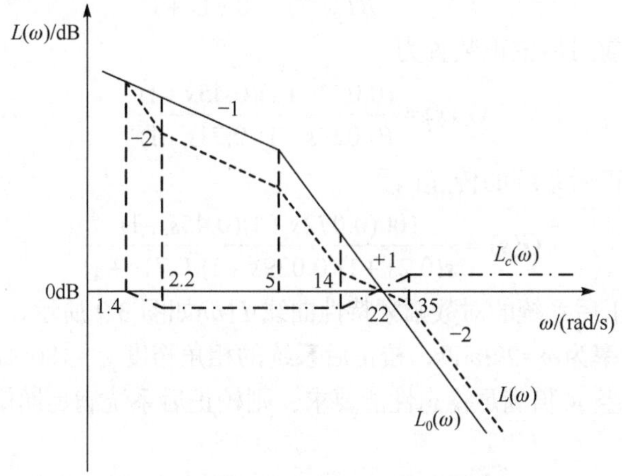

图 3.9　校正后系统对数幅频特性曲线

求得系统的开环截止频率为 ω_{c0}=22rad/s，相角裕度为 γ_c =180°−90° −arctan(0.2ω_{c0})= 12.76°<30°，不满足期望的相角裕度要求，由于仅通过超前校正和滞后校正均不能使频域指标同时满足要求，则采用超前滞后校正法对系统进行校正。

(3) 设计超前校正装置，根据

$$\varphi_1=\gamma_c-\gamma_{c0}+(5°\sim15°) \tag{3.55}$$

求得超前校正装置超前角φ_1=25°，根据

$$\alpha=\frac{1-\sin\varphi_1}{1+\sin\varphi_1} \tag{3.56}$$

求得超前校正装置低频衰减率α=0.4，根据

$$T_1=\frac{1}{\omega_c\sqrt{\alpha}} \tag{3.57}$$

求得超前校正装置时间常数 T_1=0.072s，则超前校正装置传递函数为

$$G_1(s)=\frac{T_1 s+1}{\alpha T_1 s+1}=\frac{0.072s+1}{0.029s+1} \tag{3.58}$$

(4) 设计滞后校正装置，根据

$$L_1(\omega_c)=10\lg\frac{1}{\alpha}=20\lg\beta \tag{3.59}$$

求得滞后校正装置衰减率 β=1.58，根据

$$T_2=\frac{10}{\omega_c} \tag{3.60}$$

求得滞后校正装置时间常数 T_2=0.45s，则滞后校正装置传递函数为

$$G_2(s)=\frac{T_2 s+1}{\beta T_2 s+1}=\frac{0.45s+1}{0.71s+1} \tag{3.61}$$

(5) 计算超前滞后校正装置为

$$G_c(s)=\frac{(0.072s+1)(0.45s+1)}{(0.029s+1)(0.71s+1)} \tag{3.62}$$

(6) 计算校正后系统的传递函数

$$G(s)=\frac{100(0.072s+1)(0.45s+1)}{s(0.2s+1)(0.029s+1)(0.71s+1)} \tag{3.63}$$

(7) 绘制校正后系统的对数幅频特性曲线 $L(\omega)$如图 3.9 所示，可求得校正后系统的开环截止频率为ω_c=22rad/s，校正后系统的相角裕度 γ_c=180°+φ(22)=36°>30°，且已调整开环增益 K 值满足稳态性能要求，则校正后系统满足期望性能指标要求。

3.3 超前校正控制系统设计范例

针对二阶系统、单级倒立摆系统、单容水箱系统和城市污水处理系统曝气过程，本节只给出超前校正的具体系统设计过程。滞后校正和超前滞后校正的设计可参考超前校正。

3.3.1 二阶系统超前校正控制系统设计范例

已知单位反馈二阶系统的开环传递函数为

$$G_0(s)=\frac{Y(s)}{U(s)}=\frac{K}{s(0.5s+1)} \tag{3.64}$$

设计超前校正装置，使系统在单位阶跃响应下满足如下性能指标：稳态误差 e_{ss}≤0.05，超调量 M_p≤25%，调节时间 t_s≤1s，相角裕度 γ_c ≥ 50°，开环截止频率ω_c>8rad/s。

二阶系统超前校正设计过程如下：

(1) 系统分析。由于该系统为 I 型系统，则 $K=K_v$，根据 $e_{ss}=1/K_v\leqslant 0.05$，可以解得 $K_v\geqslant 20$，为满足稳态误差要求，取 $K=20$，则系统传递函数为

$$G_0(s)=\frac{Y(s)}{U(s)}=\frac{20}{s(0.5s+1)} \tag{3.65}$$

绘制系统单位阶跃响应曲线如图 3.10 所示，程序见 3.6 节“程序附录”的 3.1，绘制系统伯德图如图 3.11 所示，程序见 3.6 节“程序附录”的 3.2。

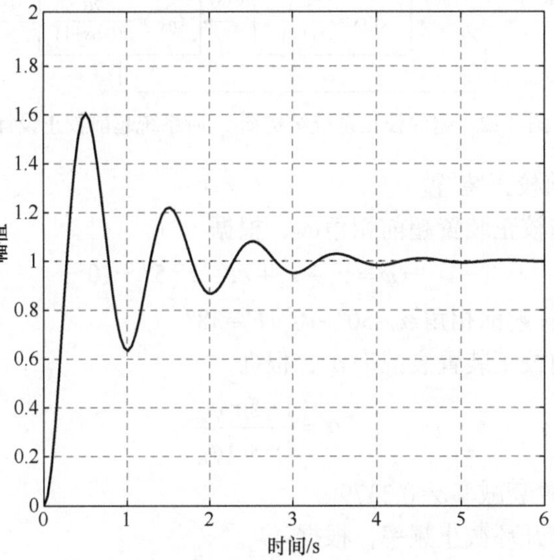

图 3.10　系统单位阶跃响应曲线(二阶系统超前校正设计)

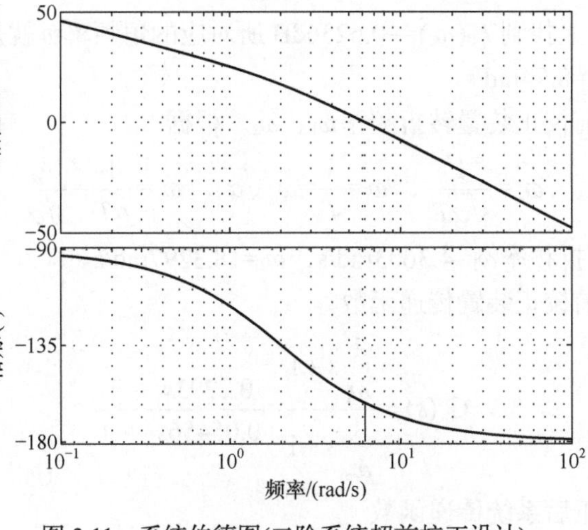

图 3.11　系统伯德图(二阶系统超前校正设计)

分析图 3.10 和图 3.11，系统超调量 M_p=60%>25%，调节时间 t_s=3.38s>1s，相角裕度 $\gamma_0 = 18° < 50°$，开环截止频率 ω_{c0}=6.17rad/s<8rad/s，系统超调量、调节时间、相角裕度和开环截止频率均不满足期望要求。

(2) 超前校正装置设计。为了使超调量、调节时间、相角裕度和开环截止频率均满足期望的性能指标要求，可采用超前校正方法对原系统进行校正，系统结构如图 3.12 所示。

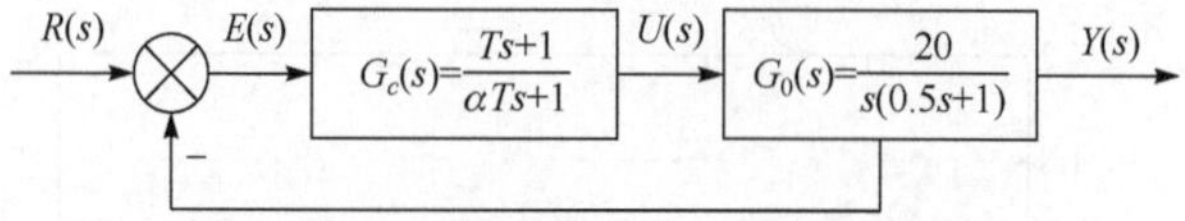

图 3.12　超前校正系统结构图(二阶系统超前校正设计)

(3) 设计超前校正装置。

① 计算超前校正装置超前相角 φ_m，根据

$$\varphi_m = \varphi = \gamma_c - \gamma_0 + \varepsilon, \quad \varepsilon = 5° \sim 10° \tag{3.66}$$

求得超前校正装置超前相角 φ_m=50°−18°+6°=38°。

② 计算超前校正装置衰减率 α，根据

$$\alpha = \frac{1-\sin\varphi_m}{1+\sin\varphi_m} \tag{3.67}$$

求得超前校正装置衰减率 α=0.2379。

③ 确定系统开环截止频率，根据

$$L_0(\omega_c) = -10\lg\frac{1}{\alpha} = -0.6236 \tag{3.68}$$

在系统的伯德图上找到 $L_0(\omega_c)$=−0.6236dB 所对应的角频率 ω 就是所确定的开环截止频率 ω_c，即 ω_c=8.94rad/s。

④ 确定超前校正装置转折频率 ω_1、ω_2，根据

$$\omega_m = \frac{1}{\sqrt{\alpha}T}, \quad \omega_1 = \frac{1}{T} = \omega_m\sqrt{\alpha}, \quad \omega_2 = \frac{1}{\alpha T} = \frac{\omega_m}{\sqrt{\alpha}} \tag{3.69}$$

求得校正装置转折频率 ω_1=4.3603rad/s，ω_2=18.3297rad/s。

⑤ 确定超前校正装置传递函数

$$G_c(s) = \frac{\frac{1}{\omega_1}s+1}{\frac{1}{\omega_2}s+1} = \frac{0.2293s + 1}{0.05456s + 1} \tag{3.70}$$

⑥ 确定校正后系统传递函数

$$G(s)=\frac{20(0.2293s+1)}{s(0.5s+1)(0.05456s+1)} \tag{3.71}$$

(4) 校正后系统性能分析。绘制超前校正后系统的单位阶跃响应曲线如图 3.13 所示，程序见 3.6 节“程序附录”的 3.3。绘制超前校正后系统的伯德图如图 3.14 所示，程序见 3.6 节“程序附录”的 3.4。

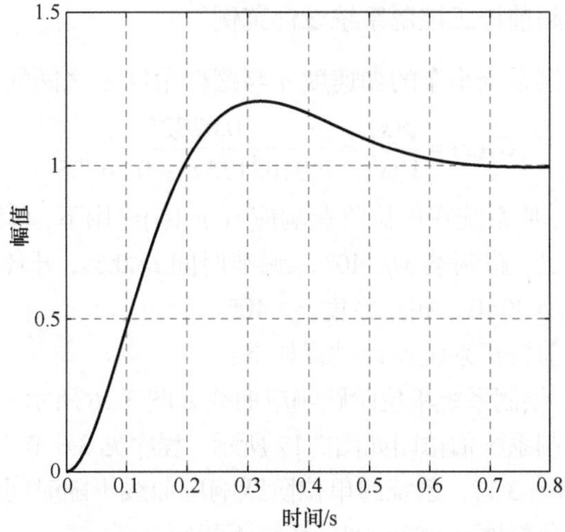

图 3.13 校正后系统单位阶跃响应曲线(二阶系统超前校正设计)

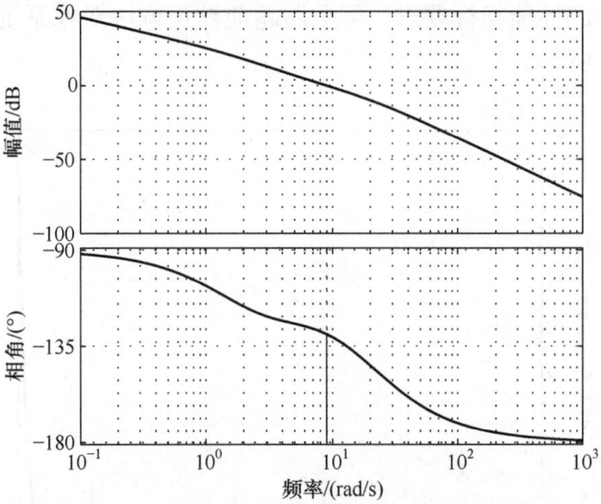

图 3.14 校正后系统伯德图(二阶系统超前校正设计)

分析图 3.13 和图 3.14，引入超前校正装置后，系统超调量 M_p=21%<25%，调节时间 t_s=0.62s≤1s，系统开环截止频率 ω_c=8.95rad/s>8rad/s，相角裕度 γ_c=50.6°>50°，超调量、调节时间、相角裕度和开环截止频率均满足期望要求，二阶系统超前校正结构如图 3.15 所示。

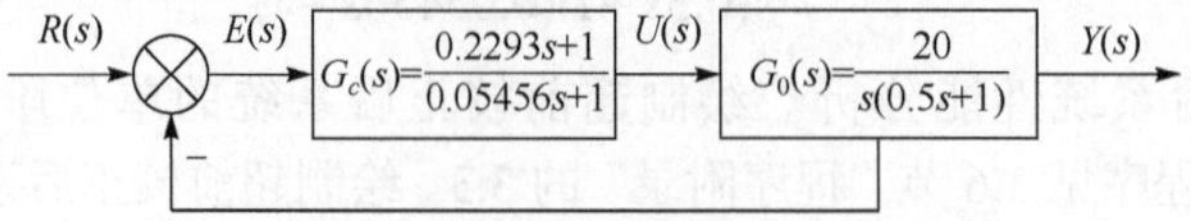

图 3.15　二阶系统超前校正结构图

3.3.2　单级倒立摆超前校正控制系统设计范例

已知单级倒立摆系统小车的加速度 a 与摆杆角度 φ 之间的传递函数为

$$G_0(s)=\frac{\phi(s)}{V(s)}=\frac{0.02725}{0.0102125s^2-0.26705} \tag{3.72}$$

设计超前校正装置，使系统在单位阶跃响应 $r(t)=1(t)$作用下，单级倒立摆闭环控制系统的响应指标满足：超调量 $M_p<40\%$，调节时间 $t_s\leqslant 0.5$s，开环截止频率$\omega_c\geqslant\omega_{c0}$，低频段幅值裕度 $L_g\geqslant 20$dB，相角裕度 $\gamma_c>40°$。

单级倒立摆超前校正系统设计过程如下：

(1) 系统分析。绘制系统单位阶跃响应曲线如图 3.16 所示，程序见 3.6 节“程序附录”的 3.5，绘制系统伯德图如图 3.17 所示，程序见 3.6 节“程序附录”的 3.6。

分析图 3.16 和图 3.17，系统的单位阶跃响应曲线不随时间的增加而衰减，呈现发散的趋势，相角裕度 $\gamma_0=0°<40°$，系统不稳定。

(2) 超前校正装置设计。为了使超调量、调节时间、相角裕度和低频段幅值裕度 L_g 均满足期望的性能指标要求，可采用超前校正方法对原系统进行校正，其系统结构如图 3.18 所示。

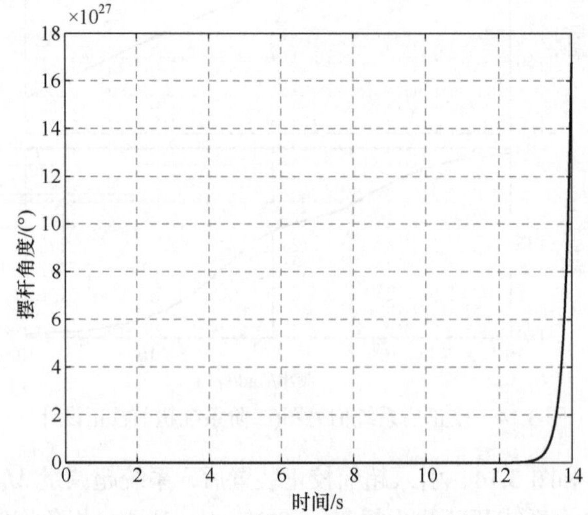

图 3.16　系统单位阶跃响应曲线(单级倒立摆超前校正系统设计)

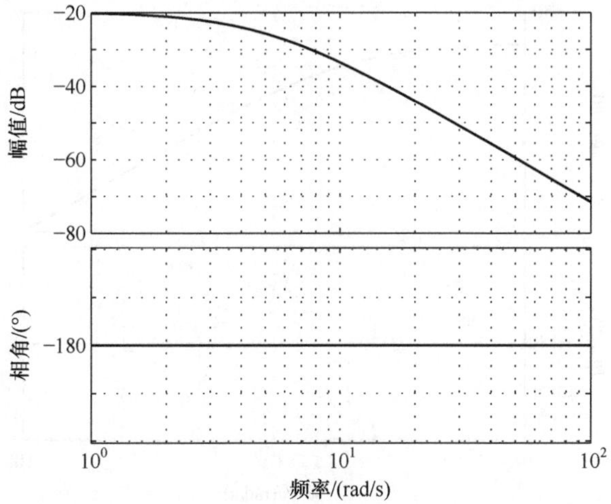

图 3.17　系统伯德图(单级倒立摆超前校正系统设计)

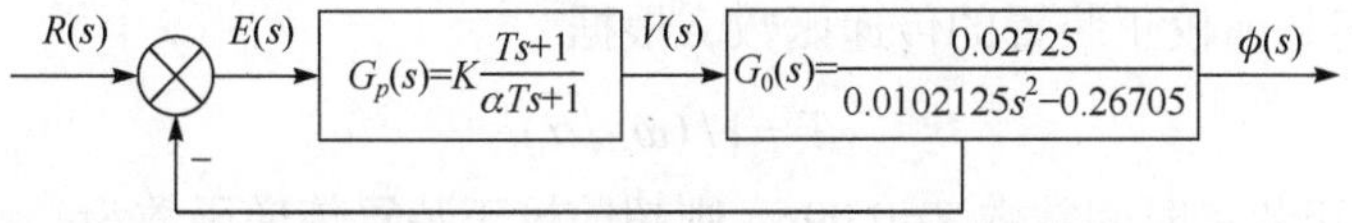

图 3.18　超前校正系统结构图(单级倒立摆超前校正系统设计)

(3) 超前校正装置设计。

① 计算超前校正装置增益 K。分析图 3.17，系统的幅频特性曲线位于实轴以下，为使系统在低频段幅值裕度 $L_g \geqslant 20\text{dB}$，取 K=120。则满足系统在低频段幅值裕度条件下，系统传递函数为

$$G_p(s) = KG_0(s) = \frac{3.27}{0.0102125s^2 - 0.26705} \tag{3.73}$$

② 计算超前校正装置超前角 φ_m。绘制式(3.73)的伯德图如图 3.19 所示，程序见 3.6 节“程序附录”的 3.7。分析图 3.19，系统的相角裕度 γ_0=0°，开环截止频率 ω_{c0}=17.1rad/s，为满足系统期望相角裕度要求，取校正后系统的相角裕度 γ_c=40°，则超前校正装置超前角为

$$\varphi_m = \gamma_c - \gamma_0 + \varepsilon = 40° - 0° + 5° = 45° \tag{3.74}$$

③ 计算超前校正装置衰减率 α，根据

$$\alpha = (1 - \sin\varphi_m) / (1 + \sin\varphi_m) \tag{3.75}$$

求得超前校正装置衰减率 α=0.17。

④ 确定系统开环截止频率 ω_c，根据

$$L_0(\omega_c) = 10\lg\alpha = -7.7\text{dB} \tag{3.76}$$

求得系统开环截止频率 ω_c=27.2rad/s。

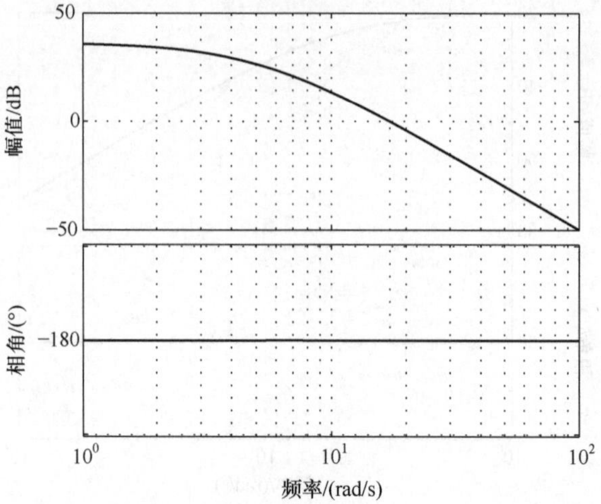

图 3.19　满足低频段幅值裕度的系统伯德图(单级倒立摆超前校正系统设计)

⑤ 确定超前校正装置的传递函数，根据

$$T = 1/(\omega_c \sqrt{\alpha}) \tag{3.77}$$

求得超前校正装置时间常数 T=0.09s，则超前校正装置传递函数为

$$G_c(s) = K\frac{Ts+1}{\alpha Ts+1} = \frac{120(0.09s+1)}{0.0153s+1} \tag{3.78}$$

⑥ 确定校正后系统传递函数：

$$G(s) = G_0(s)G_c(s) = \frac{3.27(0.09s+1)}{(0.0102125s^2 - 0.26705)(0.0153s+1)} \tag{3.79}$$

(4) 校正后系统性能分析。绘制超前校正后系统单位阶跃响应曲线如图 3.20

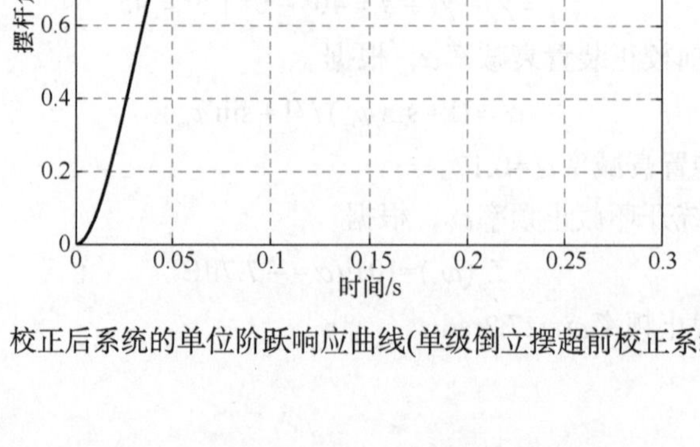

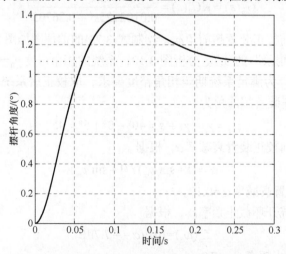

图 3.20　校正后系统的单位阶跃响应曲线(单级倒立摆超前校正系统设计)

所示，程序见 3.6 节“程序附录”的 3.8，绘制超前校正后系统的伯德图如图 3.21 所示，程序见 3.6 节“程序附录”的 3.9。

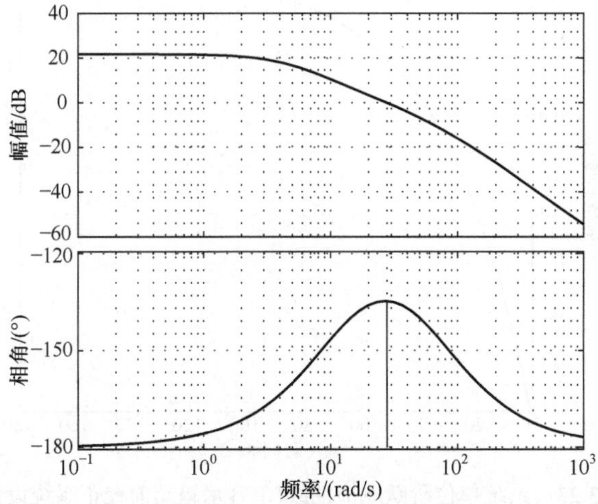

图 3.21　超前校正后系统的伯德图(单级倒立摆超前校正系统设计)

分析图 3.20 和图 3.21，引入超前校正装置后，系统由不稳定状态变成稳定状态，系统超调量 M_p=39%<40%，调节时间 t_s=0.23s<0.5s，相角裕度 γ_c=45.2°>40°，低频段幅值裕度 L_g=20dB，性能指标均满足期望要求，可得单级倒立摆系统超前校正结构如图 3.22 所示。

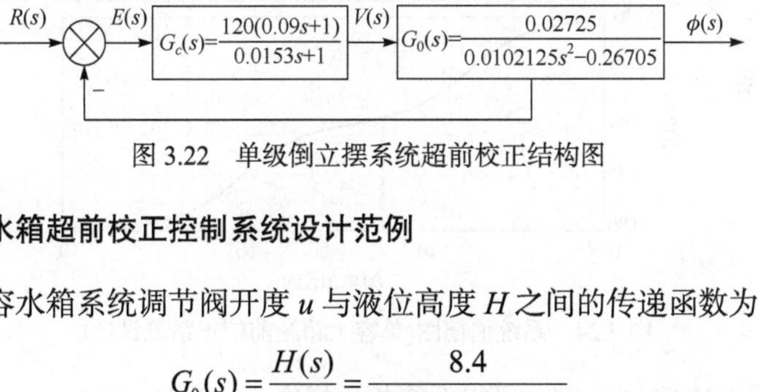

图 3.22　单级倒立摆系统超前校正结构图

3.3.3　单容水箱超前校正控制系统设计范例

已知单容水箱系统调节阀开度 u 与液位高度 H 之间的传递函数为

$$G_0(s)=\frac{H(s)}{U(s)}=\frac{8.4}{(300s+1)(s+1)} \tag{3.80}$$

设计超前校正装置，使系统在单位阶跃响应 $r(t)=1(t)$作用下，单容水箱闭环控制系统的响应指标满足：稳态误差 $e_{ss}\leqslant 0.01$，超调量 M_p<10%，调节时间 $t_s\leqslant$30s，开环截止频率$\omega_c \geqslant$ 0.5rad/s，相角裕度 $\gamma_c \geqslant$ 100°。

单容水箱超前校正系统设计过程如下：

(1) 系统分析。绘制系统单位阶跃响应曲线如图 3.23 所示，程序见 3.6 节“程序附录”的 3.10。绘制系统伯德图如图 3.24 所示，程序见 3.6 节“程序附录”的 3.11。

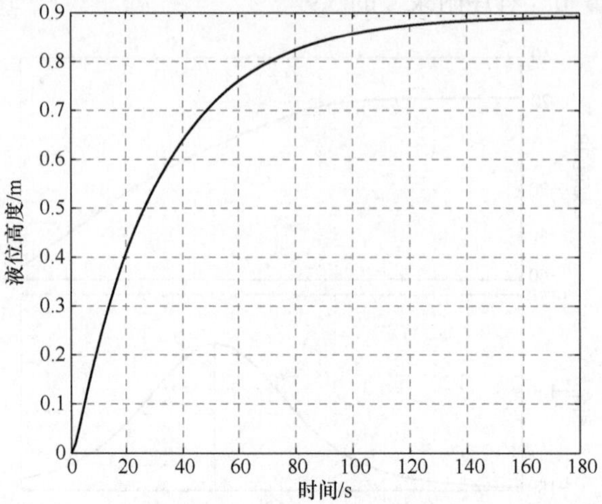

图 3.23　系统单位阶跃响应曲线(单容水箱超前校正系统设计)

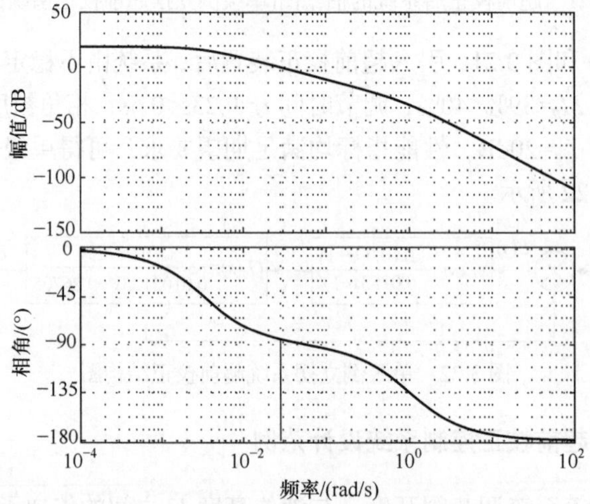

图 3.24　系统伯德图(单容水箱超前校正系统设计)

分析图 3.23 和图 3.24，可得系统相角裕度 γ_0=93.8°<100°，ω_{c0}=0.0331rad/s<0.5rad/s，不满足期望性能指标要求。

(2) 超前校正系统设计。为了使超调量、调节时间、相角裕度和开环截止频率均满足期望的性能指标要求，可采用超前校正方法对系统进行校正，系统结构如图 3.25 所示。

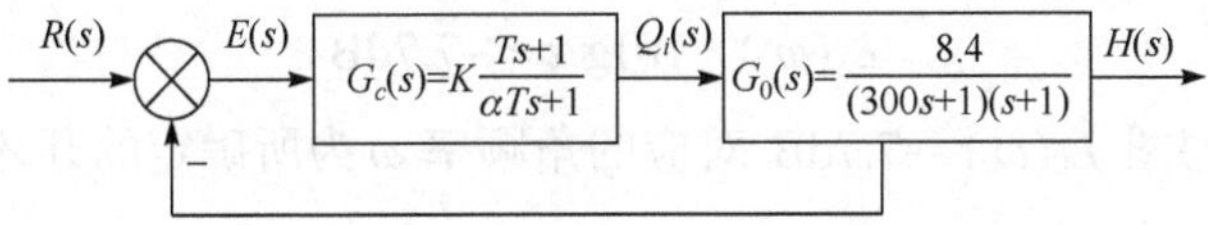

图 3.25　超前校正系统结构图(单容水箱超前校正系统设计)

(3) 超前校正装置设计。

① 计算超前校正装置增益 K，根据

$$e_{ss} \leqslant 0.01 = \frac{1}{1+K_p} \tag{3.81}$$

求得 $K_p \geqslant 99$，取 K_p=100，则校正装置增益 K=100/8.4≈12，满足稳态性能条件的系统传递函数为

$$G_p(s) = KG_0(s) = \frac{100}{(300s+1)(s+1)} \tag{3.82}$$

② 计算超前校正装置超前角φ_m。绘制式(3.82)的伯德图如图 3.26 所示，程序见 3.6 节“程序附录”的 3.12。分析图 3.26，可得系统相角裕度 γ_0=73°，开环截止频率ω_{c0}=0.0331rad/s，为满足相角裕度要求，取γ_c=113°，则所需的超前角为

$$\varphi_m = \gamma_c - \gamma_0 + \varepsilon = 113° - 73° + 5° = 45° \tag{3.83}$$

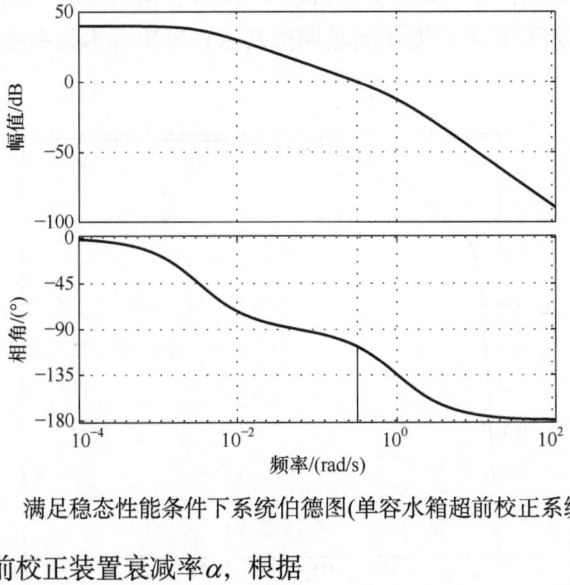

图 3.26　满足稳态性能条件下系统伯德图(单容水箱超前校正系统设计)

③ 计算超前校正装置衰减率α，根据

$$\alpha = (1-\sin\varphi_m)/(1+\sin\varphi_m) \tag{3.84}$$

求得超前校正装置衰减率α=0.17。

④ 确定系统开环截止频率ω_c，根据

$$L_0(\omega_c) = 10\lg\alpha = -7.7\text{dB} \tag{3.85}$$

求得系统的伯德图 $L_0(\omega_c)=-7.7\text{dB}$ 对应的角频率 ω 为所确定的开环截止频率ω_c，即$\omega_c=0.68\text{rad/s}$。

⑤ 确定超前校正装置传递函数，根据$\omega_c=1/(T\sqrt{\alpha})$，求得超前校正装置时间常数为

$$T=1/(\sqrt{\alpha}\omega_c) = 3.6\text{s} \tag{3.86}$$

则超前校正装置传递函数为

$$G_c(s) = K\frac{Ts+1}{\alpha Ts+1} = \frac{12(3.6s+1)}{0.6s+1} \tag{3.87}$$

⑥ 确定校正后系统传递函数：

$$G(s) = \frac{100(3.6s+1)}{(300s+1)(s+1)(0.6s+1)} \tag{3.88}$$

(4) 校正后系统性能分析。绘制校正后系统的单位阶跃响应曲线如图 3.27 所示，程序见 3.6 节“程序附录”的 3.13，绘制校正后系统的伯德图如图 3.28 所示，程序见 3.6 节“程序附录”的 3.14。分析图 3.27 和图 3.28，引入超前校正装置后，调节时间 t_s=25s<30s，稳态误差 e_{ss}=0.008<0.01，相角裕度 γ_c=102°>100°，系统调节时间、稳态误差和相角裕度均满足期望要求，则单容水箱系统超前校正结构如图 3.29 所示。

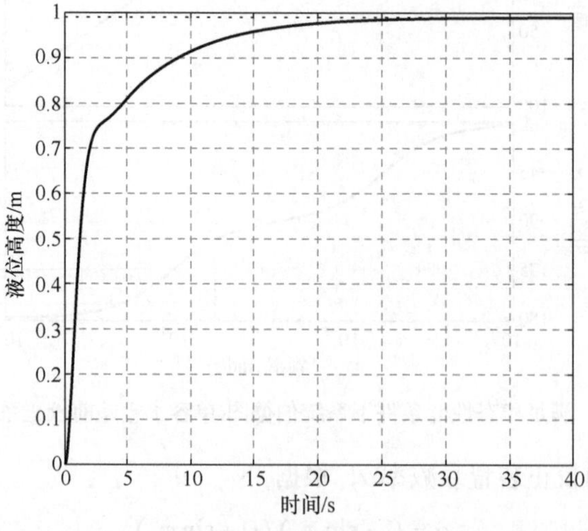

图 3.27　校正后系统单位阶跃响应曲线(单容水箱超前校正系统设计)

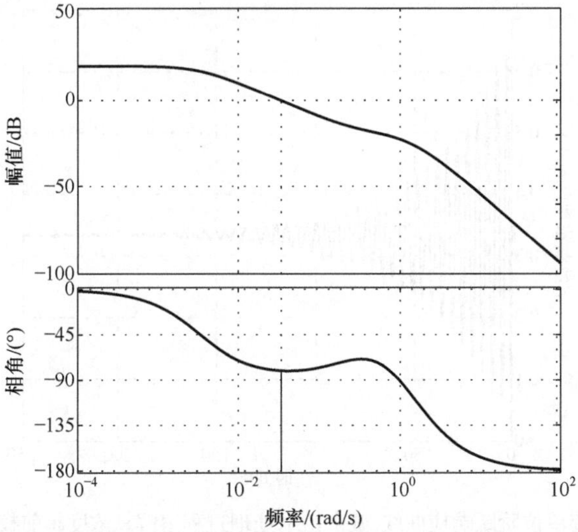

图 3.28　校正后系统的伯德图(单容水箱超前校正系统设计)

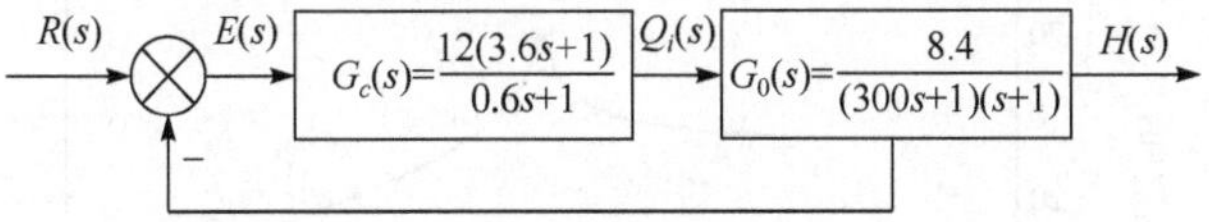

图 3.29　单容水箱系统超前校正结构图

3.3.4　城市污水处理过程溶解氧浓度超前校正控制系统设计范例

已知城市污水处理过程溶解氧浓度 S_O 与鼓风机空气通量 u 之间的传递函数为

$$G_0(s)=\frac{S_O(s)}{U(s)}=\frac{0.5}{s^2+0.05s+1} \tag{3.89}$$

设计超前校正装置，使污水处理过程在单位阶跃响应 $r(t)=1(t)$作用下，溶解氧浓度控制系统的响应指标满足：稳态误差 $e_{ss}\leqslant 0.1$，系统开环截止频率ω_c>5rad/s，相角裕度 $\gamma_c\geqslant 40°$。

溶解氧浓度超前校正系统设计过程如下：

(1) 系统分析。绘制系统单位阶跃响应曲线如图 3.30 所示，程序见 3.6 节“程序附录”的 3.15，绘制系统伯德图如图 3.31 所示，程序见 3.6 节“程序附录”的 3.16。

分析图 3.30 和图 3.31，系统振荡严重，稳态误差较大，开环截止频率和相角裕度均不满足期望性能指标要求。

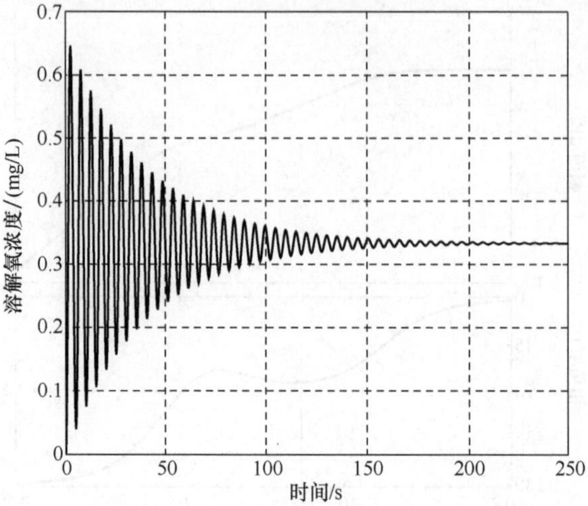

图 3.30　系统单位阶跃响应曲线(城市污水处理过程溶解氧浓度超前校正系统设计)

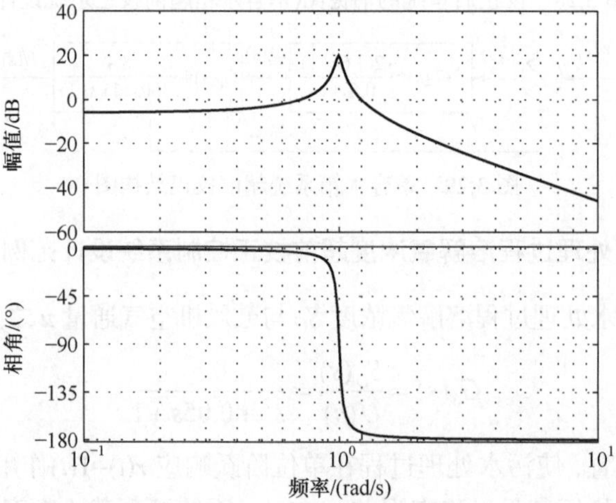

图 3.31　系统伯德图(城市污水处理过程溶解氧浓度超前校正系统设计)

(2) 超前校正装置设计。为了使系统稳态误差、相角裕度和开环截止频率均满足期望性能指标要求,可采用超前校正方法对原系统进行校正,系统结构如图 3.32 所示。

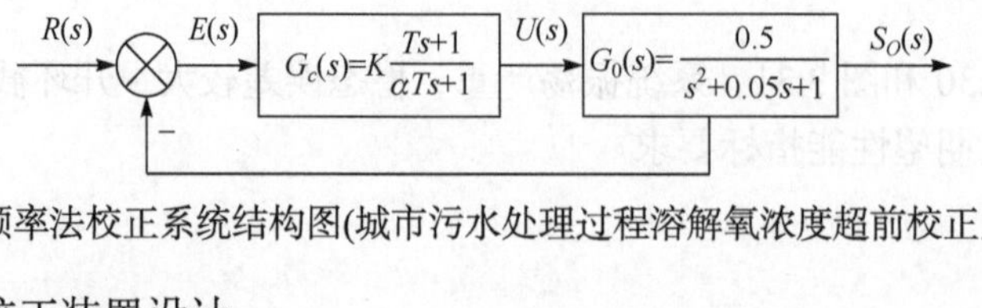

图 3.32　频率法校正系统结构图(城市污水处理过程溶解氧浓度超前校正系统设计)

(3) 超前校正装置设计。

① 计算超前校正装置增益 K，根据稳态误差：

$$e_{ss}=1/(1+K_p)\leqslant 0.1 \tag{3.90}$$

求得 $K_p\geqslant 9$，取 $K_p=10$，则校正装置增益 $K=10/0.5=20$，满足系统稳态性能条件下系统传递函数为

$$G_p(s)=KG_0(s)=\frac{10}{s^2+0.05s+1} \tag{3.91}$$

② 计算超前校正装置超前角 φ_m。绘制式(3.91)的伯德图如图 3.33 所示，程序见 3.6 节“程序附录”的 3.17。系统相角裕度 $\gamma_0=0.95°$，开环截止频率 $\omega_{c0}=3.32\text{rad/s}$，为满足相角裕度要求，则超前校正装置超前角 φ_m 为

$$\varphi_m=\gamma_c-\gamma_0+(5°\sim10°)=45° \tag{3.92}$$

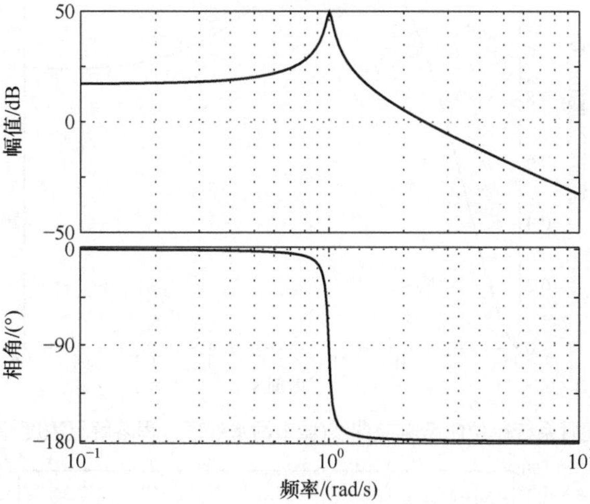

图 3.33 满足稳态性能条件下系统伯德图(城市污水处理过程溶解氧浓度超前校正系统设计)

③ 计算超前校正装置超前角衰减率 α，根据

$$\alpha=(1-\sin\varphi_m)/(1+\sin\varphi_m) \tag{3.93}$$

求得超前校正装置超前角衰减率 $\alpha=0.17$。

④ 确定系统开环截止频率 ω_c，根据

$$L_0(\omega_c)=10\lg\alpha=-7.7\text{dB} \tag{3.94}$$

求得系统的伯德图 $L_0(\omega_c)=-7.7\text{dB}$ 对应的角频率 ω 为所确定的开环截止频率 ω_c，即 $\omega_c=5\text{rad/s}$。

⑤ 确定超前校正装置的传递函数。根据

$$T=1/(\sqrt{\alpha}\omega_c) \tag{3.95}$$

求得超前校正装置时间常数 T=0.5s，则超前校正装置的传递函数为

$$G_c(s)=K\frac{Ts+1}{\alpha Ts+1}=\frac{20(0.5s+1)}{0.085s+1} \tag{3.96}$$

⑥ 确定校正后系统传递函数为

$$G(s)=\frac{10}{s^2+0.05s+1}\frac{0.5s+1}{0.085s+1} \tag{3.97}$$

(4) 校正后系统性能分析。绘制超前校正后系统的单位阶跃响应曲线如图 3.34 所示，程序见 3.6 节“程序附录”的 3.18，绘制超前校正后系统的伯德图如图 3.25 所示，程序见 3.6 节“程序附录”的 3.19。分析图 3.34 和图 3.35，引入

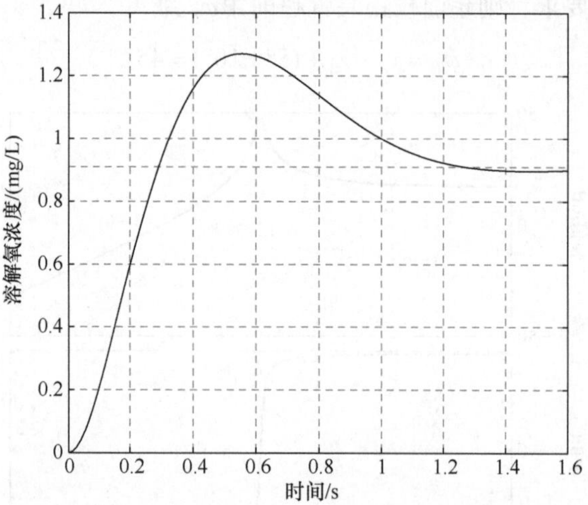

图 3.34　超前校正后系统单位阶跃响应曲线(城市污水处理过程溶解氧浓度超前校正系统设计)

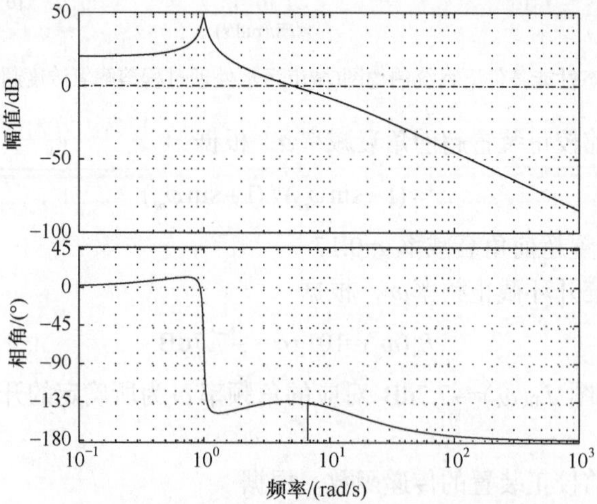

图 3.35　超前校正后系统的伯德图(城市污水处理过程溶解氧浓度超前校正系统设计)

超前校正装置后，系统超调量 M_p=28%<30%，调节时间 t_s=1.1s<2s，系统开环截止频率 ω_c=5.12rad/s>5rad/s，相角裕度 γ_c=45°>40°，系统超调量、调节时间、相角裕度和开环截止频率均满足期望要求。则城市污水处理过程溶解氧浓度控制系统超前校正结构如图 3.36 所示。

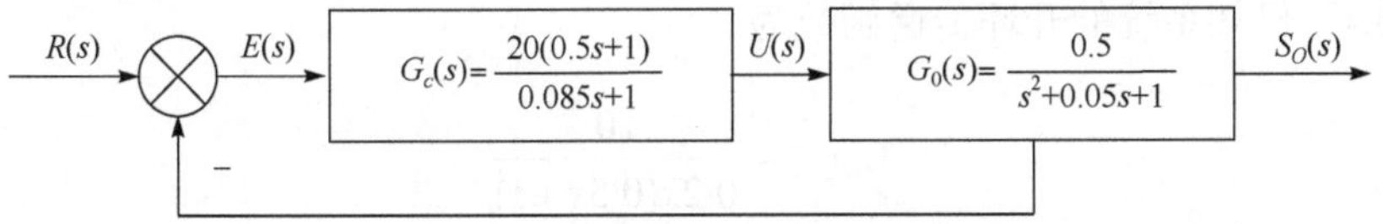

图 3.36　城市污水处理过程溶解氧浓度控制系统频率法校正结构图

3.4　本 章 小 结

本章主要围绕超前滞后校正控制系统的设计与实现，阐述了如何根据系统期望性能指标设计合适的超前滞后校正装置。针对超前滞后校正装置的结构设计，介绍了如何针对不同系统场景设计超前滞后校正装置。其中，超前校正利用超前校正装置相角超前特性来产生相位超前角，以补偿原系统的相位滞后，改善系统的动态特性，当原系统的开环截止频率小于期望的开环截止频率，且原系统的相角裕度小于期望的相角裕度时，可考虑采用超前校正装置对系统进行校正。滞后校正利用滞后校正装置在中高频段幅值处的衰减特性，来降低校正后系统的开环截止频率，增加相角裕度，当原系统的开环截止频率大于期望的开环截止频率，且原系统的相角裕度小于期望的相角裕度时，可考虑采用滞后校正装置对系统进行校正。超前滞后校正是利用滞后校正装置提高低频段增益，改善稳态性能，同时利用超前装置使相角裕度提高，改善动态特性。当原系统不稳定且要求校正后系统响应速度、相角裕度和稳态精度较高时，只采用超前校正或滞后校正难以达到预期的校正效果时，可采用兼有超前校正和滞后校正优点的超前滞后校正对系统进行校正。

为强化读者对本章的学习，首先讲述了超前滞后校正法的基本原理，给出了超前滞后校正法的数学表达式，并分析了超前滞后校正法的特性；然后阐述了超前滞后校正控制系统的设计过程，以例题的形式详细讲述了系统设计的关键点及设计步骤；最后给出了典型二阶系统超前滞后校正系统设计的测试案例，并利用三种典型应用场景进行超前校正系统设计及应用实现。通过本章的学习，能够加深读者对超前滞后校正控制系统设计与实现的相关知识掌握，为后面校正控制系统章节的学习夯实基础。

3.5 课后习题

超前校正习题

3.1 已知系统的开环传递函数为

$$G_0(s)=\frac{10}{0.2s(0.5s+1)}$$

设期望校正后系统的性能指标如下：

相角裕度 $\gamma_c \geqslant 30°$，开环截止频率 $\omega_c \geqslant \omega_{c0}$。

采用串联超前校正法进行校正装置设计。

3.2 已知系统的开环传递函数为

$$G_0(s)=\frac{K}{s(s+1)(0.25s+1)}$$

设期望校正后系统的性能指标如下：

静态速度误差系数 $K_v \geqslant 5$；

开环截止频率 0.5rad/s< ω_c <2rad/s，相角裕度 $\gamma_c \geqslant 40°$。

采用串联超前校正法进行校正装置设计。

3.3 已知系统的开环传递函数为

$$G_0(s)=\frac{4K}{s(s+2)}$$

设期望校正后系统的性能指标如下：

幅值裕度 $L_g \geqslant 10\text{dB}$，相角裕度 $\gamma_c \geqslant 48°$。

采用串联超前校正法进行校正装置设计。

滞后校正习题

3.4 已知系统的开环传递函数为

$$G_0(s)=\frac{K}{s(s+1)(0.5s+1)}$$

设期望校正后系统的性能指标如下：

速度误差系数 $K_v \geqslant 5$；

相角裕度 $\gamma_c \geqslant 40°$，并且幅值裕度 $L_g \geqslant 10\text{dB}$。

采用串联滞后校正法进行校正装置设计。

3.5 已知系统的开环传递函数为

$$G_0(s)=\frac{K}{s(0.02s+1)}$$

设期望校正后系统的性能指标如下：

速度误差系数 $K_v \geqslant 50$；

相角裕度 $\gamma_c \geqslant 60°$，开环截止频率 $\omega_c \geqslant 10\text{rad/s}$。

采用串联滞后校正法进行校正装置设计。

3.6　已知系统的开环传递函数为

$$G_0(s)=\frac{K}{s(0.1s+1)(0.2s+4)}$$

设期望校正后系统的性能指标如下：

静态速度误差系数 $K_v \geqslant 30$；

相角裕度 $\gamma_c \geqslant 40°$，幅值裕度 $L_g \geqslant 10\text{dB}$，开环截止频率 $\omega_c \geqslant 2\text{rad/s}$。

采用串联滞后校正法进行校正装置设计。

超前滞后校正实验习题

3.7　已知系统的开环传递函数为

$$G_0(s)=\frac{100}{s\left(\dfrac{s}{10}+1\right)\left(\dfrac{s}{60}+1\right)}$$

当 $r(t)=t\cdot 1(t)$ 时，期望校正后系统的性能指标如下：

稳态误差 $e_{ss} \leqslant 1/126$；

相角裕度 $\gamma_c \geqslant 35°$，$\omega_c \geqslant 20\text{rad/s}$。

采用串联超前滞后校正法进行校正装置设计。

3.8　已知系统的开环传递函数为

$$G_0(s)=\frac{K}{s(s+1)(s+4)}$$

设期望校正后系统的性能指标如下：

静态速度误差系数 $K_v \geqslant 10$；

相角裕度 $\gamma_c \geqslant 35°$，幅值裕度 $L_g \geqslant 10\text{dB}$。

采用串联超前滞后校正法进行校正装置设计。

3.9　已知系统的开环传递函数为

$$G_0(s)=\frac{K}{s\left(\dfrac{1}{6}s+1\right)\left(\dfrac{1}{2}s+1\right)}$$

设期望校正后系统的性能指标如下：
在最大指令速度为180°/s时，位置滞后误差不超过1°；
相角裕度γ_c=45°±3°，幅值裕度$L_g \geqslant$10dB，动态过程调节时间t_s不超过3s。
采用串联超前滞后校正法进行校正装置设计。

3.6 程序附录

二阶系统超前校正设计

3.1 原系统的单位阶跃响应

```
num=[20];                     %传递函数分子系数
den=[0.5,1,0];                %传递函数分母系数
G0=tf(num,den);               %生成系统传递函数
G1=feedback(G0,0);            %被控对象施加负反馈作用
step(G1)                      %绘制系统阶跃响应曲线
```

3.2 原系统的伯德图

```
den=[0.5,1,0];                %传递函数分母系数
G0=tf(20,den);                %生成系统传递函数
bode(G0)                      %绘制系统伯德图
margin(G0)              %显示系统幅值裕度、相角裕度和开环截止频率
grid                          %绘制网格线
```

3.3 校正后系统的单位阶跃响应

```
num=[4.586,20];               %传递函数分子系数
den=[0.02728,0.55456,1,0];    %传递函数分母系数
G=tf(num,den)                 %生成系统传递函数
G2=feedback(G,1);             %被控对象施加负反馈作用
step(G2)                      %绘制系统阶跃响应曲线
```

3.4 校正后系统的伯德图

```
num=[4.586,20];               %传递函数分子系数
den=[0.02728,0.55456,1,0];    %传递函数分母系数
G=tf(num,den)                 %生成系统传递函数
bode(G)                       %绘制系统伯德图
```

```
5. margin(G)                    %显示系统幅值裕度、相角裕度和开环截止频率
6. grid                         %绘制网格线
```

基于频率法校正的单级倒立摆系统设计范例

3.5　原系统的单位阶跃响应

```
1. num=[0.02725];                %传递函数分子系数
2. den=[0.0102125,0,-0.26705];   %传递函数分母系数
3. G0=tf(num,den);               %生成系统传递函数
4. G1=feedback(G0,1);            %被控对象施加负反馈作用
5. step(G1)                      %绘制系统阶跃响应曲线
```

3.6　原系统伯德图

```
1. num=[0.02725];                %传递函数分子系数
2. den=[0.0102125,0,-0.26705];   %传递函数分母系数
3. G0=tf(num,den);               %生成系统传递函数
4. bode(G0)                      %绘制系统伯德图
5. margin(G0)                    %显示系统幅值裕度、相角裕度和开环截止频率
```

3.7　满足低频段幅值裕度的伯德图

```
1. num=[3.27];                   %传递函数分子系数
2. den=[0.0102125,0,-0.26705];   %传递函数分母系数
3. Gp=tf(num,den);               %生成系统传递函数
4. bode(Gp)                      %绘制系统伯德图
5. margin(Gp)                    %显示系统幅值裕度、相角裕度和开环截止频率
```

3.8　校正后系统的单位阶跃响应

```
1. num1=[3.27];                  %原传递函数分子系数
2. den1=[0.0102125,0,-0.26705];  %原传递函数分母系数
3. sys1=tf(num1,den1);           %生成原系统传递函数
4. num2=[0.09,1];                %校正装置传递函数分子系数
5. den2=[0.0153,1];              %校正装置传递函数分母系数
6. sys2=tf(num2,den2);           %生成校正装置系统传递函数
7. G=series(sys1,sys2);          %生成校正后系统传递函数
8. G2=feedback(G,1);             %被控对象施加负反馈作用
```

```
9. step(G2)                        %绘制系统阶跃响应曲线
```

3.9 校正后系统的伯德图

```
1. num1=[3.27];                    %原传递函数分子系数
2. den1=[0.0102125,0,-0.26705];    %原传递函数分母系数
3. sys1=tf(num1,den1);             %生成原系统传递函数
4. num2=[0.09,1];                  %校正装置传递函数分子系数
5. den2=[0.0153,1];                %校正装置传递函数分母系数
6. sys2=tf(num2,den2);             %生成校正装置系统传递函数
7. G=series(sys1,sys2);            %生成校正后系统传递函数
8. bode(G)                         %绘制系统伯德图
9. margin(G)              %显示系统幅值裕度、相角裕度和开环截止频率
```

基于频率法校正的单容水箱系统设计范例

3.10 原系统单位阶跃响应

```
1. num=[8.4];                      %传递函数分子系数
2. den=conv([1,1],[300,1]);        %传递函数分母系数
3. G0=tf(num,den);                 %生成系统传递函数
4. G1=feedback(G0,1);              %被控对象施加负反馈作用
5. step(G1)                        %绘制系统阶跃响应曲线
```

3.11 原系统伯德图

```
1. num=[8.4];                      %传递函数分子系数
2. den=conv([1,1],[300,1]);        %传递函数分母系数
3. G0=tf(num,den);                 %生成系统传递函数
4. bode(G0)                        %绘制系统伯德图
5. margin(G0)             %显示系统幅值裕度、相角裕度和开环截止频率
```

3.12 满足稳态性能条件下系统伯德图

```
1. num=[100];                      %传递函数分子系数
2. den=conv([1,1],[300,1]);        %传递函数分母系数
3. Gp=tf(num,den);                 %生成系统传递函数
4. bode(Gp)                        %绘制系统伯德图
5. margin(Gp)             %显示系统幅值裕度、相角裕度和开环截止频率
```

3.13　校正后系统单位阶跃响应

```
num1=[100];                       %原传递函数分子系数
den1=conv([1,1],[300,1]);         %原传递函数分母系数
sys1=tf(num1,den1);               %生成原系统传递函数
num2=[3.6,1];                     %校正装置传递函数分子系数
den2=[0.6,1];                     %校正装置传递函数分母系数
sys2=tf(num2,den2);               %生成校正装置系统传递函数
G=series(sys1,sys2);              %生成校正后系统传递函数
G2=feedback(G,1);                 %被控对象施加负反馈作用
step(G2)                          %绘制系统阶跃响应曲线
```

3.14　校正后系统的伯德图

```
num1=[100];                       %原传递函数分子系数
den1=conv([1,1],[300,1]);         %原传递函数分母系数
sys1=tf(num1,den1);               %生成原系统传递函数
num2=[3.6 1];                     %校正装置传递函数分子系数
den2=[0.6,1];                     %校正装置传递函数分母系数
sys2=tf(num2,den2);               %生成校正装置系统传递函数
G=series(sys1,sys2);              %生成校正后系统传递函数
bode(G)                           %绘制系统伯德图
margin(G)                 %显示系统幅值裕度、相角裕度和开环截止频率
```

基于超前滞后校正的城市污水处理过程溶解氧浓度虚拟仿真设计范例

3.15　原系统的单位阶跃响应

```
num=[0.5];                        %传递函数分子系数
den=[1,0.05,1];                   %传递函数分母系数
G0=tf(num,den);                   %生成系统传递函数
G1=feedback(G0,1);                %被控对象施加负反馈作用
step(G1)                          %绘制系统阶跃响应曲线
```

3.16　原系统伯德图

```
num=[0.5];                        %传递函数分子系数
den=[1,0.05,1];                   %传递函数分母系数
G0=tf(num,den);                   %生成系统传递函数
```

```
4. bode(G0)                      %绘制系统伯德图
5. margin(G0)                    %显示系统幅值裕度、相角裕度和开环截止频率
```

3.17 满足稳态性能指标条件下系统伯德图

```
1. num=[10];                     %传递函数分子系数
2. den=[1,0.05,1];               %传递函数分母系数
3. Gp=tf(num,den);               %生成系统传递函数
4. bode(Gp)                      %绘制系统伯德图
5. margin(Gp)                    %显示系统幅值裕度、相角裕度和开环截止频率
```

3.18 校正后系统的单位阶跃响应

```
1. num1=[10];                    %原传递函数分子系数
2. den1=[1,0.05,1];              %原传递函数分母系数
3. sys1=tf(num1,den1);           %生成原系统传递函数
4. num2=[0.5,1];                 %校正装置传递函数分子系数
5. den2=[0.085,1];               %校正装置传递函数分母系数
6. sys2=tf(num2,den2);           %生成校正装置系统传递函数
7. G=series(sys1,sys2);          %生成校正后系统传递函数
8. G2=feedback(G,1);             %被控对象施加负反馈作用
9. step(G2)                      %绘制系统阶跃响应曲线
```

3.19 校正后系统的伯德图

```
1. num1=[10];                    %原传递函数分子系数
2. den1=[1,0.05,1];              %原传递函数分母系数
3. sys1=tf(num1,den1);           %生成原系统传递函数
4. num2=[0.5,1];                 %校正装置传递函数分子系数
5. den2=[0.085,1];               %校正装置传递函数分母系数
6. sys2=tf(num2,den2);           %生成校正装置系统传递函数
7. G=series(sys1,sys2);          %生成校正后系统传递函数
8. bode(G)                       %绘制系统伯德图
9. margin(G)                     %显示系统幅值裕度、相角裕度和开环截止频率
```

第 4 章　参考模型校正控制系统设计与实现

参考模型校正也是一种基于频率分析的校正方法，也称为期望频率特性校正法。参考模型校正通过分析系统固有幅频特性，根据系统的期望对数幅频特性，求解系统固有幅频特性与期望幅频特性之间的关系，获得校正装置的形式和参数，完成系统的校正。

参考模型校正通过分析系统的固有频率特性，获得原始系统的开环截止频率、幅值裕度、相角裕度等频率特性，并根据系统期望频率特性的性能指标要求，将系统期望频率特性和系统固有频率特性进行比较，求解系统需要校正的开环截止频率、幅值裕度、相角裕度等频率特性，确定参考模型的形式和参数。参考模型校正能够兼顾系统动态响应和噪声抑制的要求，将系统的参数变化和瞬态响应性能指标联系起来，避免求解闭环极点，具有求解过程推导简单、物理意义明确等优点。然而，参考模型校正无法实现频域和时域的直接变换，需要依赖设计准则来调整频率响应特性以达到期望的暂态响应特性；同时，由于只有最小相位系统的对数幅频特性和对数相频特性之间具有确定的关系，参考模型校正仅适合于最小相位系统。

参考模型校正控制系统按照不同的阶数可以分为二阶参考模型控制系统、三阶参考模型控制系统和四阶参考模型控制系统。二阶参考模型控制系统的性能指标和模型参数之间的关系简单，便于分析运算，但是其适应性较差，所以二阶参考模型控制系统只适用于设计简单的控制系统；四阶参考模型控制系统的适用范围较为广泛，实用价值较大，但是四阶参考模型控制系统的性能指标与模型参数之间的关系比较复杂，通常无法准确计算，一般需要借助工程经验、图表或经验公式等。三阶参考模型控制系统由于在设计时需要增加补偿器，校正装置通常不易实现，一般很少应用。因此，本章主要介绍二阶参考模型控制系统和四阶参考模型控制系统的分析与设计方法。围绕参考模型控制系统的设计与实现，本章首先详细介绍典型二阶和四阶参考模型控制系统的基本原理。然后介绍基于参考模型校正的控制系统设计过程，包括参考模型校正装置的选择和参数整定。最后介绍参考模型校正控制系统的设计案例，将参考模型校正应用于典型二阶系统，给出详细的系统校正过程。同时，将参考模型校正控制系统应用到三种典型场景，包括单级倒立摆的摆杆角度控制系统和单容水箱液位控制系统，以及城市污水处理过程溶解氧浓度控制系统。

4.1　参考模型校正控制系统原理

参考模型校正控制系统能够根据期望性能指标构建满足性能要求的参考模型，并利用原系统固有特性 $G_0(s)$与参考模型频率特性 $G(s)$之间的关系求取校正装置 $G_c(s)$，其控制结构如图 4.1 所示。

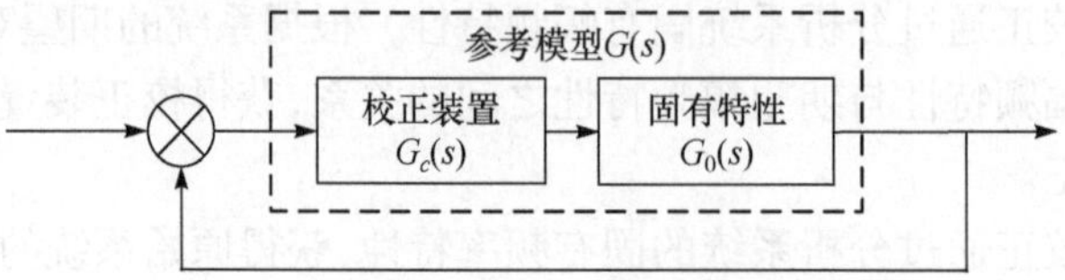

图 4.1　参考模型校正控制系统结构图

图 4.1 中，参考模型 $G(s)$由系统校正装置特性 $G_c(s)$和系统固有特性 $G_0(s)$共同组成，可表示为

$$G(s)=G_0(s)G_c(s) \tag{4.1}$$

其开环幅频特性(即当 s=jω 时)为

$$G(\mathrm{j}\omega)=G_0(\mathrm{j}\omega)G_c(\mathrm{j}\omega) \tag{4.2}$$

根据性能指标要求，得到开环参考模型 $L(\omega)$，则校正装置的对数幅频特性 $L_c(\omega)$可表示为

$$L_c(\omega)=L(\omega)-L_0(\omega) \tag{4.3}$$

式中，$L_0(\omega)$为系统期望的开环对数幅频特性；$L(\omega)$为系统固有的开环对数幅频特性；校正装置的对数幅频特性 $L_c(\omega)$为 $L(\omega)$与 $L_0(\omega)$之间的差值，则校正装置的传递函数可表示为

$$G_c(s)=\frac{G(s)}{G_0(s)} \tag{4.4}$$

参考模型校正控制系统的基本设计思路是：首先确定满足要求的系统期望开环频率特性，根据系统固有频率特性与期望频率特性的关系，求解系统固有频率特性与期望频率特性的差值，获得系统校正装置的开环频率特性。同时，根据系统开环频率特性求解系统校正装置的传递函数 $G_0(s)$，利用传递函数确定系统校正装置的参数。因此，参考模型校正控制系统设计的关键是获得期望开环对数幅频特性 $L_0(\omega)$。

4.1.1　二阶参考模型校正原理

1. 二阶参考模型

二阶系统的开环传递函数可表示为

$$G_0(s)=\frac{\omega_n^2}{s(s+2\zeta\omega_n)} \tag{4.5}$$

其闭环传递函数为

$$G_c(s)=\frac{\omega_n^2}{s^2+2\zeta\omega_n s+\omega_n^2} \tag{4.6}$$

将 s=jω 代入式(4.6)，可以得到二阶系统的闭环频率特性为

$$G_c(\mathrm{j}\omega)=\frac{\omega_n^2}{-\omega^2+2\zeta\omega_n\mathrm{j}\omega+\omega_n^2} \tag{4.7}$$

其对数幅频特性曲线如图 4.2 所示。

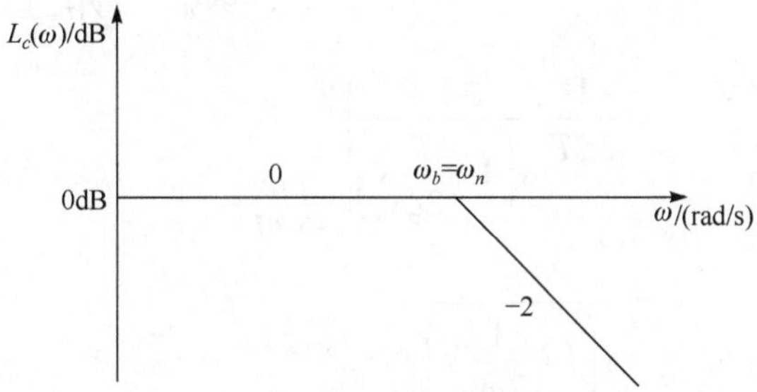

图 4.2　二阶系统的对数幅频特性曲线

假设系统的闭环频带宽度 $\omega_b\to\infty$，则系统无论何种频谱分量的增益值都不衰减，即

$$\left|G_c(\mathrm{j}\omega)\right|_{\omega:0\to\infty}=1 \tag{4.8}$$

将式(4.7)代入式(4.8)，得到

$$\left|\frac{\omega_n^2}{(\mathrm{j}\omega)^2+2\zeta\omega_n\mathrm{j}\omega+\omega_n^2}\right|_{\omega:0\to\infty}=1 \tag{4.9}$$

$$\sqrt{(\omega_n^2-\omega^2)^2+4\zeta^2\omega_n^2\omega^2}=\omega_n^2 \tag{4.10}$$

解出

$$\zeta^2 = \frac{1}{2} - \frac{1}{4}\left(\frac{\omega}{\omega_n}\right)^2 \tag{4.11}$$

式(4.11)是在假设闭环频带宽度 $\omega_b=\omega_n\to\infty$条件下获得的，但是由于实际频带宽度是有限的，有限频带宽度内对于低频频谱分量有 $\omega\leqslant\omega_n$，则有

$$\zeta^2 = \frac{1}{2} - \frac{1}{4}\left(\frac{\omega}{\omega_n}\right)^2\Bigg|_{\omega\leqslant\omega_n} \approx \frac{1}{2} \tag{4.12}$$

解出

$$\zeta=0.707 \tag{4.13}$$

$\zeta=0.707$ 可以看成二阶系统的最优条件，即当 $\zeta=0.707$ 时，系统具有最优开环特性：

$$\begin{aligned} G_0(s) &= \frac{\omega_n^2}{s(s+2\zeta\omega_n)} = \frac{\omega_n^2}{2\zeta\omega_n}\frac{1}{s\left(\dfrac{1}{2\zeta\omega_n}s+1\right)}\Bigg|_{T=\frac{1}{\omega_n}} \\ &= \frac{1}{2\zeta T}\frac{1}{s\left(1+\dfrac{T}{2\zeta}s\right)}\Bigg|_{\zeta=0.707} \\ &= \frac{\omega_c}{s\left(1+\dfrac{1}{2\omega_c}s\right)} \end{aligned} \tag{4.14}$$

式(4.14)为二阶系统在最优条件下的参考模型，其对数幅频特性曲线如图 4.3 所示。

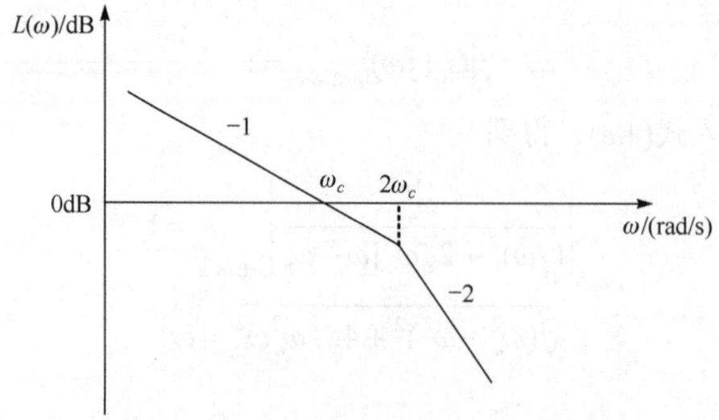

图 4.3　二阶参考模型对数幅频特性曲线

图 4.3 表明，二阶参考模型有四个特点：①低频段斜率为–20dB/dec(–1)；②高频段斜率为–40dB/dec(–2)；③开环截止频率为 ω_c；④转折频率为 $2\omega_c$。

2. 二阶参考模型的性能指标

二阶参考模型是在 $\zeta=0.707$ 最优条件下确定的最优模型，因此二阶参考模型具有如下性能指标。

1) 时域指标

阶跃响应的超调量为

$$M_p = e^{\frac{\zeta}{\sqrt{1-\zeta^2}}} \times 100\% = 4.3\% \tag{4.15}$$

调节时间为

$$t_s = \frac{3}{\omega_c} \tag{4.16}$$

静态速度误差系数为 $K_v=\omega_c$。

2) 开环频域指标

开环截止频率为 $\omega_c=0.707\omega_n$，转折频率为 $\omega_1=2\omega_c$，相角裕度为 $\gamma_c=65.5°$(折线值为 $\gamma_c=65.4°$)，幅值裕度为 $L_g=\infty$。

3) 闭环频域指标

闭环频带宽度为 $\omega_b=2\omega_n$，闭环谐振频率为 $\omega_r=0$，闭环谐振峰值为 $M_r=1$。

基于二阶参考模型的性能指标分析结果，其稳态精度较低，稳态性能与动态性能相关联，其开环截止频率 ω_c 同时影响系统的稳态性能和动态性能，导致稳态性能与动态性能相互影响、相互关联。

4.1.2　四阶参考模型校正原理

由于二阶参考模型具有稳态性能与动态性能相互影响、相互关联的缺点，因此考虑在二阶参考模型的低、中、高频段中增加三个转折频率，建立理想四阶参考模型，在保证系统的动态性能的前提下，提高稳态精度。

1. 四阶参考模型

四阶参考模型的开环传递函数为

$$G_0(s) = \frac{K\left(1+\frac{1}{\omega_2}s\right)}{s\left(1+\frac{1}{\omega_1}s\right)\left(1+\frac{1}{\omega_3}s\right)\left(1+\frac{1}{\omega_4}s\right)} \tag{4.17}$$

式中，ω_1、ω_2、ω_3 和 ω_4 为四次转折频率。四阶参考模型的对数幅频特性曲线如图 4.4 所示。

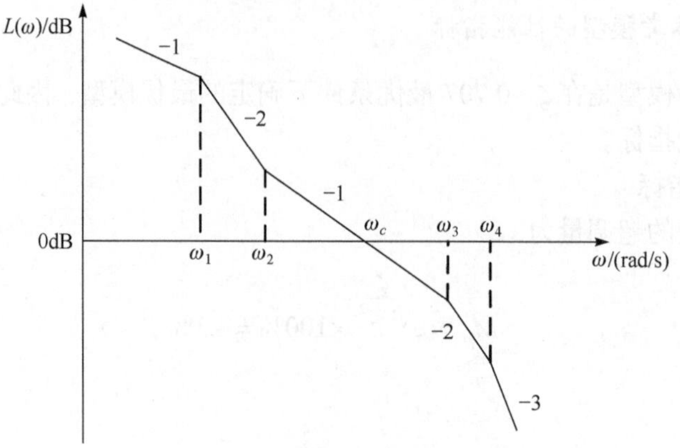

图 4.4　四阶参考模型对数幅频特性曲线

四阶参考模型的开环传递函数又可以写成关于开环截止频率 ω_c 的形式：

$$G_0(s)=\frac{K\left(1+\dfrac{a}{\omega_c}s\right)}{s\left(1+\dfrac{ab}{\omega_c}s\right)\left(1+\dfrac{1}{c\omega_c}s\right)\left(1+\dfrac{1}{cd\omega_c}s\right)} \tag{4.18}$$

根据式(4.17)和式(4.18)，可以得出

$$\omega_1=\frac{1}{ab}\omega_c,\quad \omega_2=\frac{1}{a}\omega_c,\quad \omega_3=c\omega_c,\quad \omega_4=cd\omega_c \tag{4.19}$$

式中，a、b、c、d 为转折频率系数，其取值范围分别为 $2<a<10$，$2<b<10$，$2<c<10$，$1<d<10$。

由图 4.4 可以得到四阶参考模型的四个特点：①斜率变化为 1—2—1—2—3 型(斜率的绝对值)，即从斜率 −20dB/dec 变到 −40dB/dec，又变到 −20dB/dec，再变到 −40dB/dec，最后变到 −60dB/dec；②初始段斜率为 −20dB/dec，可以保证系统对速度信号的跟踪能力，通过调整初始段的高度满足跟踪速度信号误差的要求；③中频段穿越斜率为 −20dB/dec，并保持一定的宽度，可以保证系统的动态性能和稳定性，中频段的宽度可以通过 ω_2 和 ω_3 的位置来进行调节，即调节比例系数 a 和 c；④高频段的衰减率为 −60dB/dec，可以保证系统的抗干扰能力。

2. 四阶参考模型的性能指标

四阶参考模型具有如下性能指标。

谐振峰值：

$$M_r \approx \frac{1}{\sin\gamma},\quad 35° \leqslant \gamma \leqslant 90°, 1 \leqslant M_r \leqslant 1.8 \tag{4.20}$$

超调量：

$$M_p = 0.16 + 0.4\left(\frac{1}{\sin\gamma} - 1\right) \tag{4.21}$$

或

$$M_p = 0.16 + 0.4(M_r - 1),\quad 1 \leqslant M_r \leqslant 1.8 \tag{4.22}$$

调节时间：

$$t_s = \frac{K_0 \pi}{\omega_c},\quad K_0 = 2 + 1.5(M_r - 1) + 2.5(M_r - 1)^2,\quad 1 \leqslant M_r \leqslant 1.8 \tag{4.23}$$

综上所述，四阶参考模型校正是二阶参考模型校正的改进。首先，在低频段增加了由转折频率 ω_1 和 ω_2 决定的增益提升段，实现了开环增益的调整，确定了稳态精度；然后，在中频段保持斜率为 −20dB/dec 不变以及开环截止频率 ω_c 不变，保证了原二阶参考模型校正的动态性能；最后，在高频段又增加了一个由转折频率 ω_4 确定的一阶惯性环节，加大了高频衰减率，使得高频衰减率从 −40dB/dec 变到 −60dB/dec，抑制了高频噪声。因此，四阶参考模型校正在一定的约束下，既可以保证系统的动态性能，又可以提高系统的稳态精度和抗干扰能力。

4.2　参考模型校正控制系统设计

4.2.1　二阶参考模型校正控制系统设计

1. 二阶参考模型校正控制系统设计步骤

二阶参考模型的传递函数中仅有一个可调节的参数，即校正后系统的开环截止频率 ω_c。因此，二阶参考模型校正控制系统设计的关键在于根据系统的期望性能指标确定开环截止频率。

二阶参考模型校正控制系统的设计步骤如下：

(1) 绘制系统固有特性曲线 $L_0(\omega)$。

(2) 根据期望性能指标(t_s, K_v)的要求，确定开环截止频率，求出二阶参考模型的传递函数 $G(s)$。

(3) 根据二阶参考模型的传递函数 $G(s)$，作二阶参考模型的对数幅频特性曲线 $L(\omega)$。

(4) 将二阶参考模型的对数幅频特性曲线 $L(\omega)$与系统固有的对数幅频特性曲

线 $L_0(\omega)$相减，得到校正装置的对数幅频特性曲线 $L_c(\omega)$，求出校正装置的传递函数 $G_c(s)$。

(5) 分析校正后系统的性能指标，校验是否满足需求。

2. 二阶参考模型校正控制系统设计例题

已知系统的开环传递函数为

$$G_0(s)=\frac{K}{s+1} \tag{4.24}$$

试采用二阶参考模型设计校正装置 $G_c(s)$，要求校正后系统实现下述性能指标：

(1) 静态速度误差系数 $K_v \geqslant 10$。

(2) 阶跃响应的调节时间 $t_s<0.4\text{s}$。

解 原开环系统是 0 型系统，无差度 $v=0$，所以其静态速度误差系数 $K_v=0$，不能跟踪等速度信号。由稳态误差分析可知，如果希望系统能够有差跟踪斜坡信号，那么该系统应为 I 型系统，即 $v=1$。因此，可采用二阶参考模型进行校正。

(1) 为满足系统的稳态性能要求，取 $K=10$。作原系统的对数幅频特性曲线 $L_0(\omega)$如图 4.5 所示。

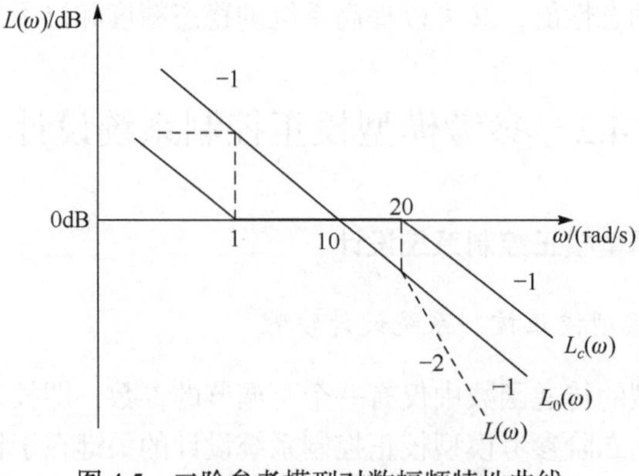

图 4.5 二阶参考模型对数幅频特性曲线

(2) 求取二阶参考模型，依照给定的动态要求，$t_s<0.4\text{s}$，即 $3/\omega_c<0.4$，解得 $\omega_c>7.5\text{rad/s}$。又因 $K_v=\omega_c \geqslant 10$，则取 $\omega_c=10\text{rad/s}$，既能满足系统的稳态性能要求，又能满足系统的动态性能要求。

期望的二阶参考模型传递函数可表示为

$$G(s)=\frac{\omega_c}{s\left(\frac{1}{2\omega_c}s+1\right)}=\frac{10}{s\left(\frac{1}{20}s+1\right)} \tag{4.25}$$

作二阶参考模型的对数幅频特性曲线 $L(\omega)$，如图 4.5 所示。

(3) 将二阶参考模型的对数幅频特性曲线 $L(\omega)$与原系统的对数幅频特性曲线 $L_0(\omega)$相减，可得到校正装置的对数幅频特性曲线 $L_c(\omega)$，如图 4.5 所示。

求得校正装置的传递函数为

$$G_c(s)=\frac{G(s)}{G_0(s)}=\frac{s+1}{s(0.05s+1)} \tag{4.26}$$

二阶参考模型的性能指标和模型参数之间的关系较为简单，可以通过特性曲线和计算公式快速求得期望的频率特性。

4.2.2　四阶参考模型校正控制系统设计

1. 四阶参考模型校正控制系统设计步骤

四阶参考模型校正的关键在于如何根据期望的性能指标确定四阶参考模型的各个转折频率，使校正后的系统在保证系统的动态性能的同时，又可以实现稳态精度的提高与高频噪声的抑制。

四阶参考模型校正控制系统的设计步骤如下：

(1) 绘制固有特性曲线 $L_0(\omega)$。

(2) 根据期望的稳态精度 K_v，估算初始段高度并作图。

(3) 根据期望的调节时间 t_s，估算开环截止频率 ω_c，估算公式为

$$\omega_c=(6\sim 8)\frac{1}{t_s} \tag{4.27}$$

(4) 根据期望的动态性能要求，估算中频段宽度 h 并作图。

中频段宽度为

$$h=\frac{\omega_3}{\omega_2} \tag{4.28}$$

给定时域超调量时，中频段宽度为

$$h=\frac{M_p\times 100+64}{M_p\times 100-16} \tag{4.29}$$

给定开环相角裕度时的关系时，中频段宽度为

$$\gamma_c = \arctan\frac{h-1}{2\sqrt{h}} \tag{4.30}$$

给定闭环谐振峰值 M_r 时，中频段宽度为

$$h = \frac{M_r + 1}{M_r - 1} \tag{4.31}$$

中频段宽度确定后，转折频率 ω_2、ω_3 也随之确定。由 ω_2 处作斜率为 −2 的延长线交低频段斜线于 ω_1，由 ω_3 处向下作斜率 −2 的延长线。

(5) 确定高频段转折频率 ω_4。ω_4 的计算公式为

$$\omega_4 = (2 \sim 2.5)\omega_3 \tag{4.32}$$

ω_4 确定后，即可得四阶参考模型 $L(\omega)$。

(6) 将四阶参考模型的对数幅频特性曲线 $L(\omega)$ 与固有幅频特性曲线 $L_0(\omega)$ 相减，可得校正装置的对数幅频特性曲线 $L_c(\omega)$，进而可以求出校正装置的传递函数 $G_c(s)$ 为

$$G_c(s) = \frac{G(s)}{G_0(s)} \tag{4.33}$$

(7) 校验计算。已知各转折频率的比例系数 a、b、c 和 d，则调节时间 t_s 与超调量 M_p 的校验公式为

$$t_s = \frac{1}{\omega_c}\left[8 - \frac{3.5}{a} - \frac{4}{b} + \frac{100}{(acd)^2}\right] \tag{4.34}$$

$$M_p = \left(\frac{160}{c^2 d} + 6.5\frac{b}{a} + 2\right) \times 100\% \tag{4.35}$$

2. 四阶参考模型校正控制系统设计例题

已知系统的开环传递函数为

$$G(s) = \frac{100}{s(0.2s+1)} \tag{4.36}$$

试采用四阶参考模型设计校正装置 $G_c(s)$，并计算校正后系统的相角裕度 γ_c。要求校正后系统实现下述性能指标：

(1) 静态速度误差系数 $K_v \geqslant 200$；

(2) 阶跃响应的调节时间 $t_s < 0.4\text{s}$；

(3) 阶跃响应的超调量 $M_p < 30\%$。

解　由于原系统的静态速度误差系数 $K_{v0}=100<200$，不满足稳态精度要求，为满足稳态精度要求，令 $K=200$。作原系统的对数幅频特性曲线 $L_0(\omega)$，如图 4.6

所示。

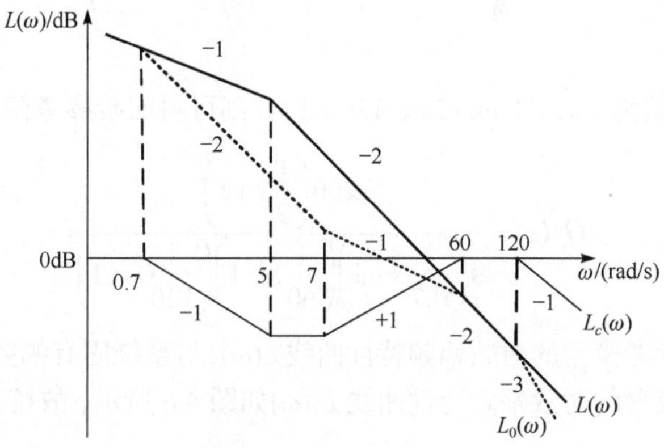

图 4.6　四阶参考模型对数幅频特性曲线

(1) 求原系统开环截止频率，由

$$\frac{20\lg K-20\lg\frac{5}{1}}{\lg\omega_{c0}-\lg 5}=40 \tag{4.37}$$

求得 ω_{c0}=31.6rad/s，相角裕度 γ_{c0}=180°+(−90°−arctan0.2×31.6)=9°，系统虽然是稳定的，但存在严重的振荡。

(2) 估算四阶参考模型参数。计算开环截止频率 ω_c，由 t_s<0.4s 得

$$\omega_c=(6\sim 8)\frac{1}{t_s},\quad \omega_c=15\sim 20\text{rad/s} \tag{4.38}$$

取 ω_c=20rad/s，作斜率为−20dB/dec 的斜线。

计算中频段宽度 h，由 M_p<30%得

$$h=\frac{M_p\times 100+64}{M_p\times 100-16}=\frac{30+64}{30-16}=6.7\text{dB} \tag{4.39}$$

取 h=8dB，计算各转折频率，即

$$\omega_2=\frac{1}{\sqrt{h}}\omega_c=7.07\approx 7\text{rad/s} \tag{4.40}$$

$$\omega_3=\sqrt{h}\omega_c=56.6\approx 60\text{rad/s} \tag{4.41}$$

过 ω_2=7rad/s 作斜率为 −40dB/dec 的斜线与原系统伯德图低频段相交，求得第一衔接点，令

$$20\lg\frac{5}{\omega_1}+40\lg\frac{31.6}{5}=20\lg\frac{20}{7}+40\lg\frac{7}{\omega_1} \tag{4.42}$$

得 ω_1=0.7rad/s。

取 ω_3 的 2 倍为 ω_4，即 $\omega_4=2\omega_3=120$rad/s。则可得四阶参考模型传递函数为

$$G_c(s)=\frac{200\left(\frac{1}{7}s+1\right)}{s\left(\frac{1}{0.7}s+1\right)\left(\frac{1}{60}s+1\right)\left(\frac{1}{120}s+1\right)} \tag{4.43}$$

绘制四阶参考模型的对数幅频特性曲线 $L(\omega)$，与系统固有幅频特性曲线 $L_0(\omega)$ 相减得到校正装置的对数幅频特性曲线 $L_c(\omega)$如图 4.6 所示，故校正装置的传递函数为

$$G(s)=\frac{2\left(\frac{1}{7}s+1\right)(0.2s+1)}{\left(\frac{1}{0.7}s+1\right)\left(\frac{1}{60}s+1\right)\left(\frac{1}{120}s+1\right)} \tag{4.44}$$

(3) 校验设计结果。校正后系统的开环截止频率为

$$\omega_c=19.4\text{rad/s} \tag{4.45}$$

相角裕度为

$$\gamma_c=45°\geqslant\gamma_{c0}(=9°) \tag{4.46}$$

调节时间为

$$t_s=\frac{1}{\omega_c}\left[8-\frac{3.5}{a}-\frac{4}{b}+\frac{100}{(acd)^2}\right]=0.34\text{s} \tag{4.47}$$

超调量为

$$M_p=\left(\frac{160}{c^2d}+6.5\frac{b}{a}+2\right)\times100\%=29.8\% \tag{4.48}$$

四阶参考模型的时域性能指标不直观，估算与验算均为经验公式，因此在设计时较二阶参考模型更为复杂。但是，由于四阶参考模型适应面较宽，获得了广泛的应用。只要能够灵活运用校正设计的几个要点，就能够得到满意的校正设计结果。下面讨论几个设计中的实际问题。

(1) 稳定性及稳态性能调整。四阶参考模型的第一衔接点 ω_1 左右位置的变化，可以调整开环增益的大小，如图 4.7 所示。

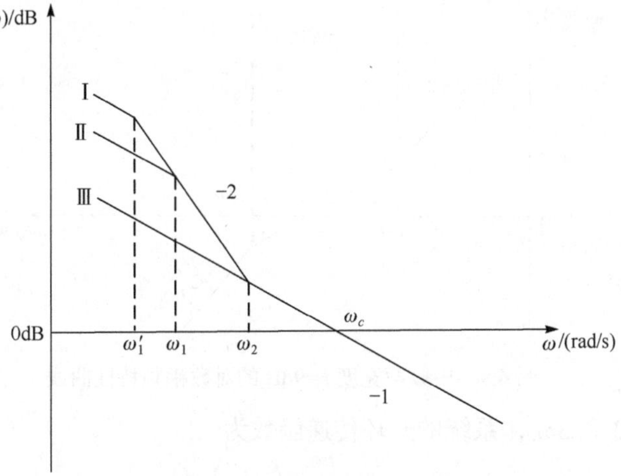

图 4.7　稳态精度调整开环增益

在图 4.7 所示的三个系统中，当 $\omega_1=\omega_2$ 时，两个衔接点重合，衔接点 ω_1 对相角裕度 γ_c 的影响为零。当 $\omega_1\to 0$ 时，衔接点 ω_1 对相角裕度 γ_c 的影响为 −90°，所以图中的三个系统的相角裕度关系为

$$\gamma_{c\text{I}} < \gamma_{c\text{II}} < \gamma_{c\text{III}} \tag{4.49}$$

(2) 系统类型调整。虽然四阶参考模型是Ⅰ型系统，但是第一衔接点 ω_1 左边曲线斜率的改变可以调整系统的无差度 v，使之也适用于其他类型系统。当 v=2 时，系统具有Ⅱ型无差度，可以无差跟踪阶跃信号和斜坡信号，如图 4.8 所示。

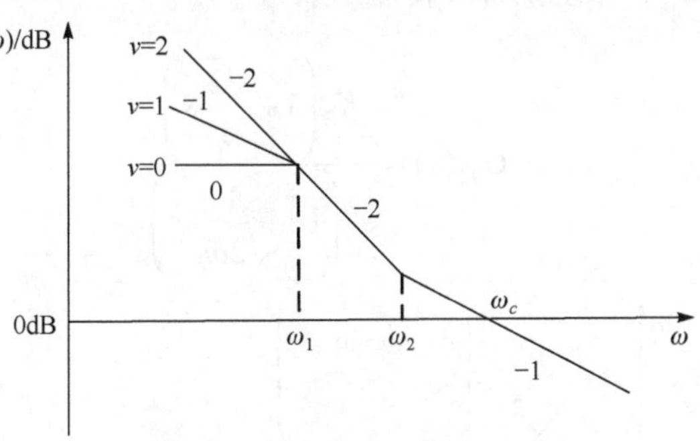

图 4.8　系统类型调整

(3) 中频段斜率 v_c 与中频段宽度 h 调整。从频域分析可以知道，中频段斜率 v_c 与中频段宽度 h 决定了系统的动态性能的优劣。如果系统是稳定的，又具有满意的动态性能，则中频段斜率 v_c=−1。

下面讨论中频段宽度 h 与相位裕度 γ_c 的关系。

从图 4.9 中可以看出，中频段宽度 h=9dB，两端斜率均为 −2，两端的转折频

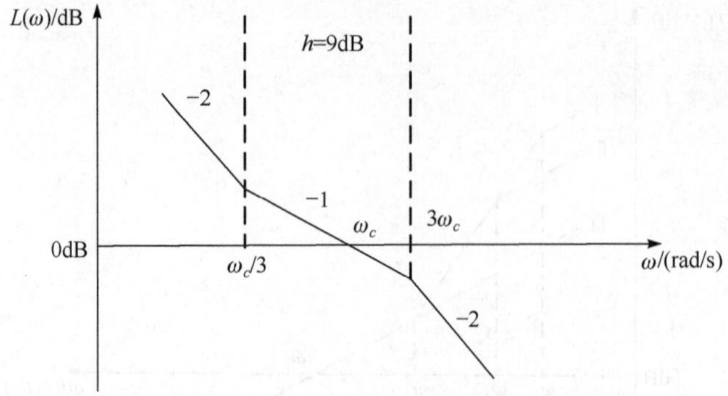

图 4.9　中频段宽度 h=9dB 的对数幅频特性曲线

率分别为 $\omega_c/3$ 和 $3\omega_c$，系统的开环传递函数为

$$G_{01}(s)=\frac{K_1\left(1+\dfrac{3}{\omega_c}s\right)}{s^2\left(1+\dfrac{1}{3\omega_c}s\right)} \tag{4.50}$$

系统的相角裕度γ_c为

$$\gamma_c=180°+\varphi(\omega_c)=180°-180°+\arctan(3\omega_c)-\arctan\left(\frac{1}{3\omega_c}\omega_c\right)=53.1° \tag{4.51}$$

从图 4.10 可以得出，中频段宽度 h=2dB，两端斜率均为 −2，两端的转折频率分别为$\dfrac{\omega_c}{\sqrt{2}}$和$\sqrt{2}\omega_c$，系统的开环传递函数为

$$G_{02}(s)=\frac{K_2\left(1+\dfrac{\sqrt{2}}{\omega_c}s\right)}{s^2\left(1+\dfrac{1}{\sqrt{2}\omega_c}s\right)} \tag{4.52}$$

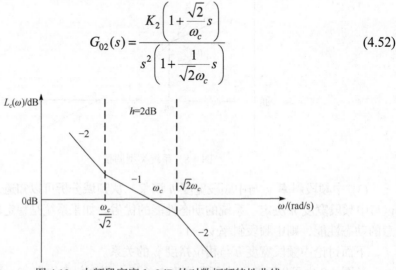

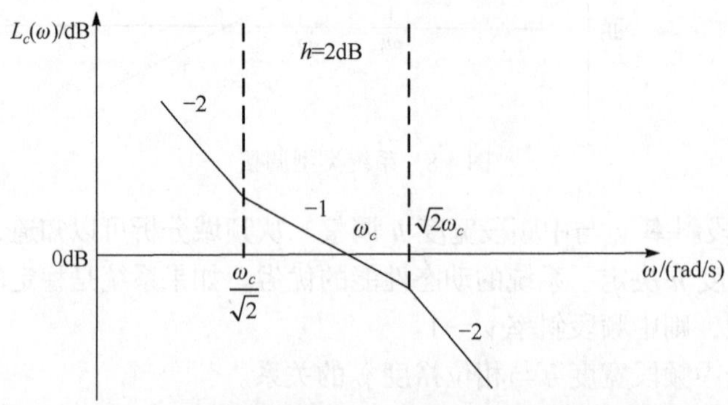

图 4.10　中频段宽度 h=2dB 的对数幅频特性曲线

系统的相角裕度γ_c为

$$\gamma_c=180°+\varphi(\omega_c)=180°-180°+\arctan\left(\frac{\sqrt{2}}{\omega_c}\omega_c\right)-\arctan\left(\frac{1}{\sqrt{2}\omega_c}\omega_c\right)=19.5° \quad (4.53)$$

通过上述分析可以得出：通过加宽中频段的宽度，可以有效改善系统的相角裕度。

(4) 各转折频率小范围调整对相角裕度γ_c的影响。四阶参考模型的传递函数为

$$G(s)=\frac{K\left(1+\frac{1}{\omega_2}s\right)}{s\left(1+\frac{1}{\omega_1}s\right)\left(1+\frac{1}{\omega_3}s\right)\left(1+\frac{1}{\omega_4}s\right)} \quad (4.54)$$

系统的相角裕度为

$$\gamma_c=180°+\varphi(\omega_c) \quad (4.55)$$

则在开环截止频率ω_c处的相位角为

$$\varphi(\omega_c)=-90°+\varphi_{\omega 1}+\varphi_{\omega 2}+\varphi_{\omega 3}+\varphi_{\omega 4} \quad (4.56)$$

式中，$\varphi_{\omega i}$$(i=1,2,3,4)$为各转折频率对相位角的叠加项，分别如下：

$$\varphi_{\omega 1}=-\arctan\frac{\omega_c}{\omega_1}=-90°+\arctan\frac{\omega_1}{\omega_c}\bigg|_{\omega_c\geqslant\omega_1}\approx-90°+\frac{\omega_1}{\omega_c} \quad (4.57)$$

$$\varphi_{\omega 2}=\arctan\frac{\omega_c}{\omega_2}=90°-\arctan\frac{\omega_2}{\omega_c}\bigg|_{\omega_c\geqslant\omega_2}\approx 90°-\frac{\omega_2}{\omega_c} \quad (4.58)$$

$$\varphi_{\omega 3}=-\arctan\frac{\omega_c}{\omega_3}\bigg|_{\omega_c\leqslant\omega_3}\approx-\frac{\omega_c}{\omega_3} \quad (4.59)$$

$$\varphi_{\omega 4}=-\arctan\frac{\omega_c}{\omega_4}\bigg|_{\omega_c\leqslant\omega_4}\approx-\frac{\omega_c}{\omega_4} \quad (4.60)$$

当ω_1和ω_4同时向相反的方向微量调整时，其复合影响为

$$\varphi_{\omega 1}+\varphi_{\omega 4}=-90°+\frac{\omega_1}{\omega_c}-\frac{\omega_c}{\omega_4}\frac{\delta y}{\delta x}\bigg|_{(\omega_1\uparrow\&\omega_4\downarrow)}^{(\omega_1\downarrow\&\omega_4\uparrow)}\approx-90° \quad (4.61)$$

式(4.61)说明，当ω_1和ω_4同时向相反的方向微量调整时，原相角裕度基本不变。

当ω_2和ω_3同时向相同的方向微量调整时，其复合影响为

$$\varphi_{\omega 2}+\varphi_{\omega 3}=90^{\circ}-\frac{\omega_2}{\omega_c}-\frac{\omega_c}{\omega_3}\Bigg|_{(\omega_2\downarrow\&\omega_3\downarrow)}^{(\omega_2\uparrow\&\omega_3\uparrow)}\approx \text{const} \tag{4.62}$$

此式说明，当 ω_2 和 ω_3 同时向相同的方向微量调整时，原相角裕度基本不变。

所以，微量调节 ω_1、ω_2、ω_3 和 ω_4 可以在保证相角裕度不变的条件下微量调节其他性能指标。

4.3 参考模型校正控制系统设计范例

由于不同类型的系统可以满足相同的性能指标，因此参考模型校正控制系统在设计时具有很大的灵活性。本节以三个典型控制场景，即单级倒立摆系统摆杆角度控制系统、单容水箱液位控制系统和城市污水处理过程溶解氧浓度控制系统为实际案例，介绍如何根据控制要求选择合适的模型校正控制系统，并对控制系统参数进行整定，以达到期望的性能指标要求。

4.3.1 二阶参考模型校正控制系统设计范例

已知单位反馈系统的开环传递函数为

$$G_0(s)=\frac{K}{s(s+2)},\quad K>0 \tag{4.63}$$

设校正后的性能指标满足：系统能够跟踪斜坡信号且 $e_{ss}\leqslant 0.8$，动态期望指标 $t_s\leqslant 2\text{s}(\delta=5\%)$，试采用二阶参考模型设计校正装置，以使系统满足设计静态和动态指标的要求。

1. 原系统分析

(1) 由要求的稳态误差调整原系统开环增益 K。由于 $G_0(s)$为Ⅰ型系统，$K_v=K/2$，所以

$$e_{ss}=\frac{1}{K_v}=\frac{2}{K}\leqslant 0.8 \tag{4.64}$$

解得

$$K\geqslant 2.5 \tag{4.65}$$

(2) 动态性能分析。

$$G_c(s)=\frac{K}{s^2+2s+K}=\frac{\omega_n^2}{s^2+2\zeta\omega_n s+\omega_n^2} \tag{4.66}$$

比较系数得到

$$2\zeta\omega_n = 2, \quad \omega_n^2 = K \tag{4.67}$$

$$\zeta = \frac{1}{\sqrt{K}} = \frac{\sqrt{K}}{K} \tag{4.68}$$

$$\omega_n = \sqrt{K} \tag{4.69}$$

$$\zeta\omega_n = 1 \tag{4.70}$$

调节时间为

$$t_s = \frac{3}{\zeta\omega_n} = 3\,\mathrm{s}\left(\pm 5\%\right) > 2\,\mathrm{s} \tag{4.71}$$

由此可知 t_s=3s>2s 不满足动态期望指标。

综上分析，要满足静态指标 e_{ss}≤0.8，则 K≥2.5，但由于 $\zeta\omega_n$ =1 是一个定值，因此调节时间 t_s=3s 是一个定值。不能在只改变 K 值的情况下，同时满足静态指标和动态指标，需要通过校正装置才能同时使系统的静态指标和动态指标都达到要求。因此，本题采用二阶参考模型进行校正。

2. 二阶参考模型校正装置设计

(1) 作固有特性对数幅频特性曲线。已知系统开环传递函数为

$$G_0(s) = \frac{K}{s(s+2)} = \frac{0.5K}{s(0.5s+1)} \tag{4.72}$$

作固有特性 $L_0(\omega)$如图 4.11 所示。

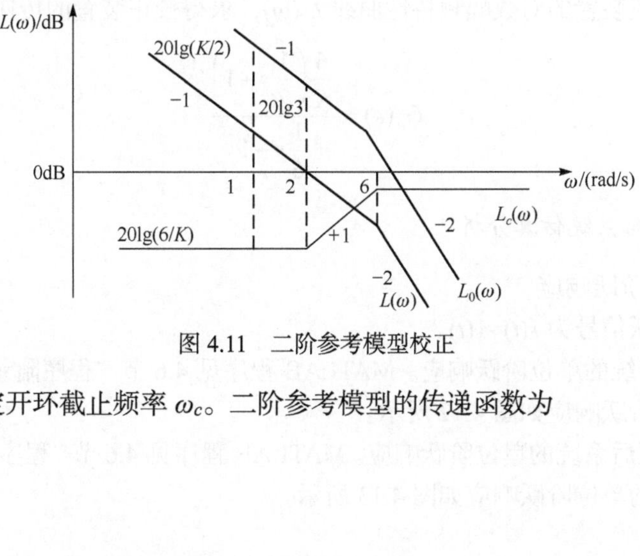

图 4.11　二阶参考模型校正

(2) 确定开环截止频率 ω_c。二阶参考模型的传递函数为

$$G(s)=\frac{\omega_c}{s\left(\frac{1}{2\omega_c}s+1\right)} \tag{4.73}$$

依照给定的稳态要求，$e_{ss}\leqslant 0.8$，所以有

$$K_v=\omega_c \tag{4.74}$$

$$e_{ss}=\frac{1}{\omega_c}\leqslant 0.8 \tag{4.75}$$

解得 $\omega_c\geqslant 1.25\text{rad/s}$。

依照给定的动态要求，$t_s\leqslant 2\text{s}$，有

$$t_s=\frac{3}{\omega_c}\leqslant 2 \tag{4.76}$$

解得 $\omega_c\geqslant 1.5\text{rad/s}$。

综上所述，在 $\omega_c\geqslant 1.5\text{rad/s}$ 的情况下，静态指标与动态指标都满足要求。选取开环截止频率为 $\omega_c=3\text{rad/s}$，则二阶参考模型的传递函数为

$$G(s)=\frac{3}{s\left(1+\frac{1}{6}s\right)} \tag{4.77}$$

图 4.11 中，过 $\omega_c=2\text{rad/s}$ 作斜率为−20dB/dec 的斜线至 $\omega_c=6\text{rad/s}$，再转为−40dB/dec，参考模型特性对数幅频特性曲线 $L(\omega)$如图 4.11 所示。

将二阶参考模型的对数幅频特性曲线 $L(\omega)$与原系统的对数幅频特性曲线 $L_0(\omega)$相减，可以得到校正装置的对数幅频特性曲线 $L_c(\omega)$，如图 4.11 所示。

根据校正装置的对数幅频特性曲线 $L_c(\omega)$，求得校正装置的传递函数为

$$G_c(s)=\frac{\frac{6}{K}\left(\frac{1}{2}s+1\right)}{\frac{1}{6}s+1} \tag{4.78}$$

3. 校正后系统仿真分析

1) 单位阶跃响应

单位阶跃信号为 $r(t)=1(t)$。

(1) 原系统的单位阶跃响应。MATLAB 程序见 4.6 节“程序附录”的 4.1，原系统的单位阶跃响应如图 4.12 所示。

(2) 校正后系统的单位阶跃响应。MATLAB 程序见 4.6 节“程序附录”的 4.2，校正后系统的单位阶跃响应如图 4.13 所示。

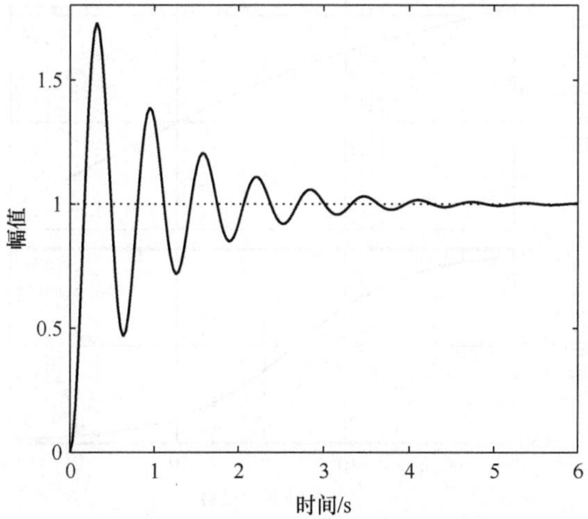

图 4.12　K 取 100 时原系统的单位阶跃响应

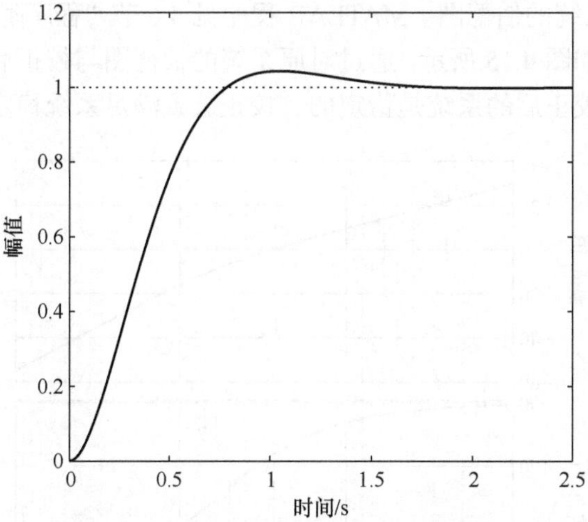

图 4.13　校正后二阶系统的单位阶跃响应

通过对原系统的单位阶跃响应与校正后系统的单位阶跃响应作比较，可以得知校正后系统的调节时间 t_s=1.41s<2s，满足动态期望指标，校正装置满足设计指标要求。

2) 系统伯德图

(1) 原系统的伯德图。MATLAB 程序见 4.6 节“程序附录”的 4.3，原系统的伯德图如图 4.14 所示。

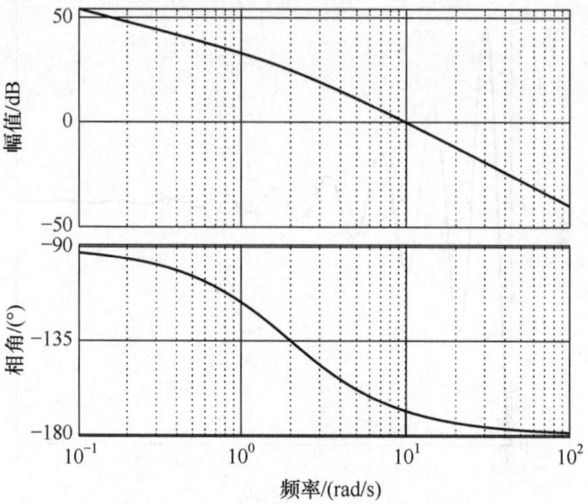

图 4.14　K 取 100 时原系统的伯德图

(2) 校正后系统的伯德图。MATLAB 程序见 4.6 节“程序附录”的 4.4，校正后系统的伯德图如图 4.15 所示。通过对原系统的伯德图与校正后系统的伯德图作比较，可以得知校正后的系统是稳定的，校正装置满足系统稳定性要求。

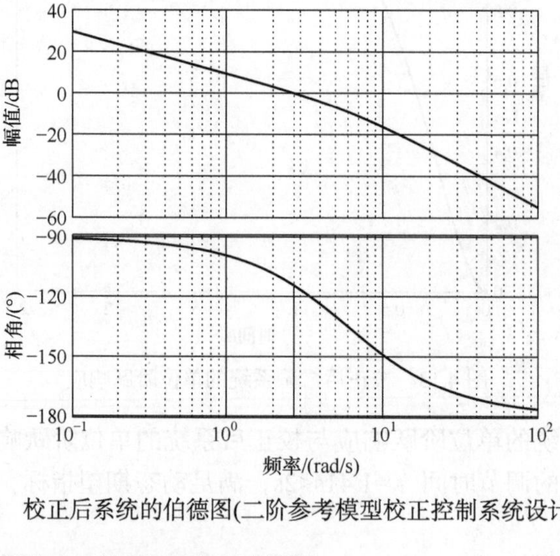

图 4.15　校正后系统的伯德图(二阶参考模型校正控制系统设计范例)

4.3.2　四阶参考模型校正控制系统设计范例

已知 I 型三阶系统开环传递函数为

$$G_0(s)=\frac{K}{s(0.1s+1)(0.01s+1)} \tag{4.79}$$

原系统的结构框图如图 4.16 所示。采用四阶参考模型校正对系统进行校正设计，使系统满足以下动态及静态性能指标：

(1) 输入单位斜坡信号 $r(t)=t\cdot 1(t)$时，稳态误差 $e_{ss}<1/126$。

(2) 开环截止频率 $\omega_c \geqslant 20\text{rad/s}$，相角裕度 $\gamma_c \geqslant 30°$。

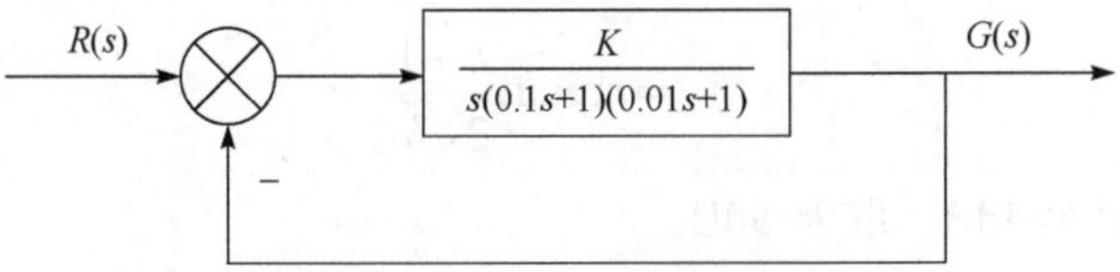

图 4.16　原系统结构框图

1. 原系统分析

(1) 根据期望的稳态误差调整原系统的开环增益 K。由于 $G_0(s)$为Ⅰ型系统，$e_{ss}=1/K_v \geqslant 1/126$，解得 $K_v \geqslant 126$，取 $K=126$ 使系统满足稳态误差的要求。

(2) 作原系统的对数幅频特性曲线 $L_0(\omega)$，如图 4.17 所示。

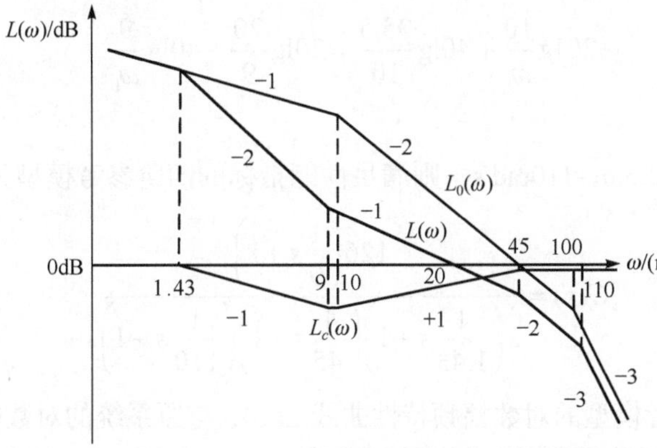

图 4.17　四阶参考模型校正

计算原系统开环截止频率 ω_{c0}，由

$$20\lg K = 20\lg\frac{10}{1} + 40\lg\frac{\omega_{c0}}{10} \tag{4.80}$$

解得 $\omega_{c0}=35.5\text{rad/s}$。

原系统的相角裕度为

$$\gamma_{c0} = 180° + (-90° - \arctan 0.1\omega_{c0} - \arctan 0.01\omega_{c0}) = -12° < 0° \tag{4.81}$$

所以，可以得知原系统不稳定。

2. 四阶参考模型校正装置设计

(1) 确定新的开环截止频率 ω_c。根据期望要求 $\omega_c \geqslant 20\text{rad/s}$，确定新的开环截止频率 $\omega_c=20\text{rad/s}$。

(2) 计算中频段宽度 h。

$$\gamma_c = \arctan\frac{h-1}{2\sqrt{h}} \tag{4.82}$$

得到中频段宽度 $h>3\text{dB}$，取 $h=5\text{dB}$。

(3) 计算各转折频率。

$$\omega_2 = \frac{1}{\sqrt{h}}\omega_c = \frac{1}{\sqrt{5}}\times 20 = 9\text{rad/s} \tag{4.83}$$

$$\omega_3 = \sqrt{h}\omega_c = \sqrt{5}\times 20 = 45\text{rad/s} \tag{4.84}$$

过 $\omega_2=9\text{rad/s}$ 作斜率为 -40dB/dec 的斜线与原系统伯德图低频段相交，求得第一衔接点为

$$20\lg\frac{10}{\omega_1} + 40\lg\frac{35.5}{10} = 20\lg\frac{20}{9} + 40\lg\frac{9}{\omega_1} \tag{4.85}$$

得 $\omega_1=1.43\text{rad/s}$。

取 $\omega_4=2\omega_3 \sim 2.5\omega_3=110\text{rad/s}$，则满足性能指标的四阶参考模型为

$$G(s) = \frac{126\left(\frac{1}{9}s+1\right)}{s\left(\frac{1}{1.43}s+1\right)\left(\frac{1}{45}s+1\right)\left(\frac{1}{110}s+1\right)} \tag{4.86}$$

绘制四阶参考模型的对数幅频特性曲线 $L(\omega)$，与原系统的对数幅频特性曲线 $L_0(\omega)$相减得到校正装置的对数幅频特性曲线 $L_c(\omega)$，如图 4.17 所示。

故校正装置的传递函数为

$$G_c(s) = \frac{G(s)}{G_0(s)} = \frac{(0.11s+1)(0.1s+1)(0.01s+1)}{(0.81s+1)(0.022s+1)(0.009s+1)} \tag{4.87}$$

3. 系统仿真分析

1) 单位阶跃响应

单位阶跃信号为 $r(t)=1(t)$。

(1) 原系统的单位阶跃响应。MATLAB 程序见 4.6 节“程序附录”的 4.5，原系统的单位阶跃响应如图 4.18 所示。

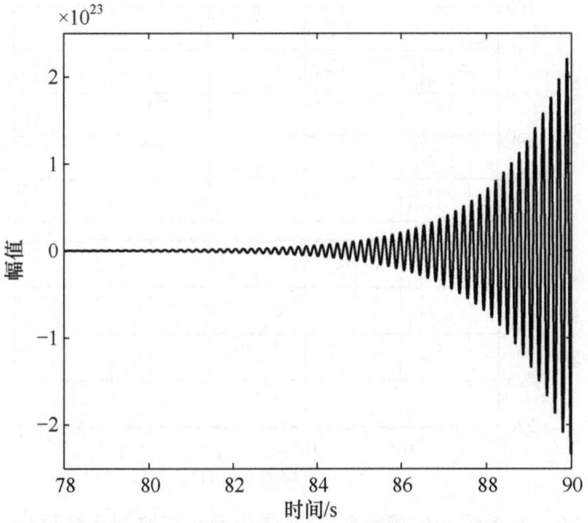

图 4.18　原系统的单位阶跃响应

(2) 校正后系统的单位阶跃响应。MATLAB 程序见 4.6 节“程序附录”的 4.6，校正后系统的单位阶跃响应如图 4.19 所示。通过对原系统的单位阶跃响应与校正后系统的单位阶跃响应作比较，可以得知校正后系统由发散状态变为振荡收敛状态，超调量为 40%，调节时间 t_s=0.429s。

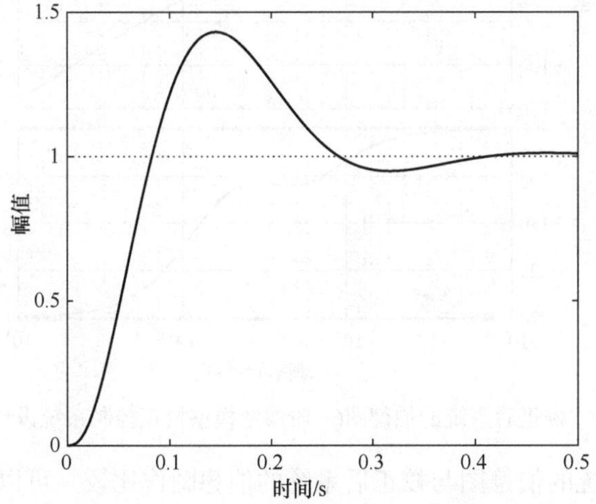

图 4.19　校正后系统的单位阶跃响应

2) 系统伯德图

(1) 原系统的伯德图。MATLAB 程序见 4.6 节“程序附录”的 4.7，原系统的伯德图如图 4.20 所示。

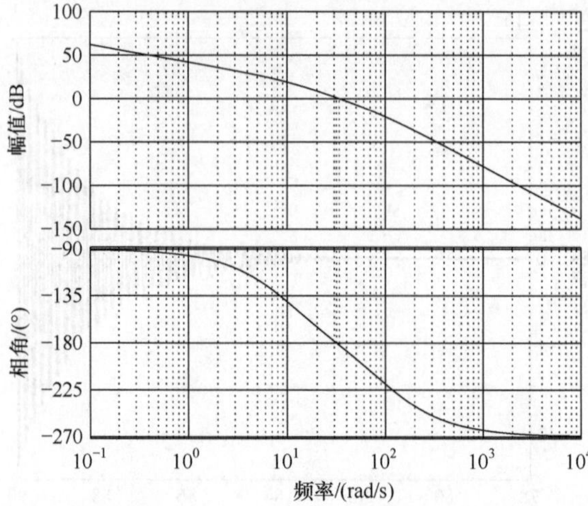

图 4.20　原系统的伯德图(二阶参考模型校正控制系统设计范例)

(2) 校正后系统的伯德图。MATLAB 程序见 4.6 节“程序附录”的 4.8，校正后系统的伯德图如图 4.21 所示。

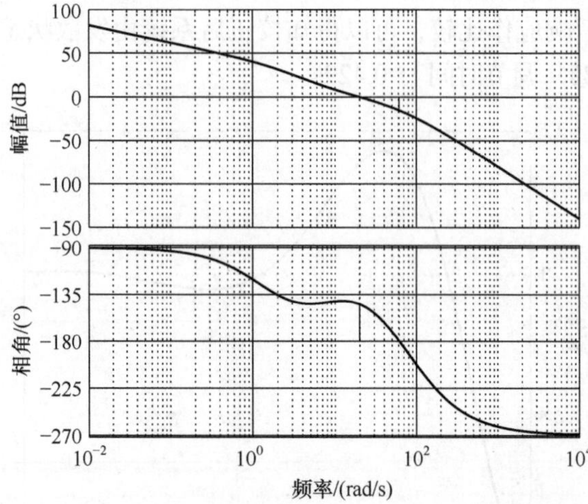

图 4.21　校正后系统的伯德图(二阶参考模型校正控制系统设计范例)

通过对原系统的伯德图与校正后系统的伯德图作比较，可以得知校正后的系统开环截止频率 $\omega_c \approx 20\text{rad/s}$，相角裕度 $\gamma_c=35.8°$，满足设计要求。

4.3.3　单级倒立摆参考模型校正控制系统设计范例

已知单级倒立摆系统传递函数为

$$G_0(s)=\frac{\phi(s)}{V(s)}=\frac{0.02725}{0.0102125s^2-0.26705} \tag{4.88}$$

设计参考模型校正控制系统，对系统作用 $r(t)=1(t)$ 的阶跃信号时，使单级倒立摆闭环控制系统的响应指标满足：摆杆角度 θ 和小车位移 x 的稳定时间小于 2s，位移的调节时间 t_s=2s，超调量 $M_p\leqslant 10\%$，稳态误差 $e_{ss}\leqslant 0.5$。

单级倒立摆参考模型校正控制系统设计步骤如下。

1. 阶跃响应分析

使用 MATLAB 中的 step 函数绘制系统的阶跃响应曲线，分析当前的运动情况与期望性能指标之间的差距，图 4.22 是单级倒立摆的摆杆角度 θ 的阶跃响应曲线，由图分析可知，系统的阶跃响应值不随时间的增加而衰减，呈现不断发散的趋势，故系统不稳定。

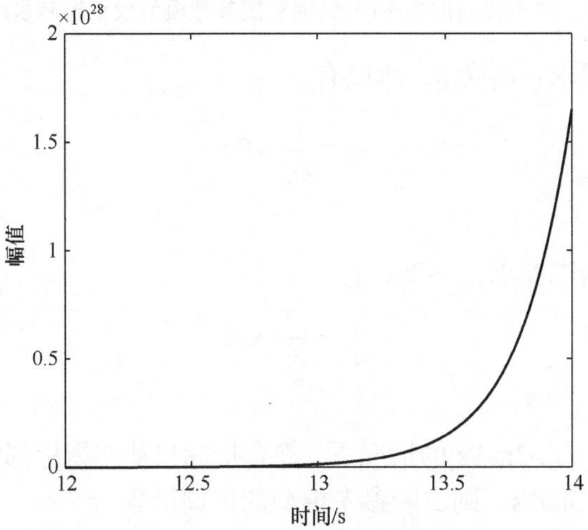

图 4.22　原系统的阶跃响应曲线(单级倒立摆参考模型校正控制系统设计)

2. 伯德图稳定性分析

使用 MATLAB 中的 bode 函数绘制系统的伯德图，如图 4.23 所示。由图分析可知，相频特性图中相角裕度为 0°，故系统不稳定，需使用二阶参考模型校正控制系统加以校正。

3. 确定开环截止频率 ω_c

二阶参考模型的传递函数为

$$G(s)=\frac{\omega_c}{s\left(\dfrac{1}{2\omega_c}s+1\right)} \tag{4.89}$$

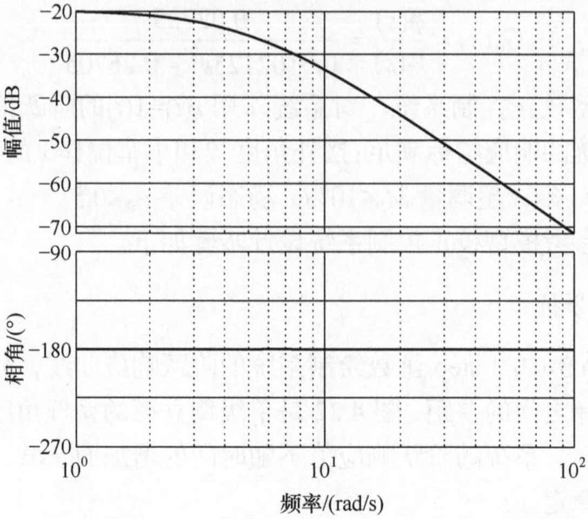

图 4.23 原系统的伯德图(单级倒立摆参考模型校正控制系统设计)

依照给定的稳态要求，$e_{ss}\leqslant 0.5$，所以有

$$e_{ss}=\frac{1}{\omega_c}\leqslant 0.5 \tag{4.90}$$

解得 $\omega_c\geqslant 2\text{rad/s}$。

依照给定的动态要求，$t_s\leqslant 2\text{s}$，有

$$t_s=\frac{3}{\omega_c}\leqslant 2 \tag{4.91}$$

解得 $\omega_c\geqslant 1.5\text{rad/s}$。

综上所述，在 $\omega_c\geqslant 2\text{rad/s}$ 的情况下，静态指标与动态指标都满足要求。选取开环截止频率为 $\omega_c=3\text{rad/s}$，则二阶参考模型的传递函数为

$$G(s)=\frac{3}{s\left(1+\dfrac{1}{6}s\right)} \tag{4.92}$$

求得校正装置的传递函数为

$$G_c(s)=\frac{1.1243s^2-29.4}{s\left(\dfrac{1}{6}s+1\right)} \tag{4.93}$$

4. 校正后系统仿真分析

校正后系统的单位阶跃响应如图 4.24 所示，通过对原系统的单位阶跃响应与校正后系统的单位阶跃响应作比较，可以得知校正后系统的阶跃响应值随时间的增加而趋近于 1，系统稳定。系统的调节时间 $t_s=0.506\text{s}\leqslant 2\text{s}$ 满足动态期望指标，校

正装置满足设计指标要求。

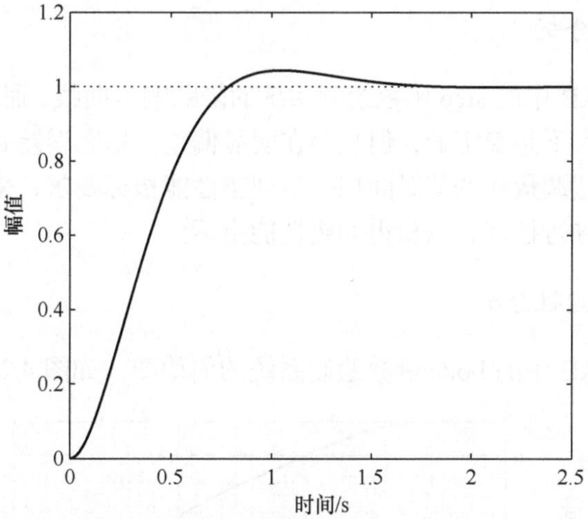

图 4.24　校正后的系统单位阶跃响应(单级倒立摆参考模型校正控制系统设计)

4.3.4　单容水箱参考模型校正控制系统设计范例

已知单容水箱系统传递函数为

$$G_p(s)=\frac{H(s)}{Q(s)}=\frac{8.4}{(300s+1)(s+1)} \tag{4.94}$$

原系统的阶跃响应曲线如图 4.25 所示。设计参考模型校正控制系统，并对所设计的控制器进行参数整定，使系统在单位阶跃响应下系统的超调量 $M_p \leqslant 30\%$，稳态误差 $e_{ss}<0.1$，调节时间 $t_s \leqslant 6s$。

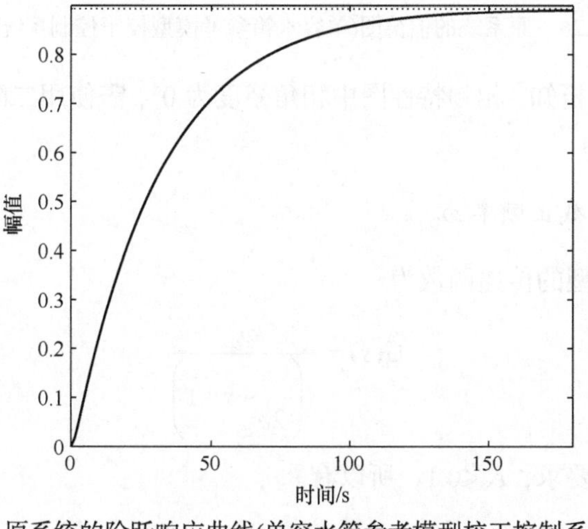

图 4.25　原系统的阶跃响应曲线(单容水箱参考模型校正控制系统设计)

单容水箱参考模型校正控制系统设计步骤如下。

1. 阶跃响应分析

使用 MATLAB 中的 step 函数绘制系统的阶跃响应曲线，通过曲线可以得出，原系统在阶跃输入下是稳定的，但是存在明显偏差，稳态误差 $e_{ss}>0.1$。为了消除稳态误差，并使超调量和调节时间均满足期望性能指标要求，采用参考模型校正控制系统对系统进行控制，以获得期望性能指标。

2. 伯德图稳定性分析

使用 MATLAB 中的 bode 函数绘制系统的伯德图，如图 4.26 所示。

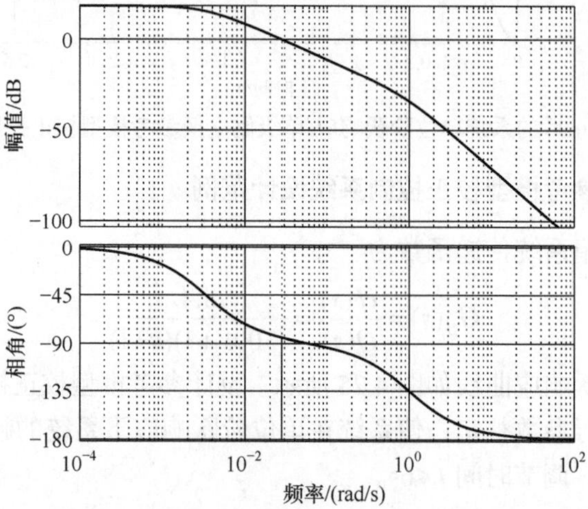

图 4.26　原系统的伯德图(单容水箱参考模型校正控制系统设计)

由图 4.26 分析知，相频特性图中相角裕度为 0°，需使用二阶参考模型校正控制系统加以校正。

3. 确定开环截止频率 ω_c

二阶参考模型的传递函数为

$$G(s)=\frac{\omega_c}{s\left(\dfrac{1}{2\omega_c}s+1\right)} \tag{4.95}$$

依照给定的稳态要求，$e_{ss}\leqslant 0.1$，所以有

$$e_{ss}=\frac{1}{\omega_c}\leqslant 0.1 \tag{4.96}$$

解得 $\omega_c\geqslant 10\text{rad/s}$。

依照给定的动态要求，$t_s\leqslant 6\text{s}$，有

$$t_s=\frac{3}{\omega_c}\leqslant 6 \tag{4.97}$$

解得 $\omega_c\geqslant 0.5\text{rad/s}$。

综上所述，在 $\omega_c\geqslant 10\text{rad/s}$ 的情况下，静态指标与动态指标都满足要求。选取开环截止频率 $\omega_c=10\text{rad/s}$，则二阶参考模型的传递函数为

$$G(s)=\frac{10}{s\left(\frac{1}{20}s+1\right)} \tag{4.98}$$

求得校正装置的传递函数为

$$G_c(s)=\frac{23.81(300s^2+301s+1)}{s(s+20)} \tag{4.99}$$

4. 校正后系统仿真分析

校正后系统的单位阶跃响应如图 4.27 所示，通过对原系统的单位阶跃响应与校正后系统的单位阶跃响应作比较，可以得到校正后系统的阶跃响应值随时间的增加而趋近于 1，系统稳定。系统的调节时间 $t_s=0.422\text{s}<6\text{s}$ 满足动态期望指标，校正装置满足设计指标要求。

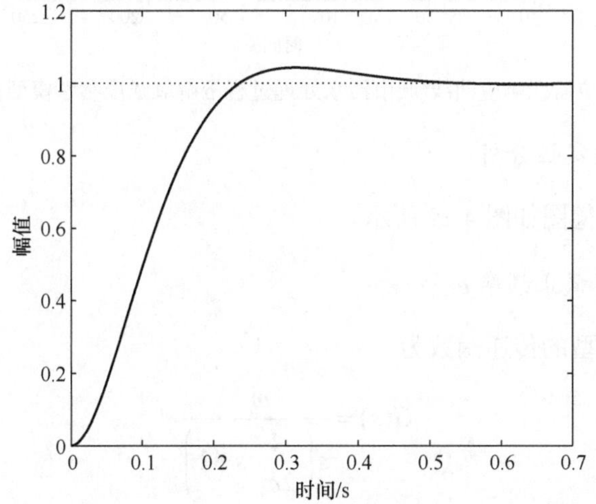

图 4.27　校正后的系统单位阶跃响应(单容水箱参考模型校正控制系统设计)

4.3.5 城市污水处理过程溶解氧浓度参考模型校正控制系统设计范例

已知城市污水处理过程溶解氧浓度控制系统传递函数为

$$G_p(s)=\frac{S_O(s)}{U(s)}=\frac{0.5}{s^2+0.05s+1} \tag{4.100}$$

设计参考模型校正装置，使系统曝气过程满足如下性能指标：系统在单位阶跃信号作用(溶解氧浓度指定设定点为 1)下，溶解氧浓度 S_O 响应曲线超调量 M_p<20%，调节时间 t_s≤5s，稳态误差 e_{ss}≤0.1。

城市污水处理过程溶解氧浓度参考模型校正控制系统设计步骤如下。

1. 阶跃响应系统分析

绘制系统单位阶跃响应曲线如图 4.28 所示。

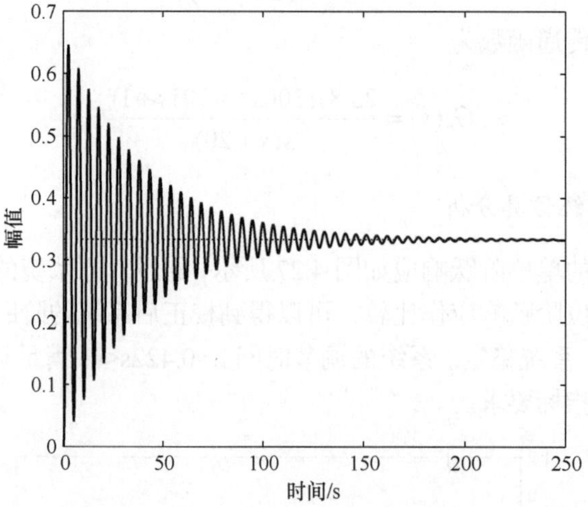

图 4.28　原系统单位阶跃响应曲线(城市污水处理过程溶解氧浓度参考模型校正控制系统设计)

2. 伯德图稳定性分析

绘制系统伯德图如图 4.29 所示。

3. 确定开环截止频率 ω_c

二阶参考模型的传递函数为

$$G(s)=\frac{\omega_c}{s\left(\dfrac{1}{2\omega_c}s+1\right)} \tag{4.101}$$

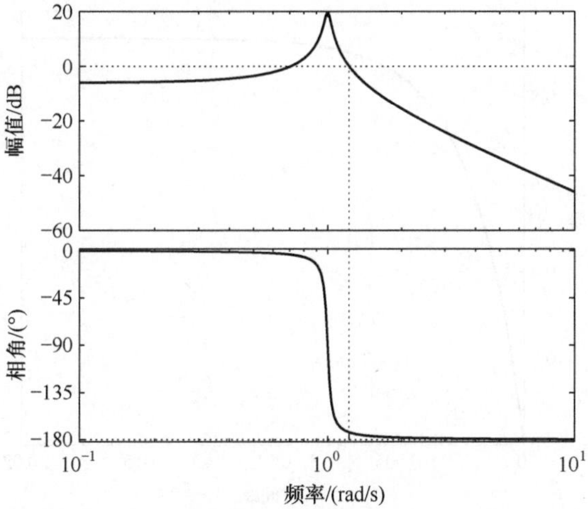

图 4.29　原系统伯德图(城市污水处理过程溶解氧浓度参考模型校正控制系统设计)

依照给定的稳态要求，$e_{ss}\leqslant 0.1$，所以有

$$e_{ss}=\frac{1}{\omega_c}\leqslant 0.1 \tag{4.102}$$

解得 $\omega_c\geqslant 10\text{rad/s}$。

依照给定的动态要求，$t_s\leqslant 5\text{s}$，有

$$t_s=\frac{3}{\omega_c}\leqslant 5 \tag{4.103}$$

解得 $\omega_c\geqslant 0.6\text{rad/s}$。

综上所述，在 $\omega_c\geqslant 10\text{rad/s}$ 的情况下，静态指标与动态指标都满足要求。选取开环截止频率为 $\omega_c=15\text{rad/s}$，则二阶参考模型的传递函数为

$$G(s)=\frac{15}{s\left(\frac{1}{30}s+1\right)}$$

求得校正装置的传递函数为

$$G_c(s)=\frac{900s^2+45\text{s}+900}{s+30}$$

4. 校正后系统仿真分析

校正后系统的单位阶跃响应如图 4.30 所示，通过对原系统的单位阶跃响应与校正后系统的单位阶跃响应作比较，可以得到校正后系统的阶跃响应值随时间的增加而趋近于 1，系统稳定。系统的调节时间 $t_s=0.008<5\text{s}$ 满足动态期望指标，校正装置满足设计指标要求。

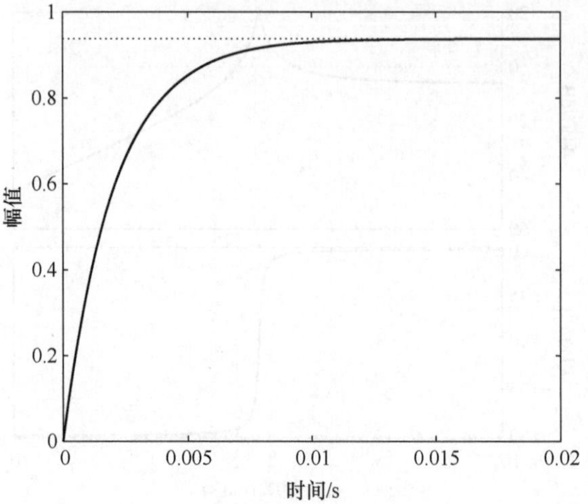

图 4.30　校正后系统的阶跃响应曲线(城市污水处理过程溶解氧浓度参考模型校正控制系统设计)

4.4 本章小结

本章首先介绍了参考模型校正的原理，包括二阶和四阶标准参考模型的性能指标、系统的设计步骤，以例题的形式详细阐述了系统设计的思路与流程；然后设计了参考模型校正仿真实验范例用以强化读者对二阶和四阶参考模型的校正装置的结构、特性和对系统性能的影响的理解；最后以实际单级倒立摆、单容水箱和城市污水处理过程溶解氧控制为物理模型，设计了控制器的二阶校正装置，完成系统的控制。

4.5 课后习题

4.1　已知单位反馈系统的开环传递函数为

$$G_0(s)=\frac{5(s+1)}{s^2}$$

试依照二阶参考模型进行系统校正，同时满足如下性能指标：

(1) 动态性能：调节时间 t_s<0.5s。

(2) 稳态性能：静态速度误差系数 K_v>12。

4.2　已知系统的开环传递函数为

$$G_0(s)=\frac{10}{\left(\frac{1}{6}s+1\right)\left(\frac{1}{30}s+1\right)}$$

要求：$K_v \geqslant 5$，$t_s<0.3\text{s}$，试用二阶参考模型进行校正。

4.3　已知系统的开环传递函数为

$$G_0(s)=\frac{20}{s(0.025s+1)(0.1s+1)}$$

要求：①$K_v>200$；②$M_p<25\%$，$t_s<0.5\text{s}$。试用四阶参考模型进行系统校正。

4.4　已知二阶系统如图 4.31 所示，开环传递函数为

$$G_0(\text{s})=\frac{K_1K_2}{(T_1s+1)(T_2s+1)}$$

式中，$T_1=1$，$T_2=0.2$，$K_1=1$，$K_2=2$。

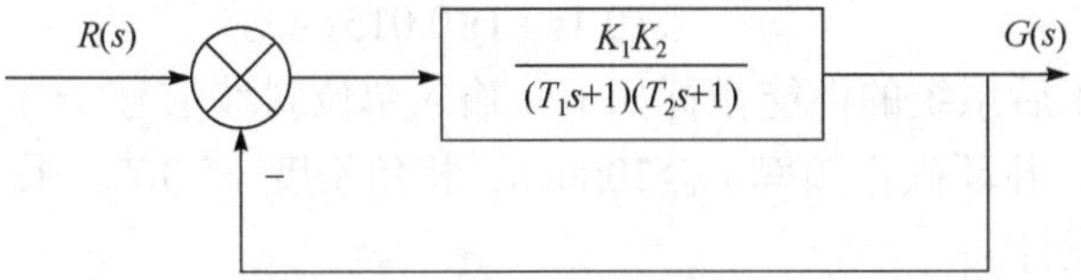

图 4.31　题 4.4 图

设期望校正后系统的性能指标如下：静态速度误差系数 $K_v \geqslant 2$；系统的超调量 $M_p \leqslant 10\%$。采用二阶参考模型进行校正装置设计。

4.5　已知系统的开环传递函数为

$$G_0(s)=\frac{12}{s(s+0.5)(s+4)}$$

设期望校正后系统的性能指标如下：阶跃响应的调节时间 $t_s<0.5\text{s}$。采用二阶参考模型进行校正装置设计。

4.6　已知系统的开环传递函数为

$$G_0(s)=\frac{K}{s+1}$$

设期望校正后系统的性能指标如下：静态速度误差系数 $K_v \geqslant 10$；阶跃响应的调节时间 $t_s<0.4\text{s}$。采用二阶参考模型进行校正装置设计。

4.7　设受控对象的开环传递函数为

$$G_0(s)=\frac{K}{s(s+1)(0.1s+1)}$$

设期望校正后系统的性能指标如下：静态速度误差系数 $K_v \geqslant 80$；开环截止频率 $\omega_c>2\text{rad/s}$。采用四阶参考模型进行校正装置设计。

4.8　校正前系统如图 4.32 所示，为 Ⅰ 型二阶系统。

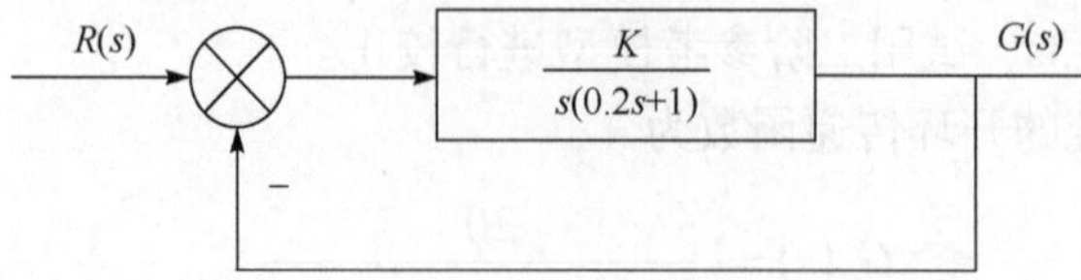

图 4.32　题 4.8 图

设期望校正后系统的性能指标如下：静态速度误差系数 $K_v \geqslant 200$；阶跃响应的超调量 $M_p \leqslant 30\%$；阶跃响应的调节时间 $t_s < 0.4\text{s}$。采用四阶参考模型进行校正装置设计。

4.9　设受控对象的开环传递函数为

$$G_0(s) = \frac{126}{s(0.1s+1)(0.015s+1)}$$

设期望校正后系统的性能指标如下：输入单位斜坡信号 $r(t)=t\cdot 1(t)$时，稳态误差 $e_{ss} \leqslant 1/126$；开环截止频率 $\omega_c \geqslant 20\text{rad/s}$，相角裕度 $\gamma_c > 30°$。采用四阶参考模型进行校正装置设计。

4.6　程序附录

二阶参考模型校正仿真设计范例

4.1　原系统的单位阶跃响应

```
num=[100];                              %传递函数分子系数
den=[1,2,0];                            %传递函数分母系数
G0=tf(num,den);                         %生成系统传递函数
G=feedback(G0,1);                       %被控对象施加负反馈作用
step(G)                                 %绘制系统单位阶跃响应曲线
```

4.2　校正后系统的单位阶跃响应

```
s=tf(‘s’);                              %设定 s 为自变量
G0=18/s/(s+6);                          %生成系统传递函数
G=feedback(G0,1,-1);                    %被控对象施加负反馈作用
[y,t]=step(G);                          %生成阶跃响应时间序列
C=dcgain(G);          %显示幅值裕度、相角裕度和开环截止频率
[max_y,k]=max(y);                       %显示峰值
max_overshoot=100*(max_y-C)/C;          %计算超调量
s=length(t);                            %计算调节时间
```

```
while y(s)>0.95*C&&y(s)<1.05*C  %判断性能指标是否满足需求
  s=s-1;
end
settling_time=t(s)                %显示调节时间
step(G)                           %绘制系统阶跃响应曲线
```

4.3　原系统的伯德图

```
num=[100];                        %传递函数分子系数
den=[1,2,0];                      %传递函数分母系数
G0=tf(num,den);                   %生成系统传递函数
bode(G0);                         %绘制系统伯德图
margin(G0);                 %显示幅值裕度、相角裕度和开环截止频率
grid                              %绘制网格线
```

4.4　校正后系统的伯德图

```
num=[18];                         %传递函数分子系数
den=[1,6,0]                       %传递函数分母系数
G=tf(num,den);                    %生成系统传递函数
bode(G)                           %绘制系统伯德图
margin(G)                   %显示幅值裕度、相角裕度和开环截止频率
grid                              %绘制网格线
```

四阶参考模型校正仿真设计范例

4.5　原系统的单位阶跃响应

```
num=[126];                        %传递函数分子系数
den=conv([1 0],conv([0.1 1],[0.01 1]));
                                  %传递函数分母系数
G0=tf(num,den)                    %生成系统传递函数
G=feedback(G0,1);                 %被控对象施加负反馈作用
step(G)                           %绘制系统阶跃响应曲线
```

4.6　校正后系统的单位阶跃响应

```
num=126*[1/9,1];                  %传递函数分子系数
den=conv([1 0],conv([1/1.43 1],…,
```

```
    conv([1/45 1],[1/110 1])));        %传递函数分母系数
3. G=tf(num,den)                       %生成系统传递函数
4. G=feedback(G,1);                    %被控对象施加负反馈作用
5. step(G)                             %绘制系统阶跃响应曲线
```

4.7　原系统伯德图

```
1. num=[126];                          %传递函数分子系数
2. den=conv([1 0],conv([0.1 1],[0.01 1]));
                                       %传递函数分母系数
3. G0=tf(num,den);                     %生成系统传递函数
4. bode(G0)                            %绘制系统伯德图
5. margin(G0)           %显示幅值裕度、相位裕度和开环截止频率
6. grid                                %绘制网格线
```

4.8　校正后系统的伯德图

```
1. num=126*[1/9,1];                    %传递函数分子系数
2. den=conv([1 0],conv([1/1.43 1],…,
    conv([1/45 1],[1/110 1])));
                                       %传递函数分母系数
3. G=tf(num,den);                      %生成系统传递函数
4. bode(G)                             %绘制系统伯德图
5. margin(G)            %显示幅值裕度、相角裕度和开环截止频率
6. grid                                %绘制网格线
```

单级倒立摆参考模型校正仿真设计范例

4.9　原系统的单位阶跃响应

```
1. num=[0.02725];                      %传递函数分子系数
2. den=[0.0102125,0,-0.26705];         %传递函数分母系数
3. G0=tf(num,den);                     %生成系统传递函数
4. G=feedback(G0,1);                   %被控对象施加负反馈作用
5. step(G)                             %绘制系统阶跃响应曲线
```

4.10　校正后系统的单位阶跃响应

```
1. s=tf('s');                          %设定 s 为自变量
```

```
G0=18/s/(s+6);                         %生成系统传递函数
G=feedback(G0,1,-1);                   %被控对象施加负反馈作用
[y,t]=step(G);                         %生成阶跃响应时间序列
C=dcgain(G);              %显示幅值裕度、相角裕度和开环截止频率
[max_y,k]=max (y);                     %显示峰值
max_overshoot=100*(max_y-C)/C;         %计算超调量
s=length(t);                           %计算调节时间
while y(s)>0.95*C&&y(s)<1.05*C         %判断性能指标是否满足需求
s=s-1;
end
settling_time=t(s)                     %显示调节时间
step(G)                                %绘制系统阶跃响应曲线
```

4.11　原系统的伯德图

```
num=[0.02725];                         %传递函数分子系数
den=[0.0102125,0,-0.26705];            %传递函数分母系数
G0=tf(num,den);                        %生成系统传递函数
bode(G0)                               %绘制系统伯德图
margin(G0)                %显示幅值裕度、相角裕度和开环截止频率
grid                                   %绘制网格线
```

4.12　校正后系统的伯德图

```
num=[18];                              %传递函数分子系数
den=[1,6,0];                           %传递函数分母系数
G=tf(num,den);                         %生成系统传递函数
bode(G)                                %绘制系统伯德图
margin(G)                 %显示幅值裕度、相角裕度和开环截止频率
grid                                   %绘制网格线
```

单容水箱参考模型校正仿真设计范例

4.13　原系统的单位阶跃响应

```
num=[8.4];                             %传递函数分子系数
den=[300,301,1];                       %传递函数分母系数
Gp=tf(num,den);                        %生成系统传递函数
```

```
Gp=feedback(Gp,1);              %被控对象施加负反馈作用
step(Gp)                        %绘制系统阶跃响应曲线
```

4.14 校正后系统的单位阶跃响应

```
num=[200];                      %传递函数分子系数
den=[1,20,0];                   %传递函数分母系数
G=tf(num,den);                  %生成系统传递函数
G=feedback(G,1);                %被控对象施加负反馈作用
step(G)                         %绘制系统阶跃响应曲线
```

4.15 原系统的伯德图

```
num=[8.4];                      %传递函数分子系数
den=[300,301,1];                %传递函数分母系数
Gp=tf(num,den);                 %生成系统传递函数
bode(Gp)                        %绘制系统伯德图
margin(Gp)                      %显示幅值裕度、相角裕度和开环截止频率
grid                            %绘制网格线
```

4.16 校正后系统的伯德图

```
num=[200];                      %传递函数分子系数
den=[1,20,0];                   %传递函数分母系数
G=tf(num,den);                  %生成系统传递函数
bode(G)                         %绘制系统伯德图
margin(G)                       %显示幅值裕度、相角裕度和开环截止频率
grid                            %绘制网格线
```

城市污水处理过程溶解氧浓度参考模型校正仿真设计范例

4.17 原系统的单位阶跃响应

```
num=[0.5];                      %传递函数分子系数
den=[1,0.05,1];                 %传递函数分母系数
Gp=tf(num,den);                 %生成系统传递函数
Gp=feedback(Gp,1);              %被控对象施加负反馈作用
step(Gp)                        %绘制系统单位阶跃响应曲线
```

4.18　校正后系统的单位阶跃响应

```
num=[200];                 %传递函数分子系数
den=[1,20,0];              %传递函数分母系数
G=tf(num,den);             %生成系统传递函数
G=feedback(G,1);           %被控对象施加负反馈作用
step(G)                    %绘制系统单位阶跃响应曲线
```

4.19　原系统的伯德图

```
num=[0.5];                 %传递函数分子系数
den=[1,0.05,1];            %传递函数分母系数
Gp=tf(num,den);            %生成系统传递函数
bode(Gp)                   %绘制系统伯德图
margin(Gp)                 %显示幅值裕度、相角裕度和开环截止频率
grid                       %绘制网格线
```

4.20　校正后系统的伯德图

```
num=[200];                 %传递函数分子系数
den=[1,20,0];              %传递函数分母系数
G=tf(num,den);             %生成系统传递函数
bode(G)                    %绘制系统伯德图
margin(G)                  %显示幅值裕度、相角裕度和开环截止频率
grid                       %绘制网格线
```

第5章 极点配置控制系统设计与实现

极点配置是指利用状态反馈或输出反馈将闭环系统的极点调整至期望的位置，使闭环系统的性能指标达到设计要求的控制方法。极点配置控制是频率法的直接推广，作为一类重要的自动控制方法，已被广泛应用于多种控制系统。

闭环系统的极点位置和系统的性能密切相关，能够反映系统的稳定性、快速性等性能。极点配置控制系统设计主要通过选择合适的反馈增益矩阵，将闭环系统的极点配置在期望的位置，获得期望的性能指标。因此，极点配置控制系统具有直观、工程概念明显、鲁棒性强和适用范围广等优点。在经典控制理论中的频率法和根轨迹法都是通过改变极点的位置来改善性能指标的，其本质上均属于极点配置法。极点配置控制系统按照反馈结构的不同可以分为状态反馈极点配置控制系统和输出反馈极点配置控制系统。状态反馈极点配置控制系统是指以系统状态为反馈变量的极点配置控制系统，其性能指标和模型参数之间的关系简单，便于分析运算，可以实现极点的任意配置。然而，在实际控制系统的设计过程中，由于某些状态变量不能通过传感器实时测量，状态反馈极点配置控制系统的应用范围受到了限制，因此使用状态反馈进行极点配置的充分必要条件是系统必须完全状态能控。输出反馈极点配置控制系统是指以系统输出作为反馈变量的极点配置控制系统，其优点是能够保持系统的能控性和能观性不变，且在设计过程中只需用到外部可测信号，因此结构较为简单，能够降低工程实现时的控制成本。但由于输出反馈结构包含的信息较少，因此输出反馈极点配置控制系统的整定能力较弱，不能配置闭环系统的所有极点，使闭环系统具有期望的动态和稳态性能。欲使闭环系统稳定或具有期望的闭环极点，要另外设计动态补偿器对输出反馈进行补偿。

围绕极点配置控制系统的设计与实现，本章首先详细介绍状态反馈极点配置控制系统和输出反馈极点配置控制系统的基本原理；然后介绍极点配置控制系统在单输入单输出和多输入多输出情景下的设计过程，包括期望极点的选择和反馈矩阵的确定；最后介绍极点配置控制系统的设计案例，将极点配置控制应用于典型二阶系统，并给出详细的设计过程。同时，将极点配置控制系统应用到三种典型应用场景，包括单级倒立摆的摆杆角度控制系统、单容水箱液位控制系统，以及城市污水处理过程溶解氧浓度控制系统。

5.1　极点配置控制系统原理

极点配置控制器能够根据期望的性能指标，选择合适的反馈增益矩阵，将闭环系统的极点配置在 s 平面的任何期望的位置，使得自动控制系统的动态性能满足控制需求。设单输入单输出的 N 阶系统有 N 个状态变量，如果把它们作为系统的反馈信号，则在满足系统完全能控条件下能够实现系统极点的任意配置。

设受控系统的动态方程为

$$\begin{aligned}\dot{\boldsymbol{x}}(t) &= \boldsymbol{A}\boldsymbol{x}(t)+\boldsymbol{B}\boldsymbol{u}(t)\\ \boldsymbol{y}(t) &= \boldsymbol{C}\boldsymbol{x}(t)\end{aligned} \tag{5.1}$$

式中，$\boldsymbol{x}(t)$为 n 维状态向量；$\boldsymbol{u}(t)$为控制向量；$\boldsymbol{A}$ 为 $n\times n$ 常数矩阵；$\boldsymbol{B}$ 为 $n\times 1$ 常数矩阵。极点配置控制系统状态变量结构如图 5.1 所示。

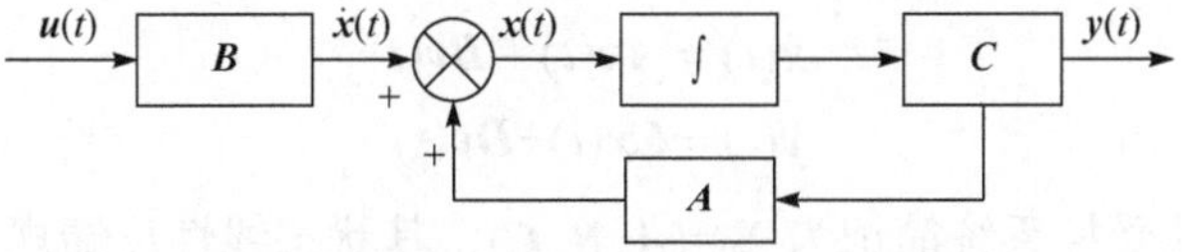

图 5.1　极点配置控制系统状态变量图

令 $\boldsymbol{u}(t)=\boldsymbol{r}(t)-\boldsymbol{K}\boldsymbol{x}(t)$，其中 $\boldsymbol{K}=[k_1,k_2,\cdots,k_n]$，$\boldsymbol{r}(t)$为系统的给定量，$\boldsymbol{x}(t)$为 $n\times 1$ 系统状态变量，则引入状态反馈后系统的状态方程变为

$$\dot{\boldsymbol{x}}(t)=(\boldsymbol{A}-\boldsymbol{B}\boldsymbol{K})\boldsymbol{x}(t)+\boldsymbol{B}\boldsymbol{u}(t) \tag{5.2}$$

相应的特征多项式为 $\det[s\boldsymbol{I}-(\boldsymbol{A}-\boldsymbol{B}\boldsymbol{K})]$，调节状态反馈阵 $\boldsymbol{K}$ 的元素$[k_1,k_2,\cdots,k_n]$，则能够实现闭环系统极点的任意配置。引入状态反馈后系统的结构如图 5.2 所示。

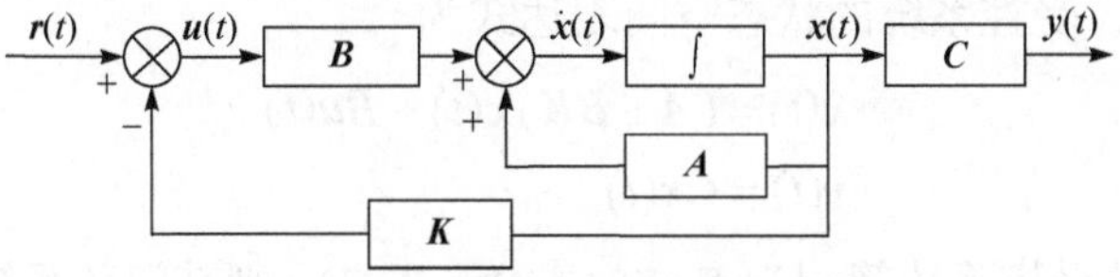

图 5.2　引入状态反馈后系统的结构

应用极点配置法设计的各种反馈控制系统中，最典型的两种类型为状态反馈极点配置控制系统和输出反馈极点配置控制系统。本节将对这两种反馈类型的极点配置控制器原理进行详细介绍，包括状态反馈极点配置控制系统和输出反馈极点配置控制系统的构成、描述和特性。

5.1.1　状态反馈极点配置控制系统原理

状态反馈极点配置是指将系统的每一个状态变量乘相应的反馈系数，然后反馈到输入端与参考输入相加形成控制规律，作为受控系统的控制输入。状态反馈极点配置控制系统适用于多变量、非线性和时变系统。状态反馈极点配置控制系统的基本结构如图 5.3 所示。

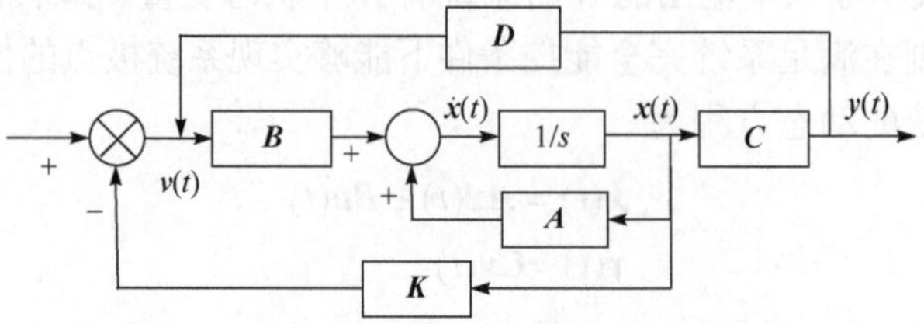

图 5.3　状态反馈极点配置控制系统的基本结构

图 5.3 中，受控系统的状态空间表达式为

$$\begin{aligned}\dot{\boldsymbol{x}}(t) &= \boldsymbol{A}\boldsymbol{x}(t)+\boldsymbol{B}\boldsymbol{v}(t)\\ \boldsymbol{y}(t) &= \boldsymbol{C}\boldsymbol{x}(t)+\boldsymbol{D}\boldsymbol{v}(t)\end{aligned} \tag{5.3}$$

将式(5.3)所示的受控系统简记为 $\varSigma_0=(\boldsymbol{A}, \boldsymbol{B}, \boldsymbol{C})$，其状态线性反馈规律 $\boldsymbol{u}(t)$为

$$\boldsymbol{u}(t)=\boldsymbol{v}(t)-\boldsymbol{K}\boldsymbol{x}(t) \tag{5.4}$$

式中，$\boldsymbol{v}(t)$为 $r\times 1$ 参考输入；$\boldsymbol{K}$ 为 $r\times n$ 状态反馈系数阵或状态反馈增益阵，对于单输入系统，$\boldsymbol{K}$ 为 $r\times n$ 矢量。

可得状态反馈闭环系统的状态空间表达式为

$$\begin{aligned}\dot{\boldsymbol{x}}(t) &= (\boldsymbol{A}+\boldsymbol{B}\boldsymbol{K})\boldsymbol{x}(t)+\boldsymbol{B}\boldsymbol{v}(t)\\ \boldsymbol{y}(t) &= (\boldsymbol{C}+\boldsymbol{D}\boldsymbol{K})\boldsymbol{x}(t)+\boldsymbol{D}\boldsymbol{v}(t)\end{aligned} \tag{5.5}$$

当 $\boldsymbol{D}=\boldsymbol{0}$ 时，受控系统的状态空间表达式为

$$\begin{aligned}\dot{\boldsymbol{x}}(t) &= (\boldsymbol{A}+\boldsymbol{B}\boldsymbol{K})\boldsymbol{x}(t)+\boldsymbol{B}\boldsymbol{u}(t)\\ \boldsymbol{y}(t) &= \boldsymbol{C}\boldsymbol{x}(t)\end{aligned} \tag{5.6}$$

将式(5.6)所示的受控系统简记为 $\varSigma_k=((\boldsymbol{A}+\boldsymbol{B}\boldsymbol{K}), \boldsymbol{B}, \boldsymbol{C})$，则其闭环系统的传递函数矩阵为

$$\boldsymbol{G}_B(s)=\boldsymbol{C}[s\boldsymbol{I}-(\boldsymbol{A}+\boldsymbol{B}\boldsymbol{K})]^{-1}\boldsymbol{B} \tag{5.7}$$

比较开环系统 $\varSigma_0=(\boldsymbol{A}, \boldsymbol{B}, \boldsymbol{C})$与闭环系统 $\varSigma_k=((\boldsymbol{A}+\boldsymbol{B}\boldsymbol{K}), \boldsymbol{B}, \boldsymbol{C})$可以发现，通过调整状态反馈增益阵 $\boldsymbol{K}$，可以在不增加系统维数的情况下自由地改变闭环系统的特征值，从而使系统获得所要求的性能。

在进行系统的分析和综合时，状态反馈将能提供更多的校正信息，因此在形成最优控制规律、机制，或消除扰动影响、实现控制系统解耦控制等方面，状态反馈均获得了广泛的应用。

5.1.2　输出反馈极点配置控制系统原理

输出反馈极点配置是指以系统输出作为反馈变量对系统的闭环极点进行配置的控制方式，取输出量 $\boldsymbol{y}(t)$乘增益阵 $\boldsymbol{K}$ 作为反馈量。输出反馈适用于内部变量不可测量的受控系统，当系统为单输入单输出情况时，输出反馈则退化为经典控制的反馈控制。输出反馈极点配置控制系统的结构如图 5.4 所示。

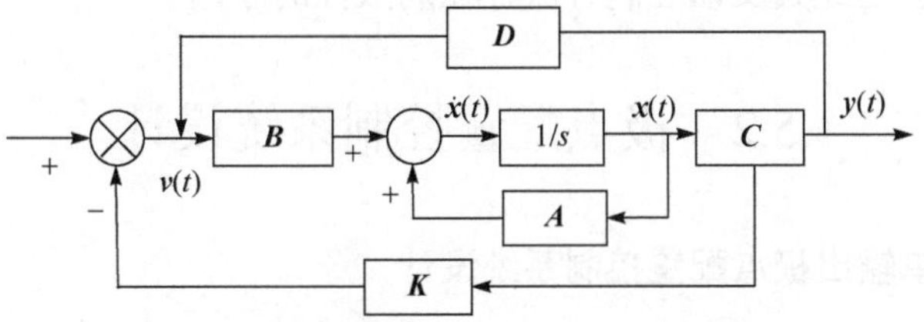

图 5.4　输出反馈极点配置控制系统结构

设多输入多输出系统的状态空间表达式为

$$\begin{aligned}\dot{\boldsymbol{x}}(t)&=\boldsymbol{A}\boldsymbol{x}(t)+\boldsymbol{B}\boldsymbol{v}(t)\\ \boldsymbol{y}(t)&=\boldsymbol{C}\boldsymbol{x}(t)+\boldsymbol{D}\boldsymbol{v}(t)\end{aligned} \tag{5.8}$$

则受控系统的线性反馈控制规律 $\boldsymbol{u}(t)$为

$$\boldsymbol{u}(t)=\boldsymbol{v}(t)+\boldsymbol{K}\boldsymbol{y}(t) \tag{5.9}$$

将式(5.9)代入式(5.8)，可得

$$\boldsymbol{v}(t)=(\boldsymbol{I}+\boldsymbol{K}\boldsymbol{D})^{-1}(\boldsymbol{u}(t)-\boldsymbol{K}\boldsymbol{C}\boldsymbol{x}(t))=(\boldsymbol{I}+\boldsymbol{K}\boldsymbol{D})^{-1}\boldsymbol{u}(t)-(\boldsymbol{I}+\boldsymbol{K}\boldsymbol{D})^{-1}\boldsymbol{K}\boldsymbol{C}\boldsymbol{X} \tag{5.10}$$

消去中间变量 $\boldsymbol{v}$，得

$$\begin{aligned}\dot{\boldsymbol{x}}(t)&=[\boldsymbol{A}-\boldsymbol{B}(\boldsymbol{I}+\boldsymbol{K}\boldsymbol{D})^{-1}\boldsymbol{K}\boldsymbol{C}]\boldsymbol{x}(t)+\boldsymbol{B}(\boldsymbol{I}+\boldsymbol{K}\boldsymbol{D})^{-1}\boldsymbol{u}(t)\\ \boldsymbol{y}(t)&=[\boldsymbol{C}-\boldsymbol{D}(\boldsymbol{I}+\boldsymbol{K}\boldsymbol{D})^{-1}\boldsymbol{K}\boldsymbol{C}]\boldsymbol{x}(t)+\boldsymbol{D}(\boldsymbol{I}+\boldsymbol{K}\boldsymbol{D})^{-1}\boldsymbol{u}(t)\end{aligned} \tag{5.11}$$

当 $\boldsymbol{D}$=0 时，得到状态空间表达式为

$$\begin{aligned}\dot{\boldsymbol{x}}(t)&=(\boldsymbol{A}-\boldsymbol{B}\boldsymbol{K}\boldsymbol{C})\boldsymbol{x}(t)+\boldsymbol{B}\boldsymbol{u}(t)\\ \boldsymbol{y}(t)&=\boldsymbol{C}\boldsymbol{x}(t)\end{aligned} \tag{5.12}$$

式(5.9)～式(5.12)中，矩阵 $\boldsymbol{K}$ 称为全输出反馈系数矩阵，其行数等于输入向量 $\boldsymbol{u}(t)$的维数 m，列数等于输出向量 $\boldsymbol{y}(t)$的维数 r，因此 $\boldsymbol{K}$ 的维数为 $m\times r$，可表示为

$$\boldsymbol{K}=\begin{bmatrix} k_{11} & k_{12} & \cdots & k_{1r} \\ k_{21} & k_{22} & \cdots & k_{2r} \\ \vdots & \vdots & & \vdots \\ k_{m1} & k_{m2} & \cdots & k_{mr} \end{bmatrix} \tag{5.13}$$

式中，矩阵元素 k_{ij}表示第 j 个输出 $y_j(j=1, 2,\cdots, r)$对第 i 个输入 $u_i(i=1, 2,\cdots, m)$的反馈系数。与式(5.12)相对应的传递函数矩阵为

$$\boldsymbol{G}(s)=\boldsymbol{C}[s\boldsymbol{I}-(\boldsymbol{A}-\boldsymbol{BKC})]^{-1}\boldsymbol{B} \tag{5.14}$$

由于系统的输出 $\boldsymbol{y}(t)$为状态变量 $\boldsymbol{x}(t)$的线性组合，因此输出反馈能够实现部分状态反馈，这也是经典反馈控制方法存在局限性的原因。

5.2　极点配置控制系统设计

5.2.1　单输入单输出极点配置控制系统设计

单输入单输出线性系统的动态性能，如系统稳定性、时域分析中的超调量、过渡时间等指标，主要取决于系统的极点位置。极点配置的一般方法是以通过换算和经验估计将闭环极点配置到所希望的位置上。采用状态反馈对线性定常系统任意配置极点的充要条件是原系统完全能控。

1. 期望闭环极点配置

对于极点配置控制系统设计问题，首要前提是根据期望的性能指标设计期望的闭环极点，步骤如下。

1) 确定性能指标和期望闭环极点的关系

在设计控制系统时，首先从控制工程角度给定期望基本类型性能指标，如时域性能指标中的超调量、过渡时间等，或频域性能指标中的谐振峰值、截止角频率等，再通过典型二阶系统曲线表定出对应参数 T 和 ζ，构成一对共轭复数根作为期望闭环极点组的主导极点对：

$$s_1, s_2=-\frac{1}{T}\zeta \pm \mathrm{j}\frac{1}{T}\sqrt{1-\zeta^2} \tag{5.15}$$

2) 确定期望闭环极点

设 n 维连续时间线性时不变受控系统共有 n 个期望闭环极点。按式(5.15)求出期望闭环极点组的主导极点后，选取其余 n–2 个期望闭环极点，对此可在左半开 s 平面远离主导极点区域内任取，区域右端点离虚轴距离至少等于主导极点离虚轴距离的 4~6 倍。按此原则取定 n 个期望极点，综合导出的控制系统性能可完全

由主导极点对决定。

2. 根据期望极点求解反馈矩阵 $\boldsymbol{K}$

(1) 检验系统的能控性条件。如果系统是状态完全能控的，则可按下列步骤计算。

(2) 计算系统矩阵 $\boldsymbol{A}$ 的特征多项式：

$$\begin{aligned}&\det(s\boldsymbol{I}-\boldsymbol{A})=|s\boldsymbol{I}-\boldsymbol{A}|=s^n+a_1s^{n-1}+\cdots+a_{n-1}s+a_n\\&|s\boldsymbol{I}-\boldsymbol{A}+\boldsymbol{BK}|=(s-\mu_1)(s-\mu_2)(s-\mu_3)\end{aligned}\tag{5.16}$$

并确定出 $a_1, a_2,\cdots, a_{n-1}$ 和 a_n 的值。

(3) 将系统状态方程变换为能控标准型的变换矩阵 $\boldsymbol{P}$。若给定的状态方程为能控标准型状态方程，那么 $\boldsymbol{P}=\boldsymbol{I}$。此时无须再写出系统的能控标准型状态方程。非奇异线性变换矩阵 $\boldsymbol{P}$ 为

$$\boldsymbol{P}=\boldsymbol{Q}\times\boldsymbol{W}\tag{5.17}$$

式中

$$\begin{aligned}&\boldsymbol{Q}=[\boldsymbol{B}\quad \boldsymbol{AB}\quad \boldsymbol{A}^{n-1}\boldsymbol{B}]\\&\boldsymbol{W}=\begin{bmatrix}a_{n-1}&a_{n-2}&\cdots&a_1&1\\a_{n-2}&a_{n-3}&\cdots&1&0\\\vdots&\vdots&&\vdots&\vdots\\a_1&1&\cdots&0&0\\1&0&0&0&0\end{bmatrix}\end{aligned}\tag{5.18}$$

式中，a_i 为特征多项式$|s\boldsymbol{I}-\boldsymbol{A}|$的系数。

(4) 利用给定的期望闭环极点，写出期望的特征多项式为

$$(s-u_1^*)(s-u_2^*)\cdots(s-u_n^*)=s^n+a_1^*s^{n-1}+\cdots+a_{n-1}^*s+a_n^*\tag{5.19}$$

并确定 $a_1^*, a_2^*,\cdots, a_{n-1}^*$ 和 a_n^* 的值。

(5) 此时的状态反馈增益矩阵 $\boldsymbol{K}$ 为

$$\boldsymbol{K}=[a_n^*-a_n\quad a_{n-1}^*-a_{n-1}\quad\cdots\quad a_2^*-a_2\quad a_1^*-a_1]\boldsymbol{P}^{-1}\tag{5.20}$$

5.2.2　多输入多输出极点配置控制系统设计

相比单输入情形，多输入情形的状态反馈极点配置控制系统设计在研究思路和计算方法上都要复杂一些。考虑多输入连续时间线性时不变的受控系统：

$$\dot{\boldsymbol{x}}(t)=\boldsymbol{Ax}(t)+\boldsymbol{Bu}(t)\tag{5.21}$$

式中，$\boldsymbol{x}(t)$为状态变量；$\boldsymbol{u}(t)$为 p 维输入量；$\boldsymbol{A}$ 和 $\boldsymbol{B}$ 为已知系数矩阵。

对于单输入单输出系统，由极点配置方法求得的状态反馈阵 $\boldsymbol{K}$ 是唯一的，而多输入多输出系统的极点配置所求得的状态反馈阵 $\boldsymbol{K}$ 不唯一，导致求取多输入多输出系统极点配置问题的状态反馈矩阵的方法具有多样性，其中最主要的方法有：①化为单输入系统的极点配置方法；②基于多输入多输出能控规范型的极点配置方法。

1. 化为单输入系统的极点配置方法

对于完全能控的多输入系统，若能先通过状态反馈化为单输入系统，则可以利用 5.2.1 节介绍的单输入单输出系统极点配置方法来求解多输入多输出系统的极点配置问题的状态反馈矩阵。为此，有如下多输入多输出系统极点配置矩阵求解算法步骤。

(1) 判断系统矩阵 $\boldsymbol{A}$ 是否为循环矩阵(即每个特征值仅有一个约旦块或其几何重数等于 1)。若否，则先选取一个 $r\times n$ 的反馈矩阵 $\boldsymbol{K}_1$，使 $\boldsymbol{A}-\boldsymbol{B}\boldsymbol{K}_1$ 为循环矩阵，并令

$$\bar{\boldsymbol{A}}=\boldsymbol{A}-\boldsymbol{B}\boldsymbol{K}_1 \tag{5.22}$$

若是，则设定

$$\bar{\boldsymbol{A}}=\boldsymbol{A} \tag{5.23}$$

(2) 适当选取 r 维实列向量 $\boldsymbol{P}$，令 $b=\boldsymbol{B}\boldsymbol{P}$ 且为能控。

(3) 对于等价的单输入系统极点配置问题，利用单输入极点配置方法，求出状态反馈矩阵 $\boldsymbol{K}$，使极点配置在期望的闭环极点 $s_i^*\,(i=1,2,\cdots,n)$。

(4) 当 $\boldsymbol{A}$ 为循环矩阵时，多输入多输出系统的极点配置反馈矩阵解 $\boldsymbol{K}=\boldsymbol{P}\boldsymbol{K}_2$；当 $\boldsymbol{A}$ 不为循环矩阵时，多输入多输出系统的极点配置反馈矩阵解 $\boldsymbol{K}=\boldsymbol{P}\boldsymbol{K}_2+\boldsymbol{K}_1$。

在上述过程中，若输入系统中的系数矩阵 $\boldsymbol{A}$ 不为循环矩阵，则系统不能进行极点配置，因此需要判断系统矩阵 $\boldsymbol{A}$ 是否为循环矩阵。

2. 基于多输入多输出能控规范型的极点配置方法

类似于单输入单输出系统的设计方法，对于能控的多输入多输出系统，也可以通过线性变换将其变换成 Wanham 能控规范Ⅱ型或 Luenberger 能控规范Ⅱ型，再进行相应的极点配置。这种基于能控规范型的极点配置方法具有计算简便和易于求解等优点。

1) 基于 Wanham 能控规范Ⅱ型的设计

下面结合一个 3 个输入变量，5 个状态变量的多输入多输出系统的极点配置问题求解来介绍基于 Wanham 能控规范Ⅱ型的极点配置算法求解过程。

(1) 先将能控的多输入多输出系统化为 Wanham 能控规范Ⅱ型。设所变换成

的 Wanham 能控规范Ⅱ型的系统矩阵和输入矩阵分别为

$$\tilde{\boldsymbol{A}}_w = \boldsymbol{T}_m^{-1}\boldsymbol{A}\boldsymbol{T}_w = \begin{bmatrix} 0 & 1 & 0 & 0 & 0 \\ 0 & 0 & 1 & 0 & 0 \\ -\alpha_{13} & -\alpha_{12} & -\alpha_{11} & 0 & 0 \\ 0 & 0 & 0 & 0 & 1 \\ \beta_{21} & \beta_{22} & \beta_{23} & -\alpha_{22} & -\alpha_{21} \end{bmatrix} \tag{5.24}$$

$$\tilde{\boldsymbol{B}}_w = \boldsymbol{T}_w^{-1}\boldsymbol{B} = \begin{bmatrix} 0 & 0 & * \\ 0 & 0 & * \\ 1 & 0 & * \\ 0 & 0 & * \\ 0 & 1 & * \end{bmatrix} \tag{5.25}$$

(2) 对给定的期望闭环极点 $s_i^*\ (i=1,2,\ldots,n)$，按 Wanham 能控规范Ⅱ型变换矩阵的对角线维数，计算得

$$\begin{aligned} f_1^*(s) &= (s-s_1^*)(s-s_2^*)(s-s_3^*) = s^3+\alpha_{11}^*s^2+\alpha_{12}^*s+a_{13}^* \\ f_2^*(s) &= (s-s_4^*)(s-s_5^*) = s^2+\alpha_{21}^*s+\alpha_{22}^* \end{aligned} \tag{5.26}$$

(3) 取 Wanham 能控规范Ⅱ型下的反馈矩阵为

$$\tilde{\boldsymbol{K}}_w = \begin{bmatrix} \alpha_{13}^*-\alpha_{13} & \alpha_{12}^*-\alpha_{12} & \alpha_{11}^*-\alpha_{11} & 0 & 0 \\ 0 & 0 & 0 & \alpha_{22}^*-\alpha_{22} & \alpha_{21}^*-\alpha_{21} \\ 0 & 0 & 0 & 0 & 0 \end{bmatrix} \tag{5.27}$$

将上述反馈矩阵代入 Wanham 能控规范Ⅱ型，可得

$$\tilde{\boldsymbol{A}}_w - \tilde{\boldsymbol{B}}_w\tilde{\boldsymbol{K}}_w = \begin{bmatrix} 0 & 1 & 0 & 0 & 0 \\ 0 & 0 & 1 & 0 & 0 \\ -\alpha_{13}^* & -\alpha_{12}^* & -\alpha_{11}^* & 0 & 0 \\ 0 & 0 & 0 & 0 & 0 \\ \beta_{21} & \beta_{22} & \beta_{23} & -\alpha_{22}^* & -\alpha_{21}^* \end{bmatrix} \tag{5.28}$$

(4) 求出原系统的反馈矩阵为

$$\boldsymbol{K}=\tilde{\boldsymbol{K}}_w\boldsymbol{T}_w^{-1} \tag{5.29}$$

2) 基于 Luenberger 能控规范Ⅱ型的设计

下面结合一个 3 个输入变量、6 个状态变量的多输入多输出系统的极点配置问题求解来介绍基于 Luenberger 能控规范Ⅱ型的极点配置算法。

(1) 将能控的多输入多输出系统化为 Luenberger 能控规范Ⅱ型，设所变换成的 Luenberger 能控规范Ⅱ型的系统矩阵和输入矩阵分别为

$$\tilde{A}_L = T_L^{-1} A T_L = \begin{bmatrix} 0 & 1 & 0 & 0 & 0 & 0 \\ 0 & 0 & 1 & 0 & 0 & 0 \\ -\alpha_{13} & -\alpha_{12} & -\alpha_{11} & \beta_{14} & \beta_{15} & \beta_{16} \\ 0 & 0 & 0 & 0 & 1 & 0 \\ \beta_{21} & \beta_{22} & \beta_{23} & -\alpha_{22} & -\alpha_{21} & \beta_{26} \\ \beta_{31} & \beta_{32} & \beta_{33} & \beta_{34} & \beta_{35} & -\alpha_{31} \end{bmatrix} \tag{5.30}$$

$$\tilde{B}_L = T_L^{-1} B = \begin{bmatrix} 0 & 0 & 0 \\ 0 & 0 & 0 \\ 1 & \gamma_{12} & \gamma_{13} \\ & 0 & 0 \\ & 1 & \gamma_{23} \\ & & 1 \end{bmatrix} \tag{5.31}$$

(2) 对给定的期望闭环极点 s_i^* $(i=1,2,\cdots,n)$按 Luenberger 能控规范Ⅱ型对角线的维数，计算得

$$\begin{cases} f_1^*(s) = (s - s_1^*)(s - s_2^*)(s - s_3^*) = s^3 + \alpha_{11}^* s^2 + \alpha_{12}^* s + a_{13}^* \\ f_2^*(s) = (s - s_4^*)(s - s_5^*) = s^2 + \alpha_{21}^* s + \alpha_{22}^* \\ f_3^*(s) = (s - s_6^*) = s + \alpha_{31}^* \end{cases} \tag{5.32}$$

(3) 对 Luenberger 能控规范Ⅱ型，一定存在状态反馈阵，使得闭环反馈矩阵为

$$\tilde{A}_L - \tilde{B}_L \tilde{K}_L = \begin{bmatrix} 0 & 1 & 0 & & & \\ 0 & 0 & 1 & & & \\ -\alpha_{13}^* & -\alpha_{12}^* & -\alpha_{11}^* & & & \\ & & & 0 & 1 & \\ & & & -\alpha_{22}^* & -\alpha_{21}^* & \\ & & & & & -\alpha_{31}^* \end{bmatrix} \tag{5.33}$$

式中，α_{ij}^* 为期望闭环特征多项式的系数。因此，将开环的 $\tilde{A}_L$ 和 $\tilde{B}_L$ 代入上述方程，由该方程的第 3、5 和 6 行(即每个分块的最后一行)可得如下关于状态反馈方程为

$$\begin{bmatrix} 1 & \gamma_{12} & \gamma_{13} \\ & 1 & \gamma_{23} \\ & & 1 \end{bmatrix} \tilde{K}_L$$
$$= \begin{bmatrix} \alpha_{13}^* - \alpha_{13} & \alpha_{12}^* - \alpha_{12} & \alpha_{11}^* - \alpha_{11} & \beta_{14} & \beta_{15} & \beta_{16} \\ \beta_{21} & \beta_{22} & \beta_{23} & \alpha_{22}^* - \alpha_{22} & \alpha_{21}^* - \alpha_{21} & \beta_{26} \\ \beta_{31} & \beta_{32} & \beta_{33} & \beta_{34} & \beta_{35} & \alpha_{31}^* - \alpha_{31} \end{bmatrix} \tag{5.34}$$

(4) 求出原系统的反馈矩阵为

$$K = \tilde{K}_L T_L^{-1} \tag{5.35}$$

5.3　极点配置控制系统设计范例

5.3.1　二阶系统极点配置控制系统设计范例

已知单位反馈系统的开环传递函数为

$$G(s) = \frac{10}{s(0.5s+1)} \tag{5.36}$$

设校正后的性能指标满足：系统能够跟踪斜坡信号且 $e_{ss} \leqslant 0.8$，动态期望指标 $t_s \leqslant 2\mathrm{s}$, $M_p \leqslant 20\%$。试采用状态反馈极点配置控制系统使系统满足设计静态和动态指标的要求。

1. 原系统分析

(1) 求系统状态空间方程。由系统开环传递函数可得输出反馈系统结构如图 5.5 所示。

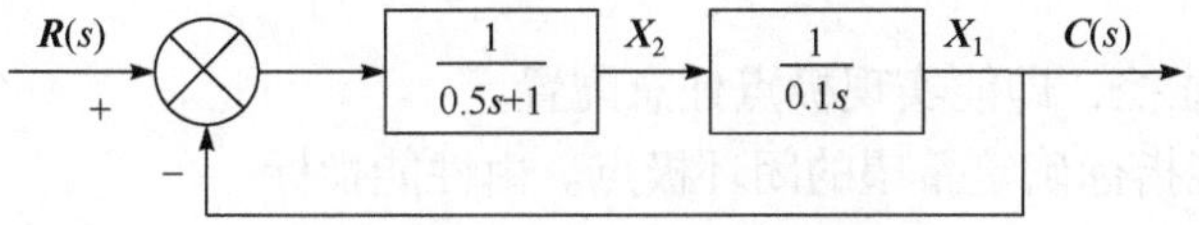

图 5.5　二阶反馈系统结构图

由图 5.5 可得闭环传递函数为

$$G(s) = \frac{10}{s^2+2s+10} \tag{5.37}$$

系统的状态方程为

$$\begin{aligned} \dot{x} &= \begin{bmatrix} -2 & -20 \\ 1 & 0 \end{bmatrix} x + \begin{bmatrix} 1 \\ 0 \end{bmatrix} u \\ y &= \begin{bmatrix} 0 & 20 \end{bmatrix} x \end{aligned} \tag{5.38}$$

(2) 动态性能分析：

$$G_c(s) = \frac{10}{s^2+2s+10} = \frac{\omega_n^2}{s^2+2\zeta\omega_n s+\omega_n^2} \tag{5.39}$$

比较系数得到

$$2\zeta\omega_n = 2, \quad \omega_n^2 = 10 \tag{5.40}$$

$$\zeta = \frac{1}{\sqrt{10}} = 0.3162 \tag{5.41}$$

$$\omega_n = \sqrt{10} = 3.1623\text{rad/s} \tag{5.42}$$

调节时间为

$$t_s = \frac{3}{\zeta\omega_n} = 3(\pm 5\%) \tag{5.43}$$

超调量为

$$M_p = \mathrm{e}^{-\zeta\pi/\sqrt{1-\zeta^2}} \times 100\% = 35.09\% \tag{5.44}$$

由此可知 t_s=3s>2s，M_p=35.09%>20%均不满足动态期望指标，需要通过设计极点配置控制系统使系统的静态指标和动态指标都达到要求。

2. 二阶系统极点配置控制系统设计

(1) 分析系统能控性：

$$\text{rank}\begin{bmatrix}\boldsymbol{B} & \boldsymbol{AB}\end{bmatrix} = \text{rank}\begin{bmatrix}0 & 20 \\ 2 & -4\end{bmatrix} = 2 \tag{5.45}$$

所以系统完全能控，即能实现极点任意配置。

(2) 由性能指标确定希望的闭环极点。由性能指标

$$\delta_p = \mathrm{e}^{\frac{-\zeta\pi}{\sqrt{1-\zeta^2}}} \leqslant 0.20 \tag{5.46}$$

选择 ζ =0.707，此时超调量 M_p=4.3%。

由性能指标

$$t_s = \frac{\pi}{\omega_n\sqrt{1-\zeta^2}} \leqslant 2\text{s} \tag{5.47}$$

选择 ω_n=10rad/s，此时调节时间 t_s=0.44s。

于是求得期望的闭环极点为

$$s_{1,2} = -\zeta\omega_n \pm \mathrm{j}\omega_n\sqrt{1-\zeta^2} = -7.07 \pm \mathrm{j}10\sqrt{1-\frac{1}{2}} = -7.07 \pm \mathrm{j}7.07 \tag{5.48}$$

期望的闭环特征多项式为

$$\phi^*(s) = (s + 7.07 - \mathrm{j}7.07)(s + 7.07 + \mathrm{j}7.07) = s^2 + 14.14s + 100 \tag{5.49}$$

(3) 确定状态反馈系数 K_1 和 K_2。

引入状态反馈后系统的方框图如图 5.6 所示，其中 K_b是补偿系数，可以根据引入状态反馈前后的系统输出响应的倍数确定。

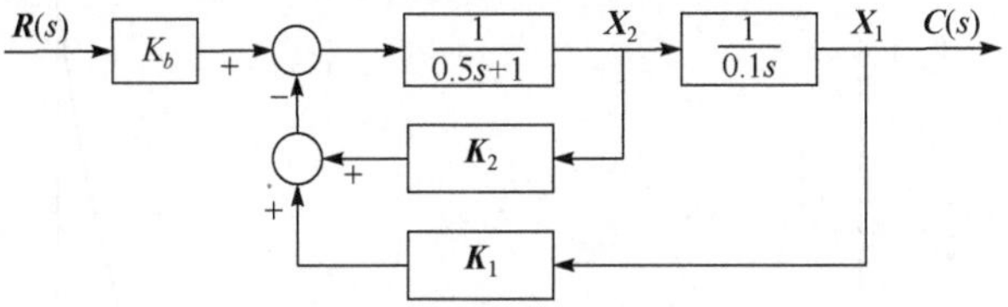

图 5.6　引入状态反馈后的二阶系统方框图

其特征方程式为

$$|sI-(A-BK)|=\begin{vmatrix} s & -10 \\ 2K_1 & s+2+2K_2 \end{vmatrix}=s^2+(2+2K_2)s+20K_1 \tag{5.50}$$

由式(5.50)解得

$$K_1=5,\quad K_2=6.07 \tag{5.51}$$

极点配置的状态反馈系数也可以用 MATLAB 工具求取，常用的极点配置函数如下。

① acker 函数。

用法为 $\boldsymbol{K}$= acker($\boldsymbol{A},\boldsymbol{B},\boldsymbol{P}$)，其中，$\boldsymbol{A}$、$\boldsymbol{B}$ 为系统模型的数据，向量 $\boldsymbol{P}$ 是期望的闭环极点位置，返回值是增益向量 $\boldsymbol{K}$。

② place 函数。

用法为 $\boldsymbol{K}$= place($\boldsymbol{A},\boldsymbol{B},\boldsymbol{P}$)，其中，$\boldsymbol{A}$、$\boldsymbol{B}$ 为系统模型的数据，向量 $\boldsymbol{P}$ 是期望的闭环极点位置，返回值是增益向量 $\boldsymbol{K}$。

状态反馈控制器为 $u=-\boldsymbol{K}x$，则状态反馈闭环系统状态空间表达式为

$$\dot{\boldsymbol{x}}=(\boldsymbol{A}-\boldsymbol{BK})\boldsymbol{x} \tag{5.52}$$

3. 校正后系统仿真分析

1) 原系统的单位阶跃响应

MATLAB 程序见 5.6 节“程序附录”5.1，原系统的单位阶跃响应如图 5.7 所示。

2) 校正后系统的单位阶跃响应

MATLAB 程序见 5.6 节“程序附录”5.3，校正后系统的单位阶跃响应如图 5.8 所示。

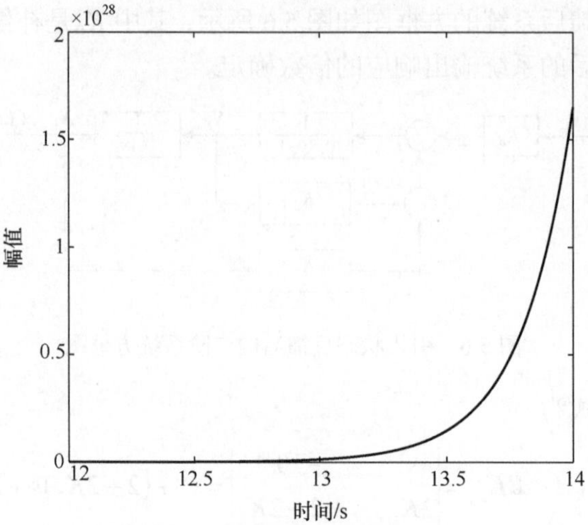

图 5.7　原系统的单位阶跃响应

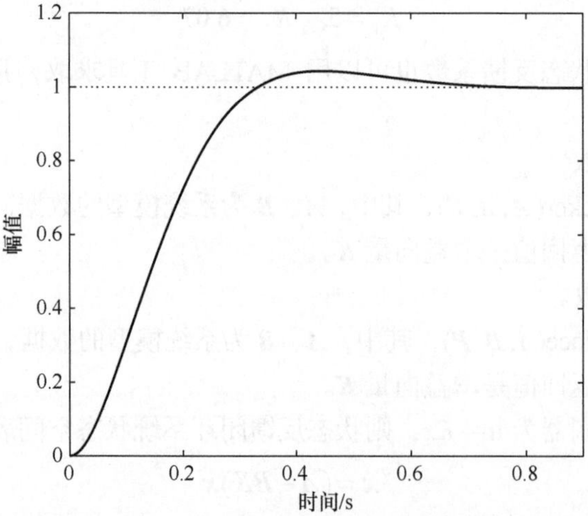

图 5.8　引入状态反馈进行极点配置后二阶系统的单位阶跃响应曲线

通过对原系统的单位阶跃响应与校正后系统的单位阶跃响应作比较，可以得到校正后系统的阶跃响应值随时间的增加而趋近于 1，系统稳定。系统的调节时间 t_s=0.596<2s 满足动态期望指标，校正装置满足设计指标要求。

5.3.2　单级倒立摆极点配置控制系统设计范例

已知单级倒立摆系统传递函数为

$$G(s)=\frac{\phi(s)}{V(s)}=\frac{0.02725}{0.0102125s^2-0.26705} \tag{5.53}$$

设计状态反馈极点配置控制器，对系统作用 $r(t)=1(t)$的阶跃信号时，使单级倒立摆闭环控制系统的响应指标满足：摆杆角度 θ和小车位移 x 的稳定时间小于 2s，位移的调节时间 t_s=2s，超调量 M_p≤10%，稳态误差 e_{ss}≤0.5。

单级倒立摆极点配置控制系统设计步骤如下。

1. 确定系统能控性

检验单级倒立摆系统是否状态完全能控。由于

$$\boldsymbol{Q}=\begin{bmatrix}\boldsymbol{B} & \boldsymbol{AB} & \boldsymbol{A}^2\boldsymbol{B} & \boldsymbol{A}^3\boldsymbol{B}\end{bmatrix}=\begin{bmatrix}0 & -1 & 0 & -20.601\\ -1 & 0 & -20.601 & 0\\ 0 & 0.5 & 0 & 0.4905\\ 0.5 & 0 & 0.4905 & 0\end{bmatrix} \tag{5.54}$$

的秩为 4，所以系统状态完全能控。

2. 阶跃响应分析

使用 MATLAB 中的 step 函数绘制系统的阶跃响应曲线，分析当前的运动情况与期望性能指标之间的差距，图 5.9 是单级倒立摆的垂直角度 θ 的阶跃响应曲线，由图分析可知，系统的阶跃响应值不随时间的增加而衰减，呈现不断发散的趋势，故系统不稳定。

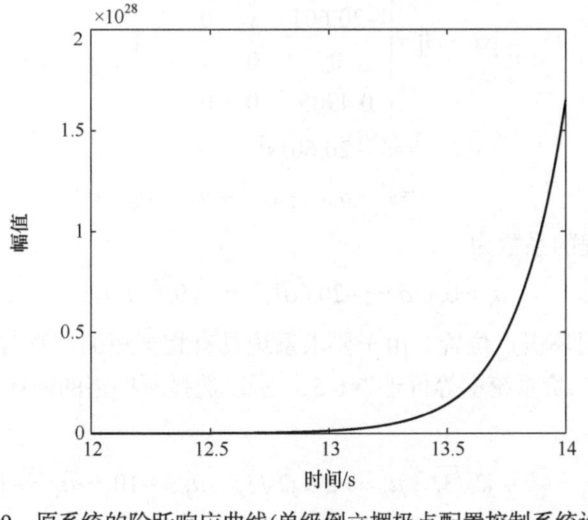

图 5.9　原系统的阶跃响应曲线(单级倒立摆极点配置控制系统设计)

3. 伯德图稳定性分析

使用 MATLAB 中的 bode 函数绘制系统的伯德图，如图 5.10 所示。由图分析

可知，相频特性图中相角裕度为 0°，故系统不稳定，需使用极点配置控制器进行控制。

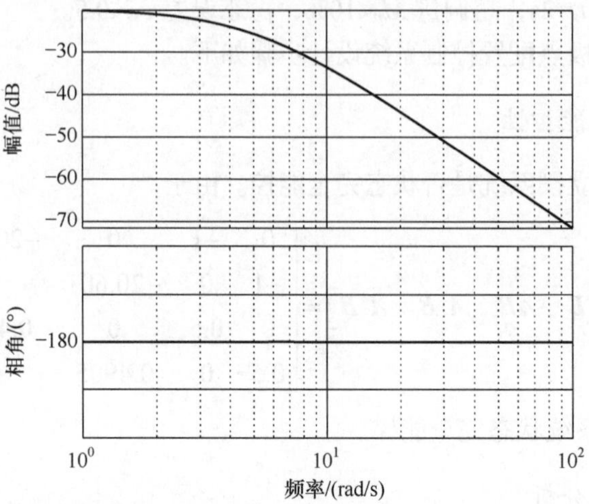

图 5.10　原系统的伯德图(单级倒立摆极点配置控制系统设计)

4. 由性能指标确定希望的闭环极点

系统的特征方程为

$$|s\boldsymbol{I}-\boldsymbol{A}|=\begin{bmatrix} s & -1 & 0 & 0 \\ -20.601 & s & 0 & 0 \\ 0 & 0 & s & -1 \\ 0.4905 & 0 & 0 & s \end{bmatrix}$$

$$=s^4-20.601s^2 \tag{5.55}$$

$$=s^4+a_1s^3+a_2s^2+a_3s+a_4=0$$

因此，特征方程的系数为

$$a_1=0,\quad a_2=-20.601,\quad a_3=0,\quad a_4=0 \tag{5.56}$$

选择所期望的闭环极点位置。由于要求系统具有相当短的调整时间(2s)和合适的阻尼(在标准的二阶系统中等价于 ζ=0.5)，所以选择所期望的闭环极点 $s=\mu_j\,(j=1, 2, 3, 4)$，其中

$$\mu_1=-2+\mathrm{j}2\sqrt{3},\quad \mu_2=-2-\mathrm{j}2\sqrt{3},\quad \mu_3=-10,\quad \mu_4=-10 \tag{5.57}$$

在这种情况下，μ_1和 μ_2是一对具有 ζ=0.5 和 ω_n=−4rad/s 的主导闭环极点。剩余的两个极点 μ_3 和 μ_4 位于远离主导闭环极点对的左边。因此，μ_3和 μ_4响应对系统的影响很小，因此满足快速性和阻尼的要求。所期望的特征方程为

$$\begin{aligned}&(s-\mu_1)(s-\mu_2)(s-\mu_3)(s-\mu_4)\\&=(s+2-\mathrm{j}2\sqrt{3})(s+2+\mathrm{j}2\sqrt{3})(s+10)^2\\&=(s^2+4s+16)(s^2+20s+100)\\&=s^4+24s^3+196s^2+720s+1600\\&=s^4+a_1s^3+a_2s^2+a_3s+a_4=0\end{aligned} \tag{5.58}$$

因此

$$a_1=24,\quad a_2=196,\quad a_3=720,\quad a_4=1600 \tag{5.59}$$

5. 确定状态反馈系数 K

求取非奇异线性变换矩阵 $\boldsymbol{P}$ 为

$$\boldsymbol{P}=\boldsymbol{QW} \tag{5.60}$$

式中，$\boldsymbol{Q}$ 和 $\boldsymbol{W}$ 分别为

$$\boldsymbol{Q}=\begin{bmatrix}\boldsymbol{B} & \boldsymbol{AB} & \boldsymbol{A}^2\boldsymbol{B} & \boldsymbol{A}^3\boldsymbol{B}\end{bmatrix}=\begin{bmatrix}0 & -1 & 0 & -20.601\\-1 & 0 & -20.601 & 0\\0 & 0.5 & 0 & 0.4905\\0.5 & 0 & 0.4905 & 0\end{bmatrix} \tag{5.61}$$

$$\boldsymbol{W}=\begin{bmatrix}a_3 & a_3 & a_3 & 1\\a_3 & a_3 & 1 & 0\\a_1 & 1 & 0 & 0\\1 & 0 & 0 & 0\end{bmatrix}=\begin{bmatrix}0 & -20.601 & 0 & 1\\-20.601 & 0 & 1 & 0\\0 & 1 & 0 & 0\\1 & 0 & 0 & 0\end{bmatrix} \tag{5.62}$$

矩阵 $\boldsymbol{P}$ 变为

$$\boldsymbol{P}=\boldsymbol{Q}\times\boldsymbol{W}=\begin{bmatrix}0 & 0 & -1 & 0\\0 & 0 & 0 & -1\\-9.81 & 0 & 0.5 & 0\\0 & -9.81 & 0 & 0.5\end{bmatrix} \tag{5.63}$$

因此

$$\boldsymbol{P}^{-1}=\begin{bmatrix}-\dfrac{0.5}{9.81} & 0 & -\dfrac{1}{9.81} & 0\\0 & -\dfrac{0.5}{9.81} & 0 & -\dfrac{1}{9.81}\\-1 & 0 & 0 & 0\\0 & -1 & 0 & 0\end{bmatrix} \tag{5.64}$$

所期望的状态反馈增益矩阵 $\boldsymbol{K}$ 为

$$\begin{aligned}\boldsymbol{K} &= [a_4^* - a_4 \quad a_3^* - a_3 \quad a_2^* - a_2 \quad a_1^* - a_1]\boldsymbol{P}^{-1} \\ &= [1600-0 \quad 720-0 \quad 196+20.601 \quad 24-0]\boldsymbol{P}^{-1} \\ &= [1600 \quad 720 \quad 216.601 \quad 24]\begin{bmatrix} -\dfrac{0.5}{9.81} & 0 & -\dfrac{1}{9.81} & 0 \\ 0 & -\dfrac{0.5}{9.81} & 0 & -\dfrac{1}{9.81} \\ -1 & 0 & 0 & 0 \\ 0 & -1 & 0 & 0 \end{bmatrix} \\ &= [-298.1504 \quad -60.6972 \quad -163.0989 \quad -73.3945]\end{aligned} \tag{5.65}$$

控制信号 $\boldsymbol{u}$ 为

$$\boldsymbol{u} = -\boldsymbol{Kx} = -298.1504x_1 + 60.6972x_2 + 163.0989x_3 - 73.3945x_4 \tag{5.66}$$

该调节器系统中所期望的角 θ_d 总为零，且所期望的小车的位置也总为零，因此参考输入为零。

6. 校正后系统仿真分析

校正后系统的单位阶跃响应如图 5.11 所示，通过对原系统的单位阶跃响应与校正后系统的单位阶跃响应作比较，可以得校正后系统的阶跃响应值随时间的增加而趋近于 1，系统稳定。系统的调节时间满足动态期望指标，校正装置满足设计指标要求。

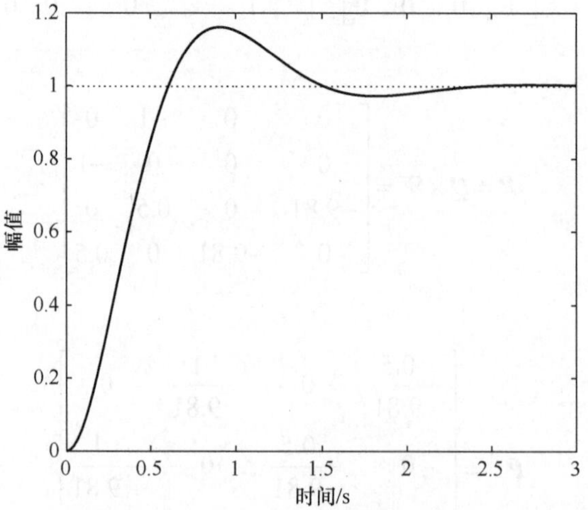

图 5.11　校正后的系统阶跃响应(单级倒立摆极点配置控制系统设计)

5.3.3 单容水箱极点配置控制系统设计范例

已知单容水箱系统传递函数为

$$G_p(s)=\frac{H(s)}{Q(s)}=\frac{8.4}{(300s+1)(s+1)} \tag{5.67}$$

设计单容水箱极点配置控制器，并对所设计的控制器进行参数整定，使系统在单位阶跃响应下系统的超调量 $M_p \leqslant 30\%$，稳态误差 $e_{ss}=0.1$，调节时间 $t_s=6s$。

单容水箱极点配置控制系统设计步骤如下。

1. 阶跃响应分析

使用 MATLAB 中的 step 函数绘制系统的阶跃响应曲线，如图 5.12 所示，通过曲线可以得出，原系统在阶跃输入下是稳定的，但是存在明显偏差，稳态误差 $e_{ss}=0.1$。为了消除稳态误差，并使超调量和调节时间均满足期望性能指标要求，采用极点配置控制器对系统进行控制，以获得期望性能指标。

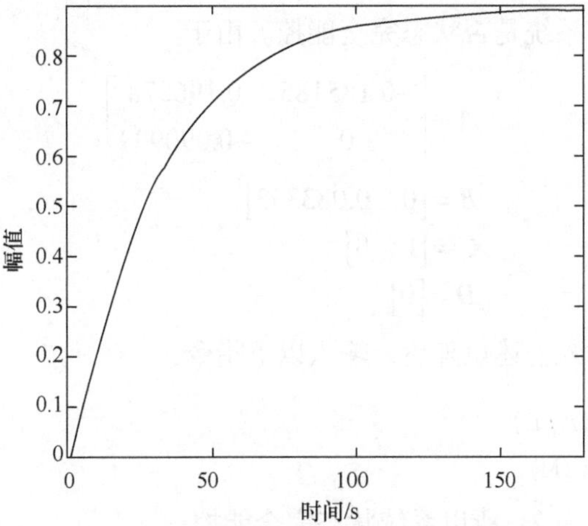

图 5.12　原系统的阶跃响应曲线(单容水箱极点配置控制系统设计)

2. 伯德图稳定性分析

使用 MATLAB 中的 bode 函数绘制系统的伯德图，如图 5.13 所示。由图分析可知，相频特性图中相角裕度为 0°，需使用极点配置控制器进行控制。

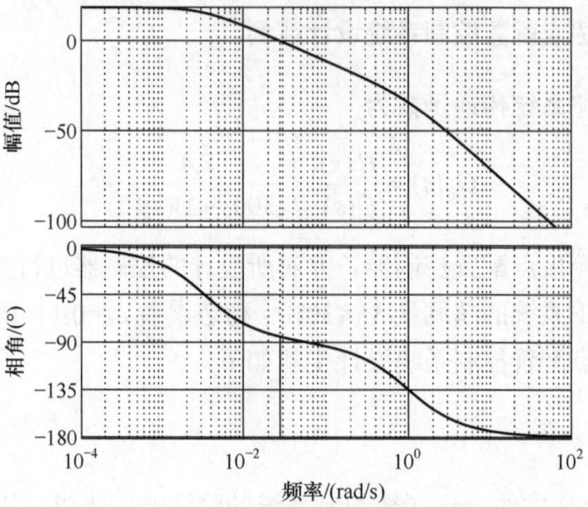

图 5.13 原系统的伯德图(单容水箱极点配置控制系统设计)

3. 确定系统能控性和稳定性

1) 判断系统能控性

检验单容水箱系统是否状态完全能控。由于

$$\begin{aligned}
\boldsymbol{A}&=\begin{bmatrix}-0.185185 & 0.196078\\ 0 & -0.090909\end{bmatrix}\\
\boldsymbol{B}&=\begin{bmatrix}0 & 0.083333\end{bmatrix}^{\mathrm{T}}\\
\boldsymbol{C}&=\begin{bmatrix}1 & 0\end{bmatrix}\\
\boldsymbol{D}&=\begin{bmatrix}0\end{bmatrix}
\end{aligned} \tag{5.68}$$

在命令窗口输入上述矩阵后，输入以下指令：

```
M=ctrb(A,B)
d1=rank(M)
```

可得系统的秩为 2，所以系统状态完全能控。

2) 判断系统稳定性

利用 eig 函数$[v,d]$=eig($\boldsymbol{A}$)可得状态矩阵 $\boldsymbol{A}$ 的特征值为 −0.9711、−0.0323，均具有负实部，满足平衡状态渐近稳定的充要条件，所以系统稳定。

4. 将系统化为能控标准型

由传递函数

$$G(s)=\frac{8.4}{300s^2+301s+9.4}=\frac{0.028}{s^2+1.003s+0.031} \tag{5.69}$$

可得系统的能控标准型为

$$\begin{aligned} \dot{\boldsymbol{x}} &= \begin{bmatrix} 0 & 1 \\ -0.01684 & -0.027609 \end{bmatrix}\boldsymbol{x} + \begin{bmatrix} 0 \\ 1 \end{bmatrix}\boldsymbol{u} \\ \boldsymbol{y} &= \begin{bmatrix} 0.01634 & 0 \end{bmatrix}\boldsymbol{x} \end{aligned} \tag{5.70}$$

5. 由性能指标确定希望的闭环极点

由要求可得极点配置为

$$\begin{cases} \sigma\% = \mathrm{e}^{-\pi\zeta/\sqrt{1-\zeta^2}} \leqslant 30\% \\ t_s = \dfrac{3.5}{\zeta\omega_n} \leqslant 6 \end{cases} \Rightarrow \begin{cases} \zeta = 0.707 \\ \omega_n = 1\mathrm{rad/s} \end{cases} \tag{5.71}$$

所以求得主导极点

$$\lambda_{1,2} = -\zeta\omega_n \pm \mathrm{j}\omega_n\sqrt{1-\zeta^2} = -0.707 \pm \mathrm{j}0.707 \tag{5.72}$$

可得极点矩阵为 $\boldsymbol{P}$=[−0.707+j0.707　−0.707−j0.707]

6. 确定状态反馈系数 K_1 和 K_2

由于

$$\begin{aligned} \boldsymbol{A} &= \begin{bmatrix} -1.033 & -0.0313 \\ 1 & 0 \end{bmatrix} \\ \boldsymbol{B} &= \begin{bmatrix} 1 & 0 \end{bmatrix}^{\mathrm{T}} \\ \boldsymbol{P} &= \begin{bmatrix} -0.707 + \mathrm{j}0.707 & -0.707 - \mathrm{j}0.707 \end{bmatrix} \\ \boldsymbol{K} &= \mathrm{place}(\boldsymbol{A}, \boldsymbol{B}, \boldsymbol{P}) \end{aligned} \tag{5.73}$$

在命令窗口输入以上语句得 $\boldsymbol{K}$=[3.4993　0.8869]。

7. 对系统进行放大补偿

加入状态反馈之后，系统的稳态输出会出现大幅衰减，因此必须对系统的输入进行放大补偿，以使得输出曲线的稳态值与理论计算相一致。

观察如图 5.14 所示的加入状态反馈后系统的阶跃响应曲线，可知此时稳态误差不符合性能要求。因此对系统做放大补偿，设置比例系数为 $K_b=1/e_{ss}$，编写程序见 5.6 节“程序附录”5.10，获得补偿后阶跃响应曲线如图 5.15 所示。

通过对原系统的单位阶跃响应与补偿后系统的单位阶跃响应作比较，可以得到校正后系统的阶跃响应值随时间的增加而趋近于 1，系统稳定。系统的调节时

间 t_s=0.52s<6s 满足动态期望指标，校正装置满足设计指标要求。

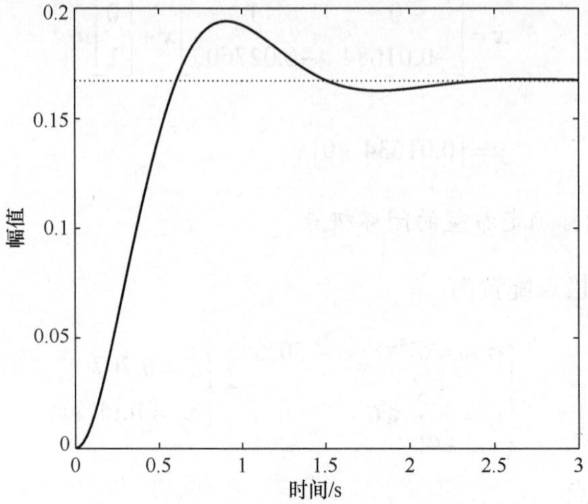

图 5.14　极点配置控制系统阶跃响应曲线

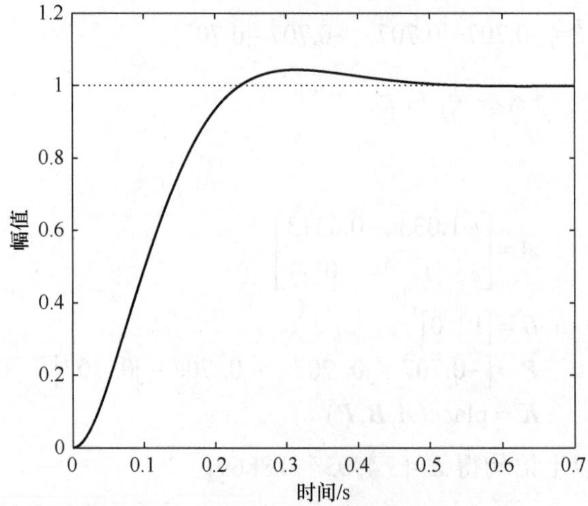

图 5.15　补偿后的系统阶跃响应

5.3.4　城市污水处理过程溶解氧浓度极点配置控制系统设计范例

已知城市污水处理过程溶解氧浓度控制系统传递函数为

$$G_p(s)=\frac{S_O(s)}{U(s)}=\frac{0.5}{s^2+0.05s+1} \tag{5.74}$$

设计极点配置控制器使系统曝气过程满足如下性能指标：系统在单位阶跃信号作用(溶解氧浓度指定设定点为 1)下，溶解氧浓度 S_O 响应曲线超调量 M_p<20%，

调节时间 $t_s<5s$，稳态误差 $e_{ss}<0.1$。

城市污水生物处理过程溶解氧浓度极点配置控制系统设计步骤如下。

1. 阶跃响应系统分析

绘制系统单位阶跃响应曲线如图 5.16 所示。

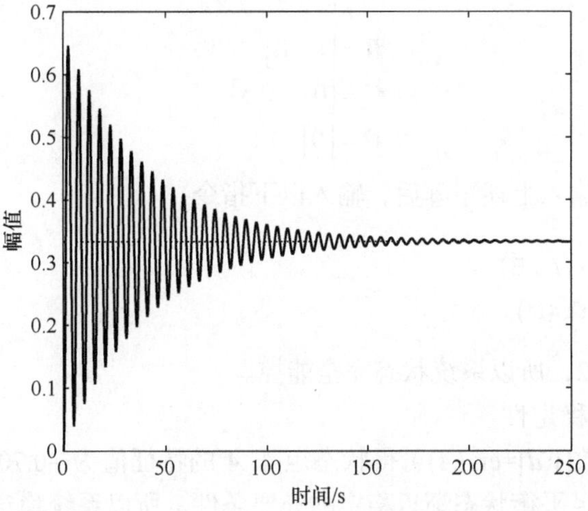

图 5.16　原系统阶跃响应曲线(城市污水处理过程溶解氧浓度极点配置控制系统设计)

2. 伯德图稳定性分析

绘制系统伯德图如图 5.17 所示。

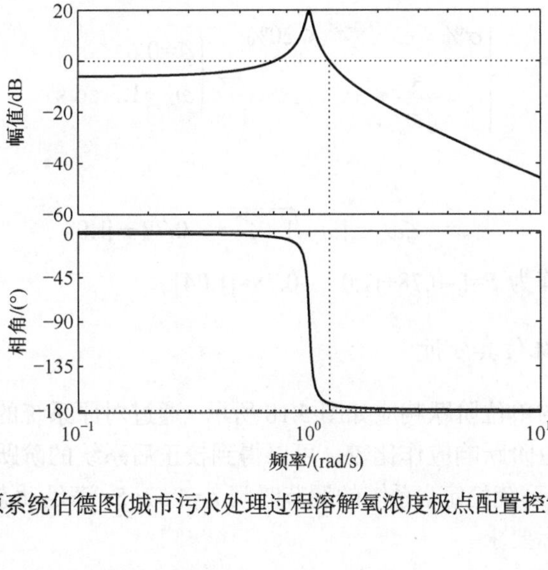

图 5.17　原系统伯德图(城市污水处理过程溶解氧浓度极点配置控制系统设计)

3. 确定系统能控性和稳定性

1) 判断系统能控性

检验单容水箱系统是否状态完全能控。由于

$$\begin{aligned} \boldsymbol{A} &= \begin{bmatrix} -0.05 & -1 \\ 1 & 0 \end{bmatrix} \\ \boldsymbol{B} &= \begin{bmatrix} 1 & 0 \end{bmatrix}^{\mathrm{T}} \\ \boldsymbol{C} &= \begin{bmatrix} 0 & 0.5 \end{bmatrix} \\ \boldsymbol{D} &= \begin{bmatrix} 0 \end{bmatrix} \end{aligned} \tag{5.75}$$

在命令窗口输入上述矩阵后，输入以下指令：

```
M=ctrb(A,B)
d1=rank(M)
```

可得系统的秩为 2，所以系统状态完全能控。

2) 判断系统稳定性

利用 eig 函数[v,d]=eig($\boldsymbol{A}$)可得状态矩阵 $\boldsymbol{A}$ 的特征值为 −0.7071、−0.0177，均具有负实部，满足平衡状态渐近稳定的充要条件，所以系统稳定。

4. 由性能指标确定希望的闭环极点

选择所期望的闭环极点位置。由于要求系统调节时间 t_s<5s，超调量 M_p<20%，因此选择所期望的闭环极点

$$\begin{cases} \sigma\% = \mathrm{e}^{-\pi\zeta/\sqrt{1-\zeta^2}} \leqslant 20\% \\ t_s = \dfrac{4}{\zeta\omega_n} \leqslant 5 \end{cases} \Rightarrow \begin{cases} \zeta = 0.6 \\ \omega_n = 1.3\mathrm{rad/s} \end{cases} \tag{5.76}$$

所求主导极点为

$$s_{1,2} = -\zeta\omega_n \pm \mathrm{j}\omega_n\sqrt{1-\zeta^2} = -0.78 \pm \mathrm{j}1.04 \tag{5.77}$$

可得期望极点矩阵为 $\boldsymbol{P}$=[−0.78+j1.0 −0.78−j1.04]。

5. 校正后系统仿真分析

校正后系统的单位阶跃响应如图 5.18 所示。通过对原系统的单位阶跃响应与校正后系统的单位阶跃响应作比较，可以得到校正后系统的阶跃响应值随时间的增加而趋近于 1，系统稳定。系统的调节时间 t_s=4.57<5s 满足动态期望指标，校正装置满足设计指标要求。

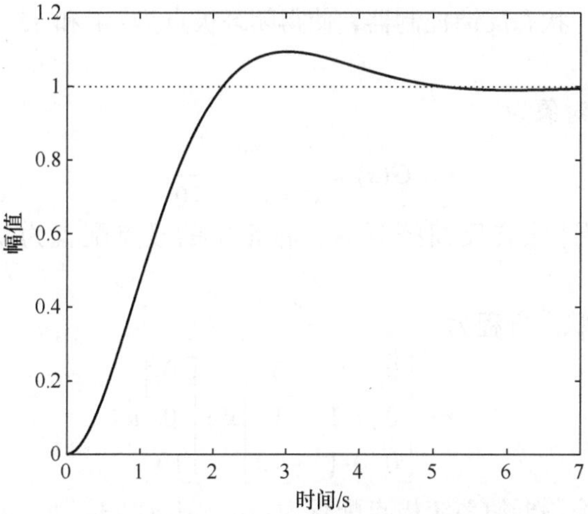

图 5.18　引入状态反馈后的城市污水处理过程溶解氧浓度控制系统单位阶跃响应曲线

5.4 本 章 小 结

本章首先介绍了极点配置控制系统的基本概念，极点配置控制系统具体可以分为状态反馈和输出反馈，介绍了如何利用状态反馈与输出反馈来进行线性定常连续系统的极点配置，即使反馈闭环控制系统具有所指定的闭环极点。其中，状态反馈是本章研究的主要控制方法。然后分别介绍了在单输入单输出和多输入多输出情况下极点配置控制系统的设计。最后以单级倒立摆和单容水箱为物理模型，介绍了基于 MATLAB 的极点配置控制系统的实现及参数整定方法。

5.5 课 后 习 题

5.1　存在控制系统为

$$\dot{\boldsymbol{x}}=\begin{bmatrix}0 & 1 & 0\\ 0 & 0 & 1\\ -1 & -5 & -6\end{bmatrix}\boldsymbol{x}+\begin{bmatrix}0\\0\\1\end{bmatrix}\boldsymbol{u} \tag{5.78}$$

试设计一个状态反馈控制器 $\boldsymbol{u}=-k\boldsymbol{x}$，使得闭环系统的极点是 $\lambda_1=-2+\mathrm{j}4$，$\lambda_2=-\mathrm{j}2$，$\lambda_1=-10$，进而对给定初始状态 $\boldsymbol{x}(0)=[1\quad 0\quad 0]^{\mathrm{T}}$，画出闭环系统的状态响应曲线。

5.2　考虑状态空间模型为

$$\begin{aligned}\dot{\boldsymbol{x}}&=\begin{bmatrix}0 & 1\\ -3 & -4\end{bmatrix}\boldsymbol{x}+\begin{bmatrix}0\\1\end{bmatrix}\boldsymbol{u}\\ \boldsymbol{y}&=[3\quad 2]\boldsymbol{x}\end{aligned} \tag{5.79}$$

的被控对象，设计状态反馈控制器，使得闭环极点为 –4 和 –5，证明闭环系统的稳定性。

5.3　设受控对象为

$$G(s)=\frac{20}{s^2+20s+20} \tag{5.80}$$

根据性能指标设计状态反馈控制器，将希望的极点配置为 $\lambda_1=-7.07+\mathrm{j}7.07$，$\lambda_2=-7.07-\mathrm{j}7.07$。

5.4　设系统状态方程为

$$\dot{\boldsymbol{x}}=\begin{bmatrix}0&1&0\\0&-1&1\\0&-1&-10\end{bmatrix}\boldsymbol{x}+\begin{bmatrix}0\\0\\10\end{bmatrix}\boldsymbol{u} \tag{5.81}$$

试设计状态反馈控制器使系统极点配置为–10、–1±j1.73。

5.5　设系统状态方程为

$$\dot{\boldsymbol{x}}=\begin{bmatrix}-2&1\\0&-1\end{bmatrix}\boldsymbol{x}+\begin{bmatrix}0\\1\end{bmatrix}\boldsymbol{u},\quad \boldsymbol{y}=\begin{bmatrix}1&0\end{bmatrix}\boldsymbol{x} \tag{5.82}$$

试设计状态反馈控制器使系统极点配置为–3、–3。

5.6　试判断以下系统通过状态反馈能否镇定：

$$\boldsymbol{A}=\begin{bmatrix}-1&-2&-2\\0&-1&1\\1&0&-1\end{bmatrix},\quad \boldsymbol{b}=\begin{bmatrix}2\\0\\1\end{bmatrix} \tag{5.83}$$

5.7　通过状态反馈使以下系统的闭环极点为 –2、–1+j、–1–j：

$$W(s)=\frac{10}{s(s+1)(s+2)} \tag{5.84}$$

5.6　程序附录

二阶系统极点配置控制系统设计

5.1　原系统的单位阶跃响应

```
num=[20];                          %传递函数分子系数
den=[0.5,1,0];                     %传递函数分母系数
G=tf(num,den);                     %生成系统传递函数
G=feedback(G,1);                   %被控对象施加负反馈作用
step(G)                            %绘制系统阶跃响应曲线
```

5.2　原系统的伯德图

```
den10=[0.5,1,0];                     %传递函数分母系数
G=tf(20,den10);                      %生成系统传递函数
bode(G)                              %绘制系统伯德图
margin(G)                 %显示幅值裕度、相角裕度和开环截止频率
grid                                 %绘制网格线
```

5.3　校正后系统的单位阶跃响应

```
num=[10];                            %传递函数分子系数
den=[0.5,1,10];                      %传递函数分母系数
[A,B,C,D]=tf2ss(num,den);            %绘制原系统阶跃响应曲线
P=[-7.07+7.07*j,-7.07-7.07*j];       %输入期望的闭环极点
K=place(A,B,P)                       %求取状态反馈系数
A1=A-B*K                             %求取增益矩阵 A1
Kb=200                               %设定静态补偿系数
sys=ss(A1,B,C,D)*Kb                  %引入状态反馈后的补偿系数
step(sys)                            %求取系统的阶跃响应
```

单级倒立摆极点配置控制系统设计

5.4　原系统的单位阶跃响应

```
num=[0.02725];                       %传递函数分子系数
den=[0.0102125,0,-0.26705];          %传递函数分母系数
G=tf(num,den);                       %生成系统传递函数
G=feedback(G,1);                     %被控对象施加负反馈作用
step(G)                              %绘制系统阶跃响应曲线
```

5.5　原系统伯德图

```
num=[0.02725];                       %传递函数分子系数
den=[0.0102125,0,-0.26705];          %传递函数分母系数
G=tf(num,den);                       %生成系统传递函数
bode(G)                              %绘制系统伯德图
margin(G)                 %显示幅值裕度、相角裕度和开环截止频率
```

5.6　校正后系统的单位阶跃响应

```
num=[0.02725];                       %传递函数分子系数
```

```
den=[0.0102125,0,-0.26705];        %传递函数分母系数
[A,B,C,D]=tf2ss(num,den);          %绘制原系统阶跃响应曲线
P=[-2+2*sqrt(3)*j,-2-2*sqrt(3)*j]; %输入期望的闭环极点
K=place(A,B,P)                     %求取状态反馈系数
A1=A-B*K                           %求取增益矩阵 A1
Kb=1/0.167                         %设定静态补偿系数
sys=ss(A1,B,C,D)*Kb                %引入状态反馈后的补偿系数
step(sys)                          %求取系统的阶跃响应
```

5.7 校正后系统的伯德图

```
num=[0.02725];                     %传递函数分子系数
den=[0.0102125,0,-0.26705];        %传递函数分母系数
[A,B,C,D]=tf2ss(num,den);          %绘制原系统阶跃响应曲线
P=[-2+2*sqrt(3)*j,-2-2*sqrt(3)*j]; %输入期望的闭环极点
K=place(A,B,P)                     %求取状态反馈系数
A1=A-B*K                           %求取增益矩阵 A1
Kb=1/0.167                         %设定静态补偿系数
sys=ss(A1,B,C,D)*Kb                %引入状态反馈后的补偿系数
ss=tf(sys);                        %生成校正后系统传递函数
bode(ss)                           %绘制系统伯德图
margin(ss)
```

单容水箱极点配置控制系统设计

5.8 原系统单位阶跃响应

```
num=[8.4];                         %传递函数分子系数
den=conv([1,1],[300,1]);           %传递函数分母系数
Gp=tf(num,den);                    %生成系统传递函数
Gp=feedback(Gp,1);                 %被控对象施加负反馈作用
step(Gp)                           %绘制系统阶跃响应曲线
```

5.9 原系统伯德图

```
num=[8.4];                         %传递函数分子系数
den=conv([1,1],[300,1]);           %传递函数分母系数
Gp=tf(num,den);                    %生成系统传递函数
```

```
bode(Gp)                                  %绘制系统伯德图
margin(Gp)                         %显示幅值裕度、相角裕度和开环截止频率
```

5.10　校正后系统单位阶跃响应

```
num=[8.4];
den=[300,301,1];
G=tf(num,den);
[A,B,C,D]=tf2ss(num,den);
P=[-2+2*sqrt(3)*j,-2-2*sqrt(3)*j]; %输入期望的闭环极点
K=place(A,B,P)                            %求取状态反馈系数
A1=A-B*K
Kb=1/0.00175                              %设定静态补偿系数
sys=ss(A1,B,C,D)*Kb                       %引入状态反馈后阶跃响应
step(sys)                                 %生成校正后系统传递函数
```

5.11　校正后系统的伯德图

```
num=[8.4];
den=[300,301,1];
G=tf(num,den);
[A,B,C,D]=tf2ss(num,den);
P=[-2+2*sqrt(3)*j,-2-2*sqrt(3)*j];%输入期望的闭环极点
K=place(A,B,P)                            %求取状态反馈系数
A1=A-B*K
Kb=1/0.00175                              %设定静态补偿系数
sys=ss(A1,B,C,D)*Kb                       %引入状态反馈后的补偿系数
ss=tf(sys);                               %生成校正后系统传递函数
bode(ss)                                  %绘制系统伯德图
margin(ss)
```

城市污水处理过程溶解氧浓度控制系统极点配置控制系统设计

5.12　原系统的单位阶跃响应

```
num=[0.5];                                %传递函数分子系数
den=[1,0.05,1];                           %传递函数分母系数
Gp=tf(num,den);                           %生成系统传递函数
```

```
4. Gp=feedback(Gp,1);                    %被控对象施加负反馈作用
5. step(Gp)                              %绘制系统阶跃响应曲线
```

5.13 原系统伯德图

```
1. num=[0.5];                            %传递函数分子系数
2. den=[1,0.05,1];                       %传递函数分母系数
3. G=tf(num,den);                        %生成系统传递函数
4. bode(G)                               %绘制系统伯德图
5. margin(G)                   %显示幅值裕度、相角裕度和开环截止频率
```

5.14 校正后系统的单位阶跃响应

```
1. num=[0.5];
2. den=[1,0.05,1];
3. G=tf(num,den);
4. [A,B,C,D]=tf2ss(num,den)
5. P=[-0.78+j*1.04,-0.78-j*1.04]; %输入期望的闭环极点
6. K=place(A,B,P)                        %求取状态反馈系数
7. A1=A-B*K
8. Kb=1/0.296                            %设定静态补偿系数
9. sys=ss(A1,B,C,D)*Kb                   %引入状态反馈后阶跃响应
10. step(sys)
```

5.15 校正后系统的伯德图

```
1. num=[0.5];
2. den=[1,0.05,1];
3. G=tf(num,den);
4. [A,B,C,D]=tf2ss(num,den)
5. P=[-0.78+j*1.04,-0.78-j*1.04]; %输入期望的闭环极点
6. K=place(A,B,P)                        %求取状态反馈系数
7. A1=A-B*K
8. Kb=1/0.296                            %设定静态补偿系数
9. sys=ss(A1,B,C,D)*Kb                   %引入状态反馈后的补偿系数
10. ss=tf(sys);                          %生成校正后系统传递函数
11. bode(ss)                             %绘制系统伯德图
12. margin(ss)
```

第 6 章　带状态观测器的控制系统设计与实现

状态观测器是根据系统的外部变量实测值，即系统输入变量和输出变量的实测值，求出系统状态变量的估计值，用于实现控制系统的状态反馈，解决系统状态不能直接获取的问题。状态观测器不仅为状态反馈控制技术的实现提供了实施可能性，而且也为控制工程的实际应用提供了一种便捷的手段。

状态观测器按照估计状态变量维数与系统状态维数之间关系的不同，可分为全维状态观测器和降维状态观测器。其中，全维状态观测器是一种基于可直接测量的变量来估计系统所有状态变量的观测器，其阶数与所估计系统的阶数相同；降维状态观测器是一种基于可直接测量的变量估计系统不可测量状态变量的观测器，其阶数小于所估计的系统阶数。根据利用测量的变量来估计系统状态变量方式的不同，可将全维状态观测器分为开环状态观测器和渐近状态观测器。开环状态观测器是一种只利用系统输入变量的实测值来估计系统所有状态变量的观测器，但是开环状态观测器不能保证其估计误差收敛到零，易受噪声和干扰影响，使得开环状态观测器应用范围受到较大的限制。渐近状态观测器是一种利用系统输入向量和输出向量两者的实测值来估计系统所有状态变量的观测器，只要保证渐近状态观测器的系数矩阵的特征值都具有负实部，则可保证渐近状态观测器是稳定的，过渡过程结束后，观测器的估计值能够准确趋近系统状态值，故相比于开环状态观测器，渐近状态观测器应用范围更广泛。由于系统一些状态变量可以直接或间接地通过传感器准确测量得到，不必再估计，因此降维状态观测器相比于全维状态观测器，具有结构更简单、维数更低、设计和实现更容易等优点，已成为目前应用最广泛的观测器。

如何根据系统性能指标要求设计合适的状态观测器对系统状态变量进行准确观测，并将所观测的状态变量构成反馈控制率，实现对系统的闭环控制是带状态观测器控制系统设计与实现的重点与难点。本章围绕带状态观测器的控制系统设计与实现，首先介绍状态观测器的基本原理，包括开环状态观测器的原理、渐近状态观测器的原理和降维状态观测器的原理；然后详细介绍状态观测器的具体设计过程和实现步骤；最后给出带状态观测器控制系统设计的测试案例——带状态观测器的二阶控制系统设计，并利用三种典型应用场景进行状态观测器控制系统设计及应用实现：典型运动控制系统——单级倒立摆系统摆杆的角度控制系统、单容水箱液位控制系统两个典型的过程控制系统，以及城市污水处理过程溶解氧浓度控制系统，通过对上述三种典型应用场景进行数学模型构建，完成系统性能指标的分析，根据系统期望性能指标设计带状态观测器的控制系统，使系统达到期望性能指标要求。

6.1　状态观测器原理

全维状态观测器和降维状态观测器是两种基本的状态观测器，为设计有效的状态观测器对系统状态变量进行估计，本节简单介绍两种基本状态观测器的原理。

6.1.1　全维状态观测器原理

全维状态观测器是一种利用系统外部变量实测值来估计系统所有状态变量的观测器，根据利用系统外部变量来估计系统状态变量方式的不同，可将全维状态观测器分为开环状态观测器和渐近状态观测器。

1. 开环状态观测器

开环状态观测器是一种只根据系统输入变量 $\boldsymbol{u}(t)$的实测值来估计系统所有状态变量的观测器，其实现原理如下。

给定 n 维线性定常系统

$$\Sigma:\begin{cases}\dot{\boldsymbol{x}}(t)=\boldsymbol{A}\boldsymbol{x}(t)+\boldsymbol{B}\boldsymbol{u}(t)\\ \boldsymbol{y}(t)=\boldsymbol{C}\boldsymbol{x}(t)\end{cases}\tag{6.1}$$

式中，$\boldsymbol{x}(t)$为 n 维状态向量；$\dot{\boldsymbol{x}}(t)$为 $\boldsymbol{x}(t)$的微分向量；$\boldsymbol{u}(t)$为 p 维输入向量；$\boldsymbol{y}(t)$为 q 维输出向量；矩阵 $\boldsymbol{A}$、$\boldsymbol{B}$、$\boldsymbol{C}$ 为具有相应维数的实常量矩阵。

若式(6.1)所示的系统是完全状态能观测的，则状态向量估计值 $\hat{\boldsymbol{x}}(t)$可根据测量的输入变量 $\boldsymbol{u}(t)$以及矩阵 $\boldsymbol{A}$、$\boldsymbol{B}$、$\boldsymbol{C}$ 进行估计，构成开环状态观测器，其状态空间表达式为

$$\hat{\Sigma}:\begin{cases}\dot{\hat{\boldsymbol{x}}}(t)=\boldsymbol{A}\hat{\boldsymbol{x}}(t)+\boldsymbol{B}\boldsymbol{u}(t)\\ \hat{\boldsymbol{y}}(t)=\boldsymbol{C}\hat{\boldsymbol{x}}(t)\end{cases}\tag{6.2}$$

式中，$\hat{\boldsymbol{x}}(t)$为 n 维状态向量 $\boldsymbol{x}(t)$的估计值；$\dot{\hat{\boldsymbol{x}}}(t)$为 $\hat{\boldsymbol{x}}(t)$的微分向量；$\hat{\boldsymbol{y}}(t)$为 q 维输出向量 $\boldsymbol{y}(t)$的估计值。

分析式(6.2)可得开环状态观测器的结构如图 6.1 所示，图 6.1 中输入信号为 $\boldsymbol{u}(t)$，输出信号为 $\boldsymbol{y}(t)$和 $\boldsymbol{y}(t)$的估计值 $\hat{\boldsymbol{y}}(t)$，$\int$为积分项。分析图 6.1 可得状态估计误差为

$$\dot{\hat{\boldsymbol{x}}}(t)-\dot{\boldsymbol{x}}(t)=\boldsymbol{A}[\hat{\boldsymbol{x}}(t)-\boldsymbol{x}(t)]\tag{6.3}$$

状态估计误差的解 $\hat{\boldsymbol{x}}(t)-\boldsymbol{x}(t)$为

$$\hat{\boldsymbol{x}}(t)-\boldsymbol{x}(t)=\mathrm{e}^{\boldsymbol{A}t}[\hat{\boldsymbol{x}}(0)-\boldsymbol{x}(0)] \tag{6.4}$$

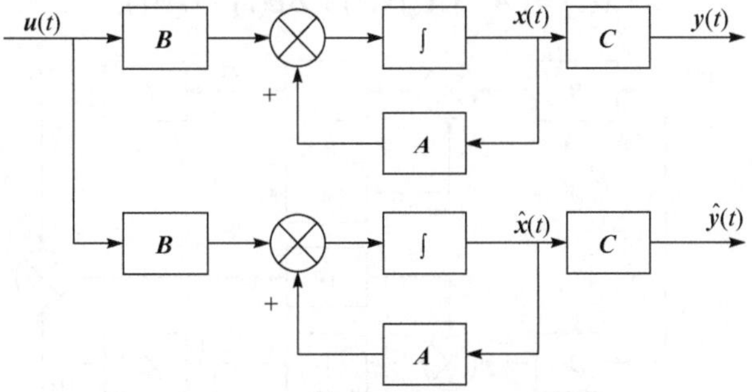

图 6.1　开环状态观测器的结构

分析式(6.4)，只有当 $\hat{\boldsymbol{x}}(t)=\boldsymbol{x}(t)$ 时，开环状态观测器才能保证状态估计值与真实值完全相等。然而，实际情况下很难做到 $\hat{\boldsymbol{x}}(t)=\boldsymbol{x}(t)$，因为：

(1) 有些被控系统难以得到初始状态变量 $\boldsymbol{x}(0)$，即不能保证 $\boldsymbol{x}(0)=\hat{\boldsymbol{x}}(0)$。

(2) 若矩阵 $\boldsymbol{A}$ 的某些特征值位于 s 平面的虚轴或右半开平面上，即 $\mathrm{Re}(s)\geqslant 0$，则矩阵指数函数 $\mathrm{e}^{\boldsymbol{A}t}$ 中包含有随时间 t 趋于无穷而不趋于零的元素。

开环状态观测器不能保证状态估计误差收敛到零，易受噪声和干扰影响，使得开环状态观测器应用范围受到较大的限制。

2. 渐近状态观测器

渐近状态观测器是一种根据系统输入变量 $\boldsymbol{u}(t)$的实测值和输出向量 $\boldsymbol{y}(t)$的实测值来估计系统所有状态变量的观测器，其实现原理如下。

给定 n 维线性定常系统

$$\Sigma:\begin{cases}\dot{\boldsymbol{x}}(t)=\boldsymbol{A}\boldsymbol{x}(t)+\boldsymbol{B}\boldsymbol{u}(t)\\ \boldsymbol{y}(t)=\boldsymbol{C}\boldsymbol{x}(t)\end{cases} \tag{6.5}$$

式中，$\boldsymbol{x}(t)$为 n 维状态向量；$\dot{\boldsymbol{x}}(t)$为 $\boldsymbol{x}(t)$的微分向量；$\boldsymbol{u}(t)$为 p 维输入向量；$\boldsymbol{y}(t)$为 q 维输出向量；矩阵 $\boldsymbol{A}$、$\boldsymbol{B}$、$\boldsymbol{C}$ 为具有相应维数的实常量矩阵。

若式(6.5)所示的系统是完全状态能观测的，则状态向量估计值 $\hat{\boldsymbol{x}}(t)$可根据测量的输入向量 $\boldsymbol{u}(t)$，输出向量 $\boldsymbol{y}(t)$，以及矩阵 $\boldsymbol{A}$、$\boldsymbol{B}$、$\boldsymbol{C}$ 和 $\boldsymbol{G}$ 进行估计，构成渐近状态观测器，其状态空间表达式为

$$\hat{\Sigma}:\begin{cases}\dot{\hat{\boldsymbol{x}}}(t)=\boldsymbol{A}\hat{\boldsymbol{x}}(t)+\boldsymbol{B}\boldsymbol{u}(t)+\boldsymbol{G}(\boldsymbol{y}(t)-\hat{\boldsymbol{y}}(t))\\ \hat{\boldsymbol{y}}(t)=\boldsymbol{C}\hat{\boldsymbol{x}}(t)\end{cases} \tag{6.6}$$

式中，$\hat{\boldsymbol{x}}(t)$为 n 维状态向量 $\boldsymbol{x}(t)$的估计值；$\dot{\hat{\boldsymbol{x}}}(t)$为 $\hat{\boldsymbol{x}}(t)$的微分向量；$\hat{\boldsymbol{y}}(t)$为 q 维输

出向量 $\boldsymbol{y}(t)$的估计值；$\boldsymbol{G}$ 为状态观测器的状态增益矩阵。对式(6.6)进行化简可得状态观测器的动态方程为

$$\dot{\hat{\boldsymbol{x}}}(t)=(\boldsymbol{A}-\boldsymbol{GC})\hat{\boldsymbol{x}}(t)+\boldsymbol{Bu}(t)+\boldsymbol{Gy}(t) \tag{6.7}$$

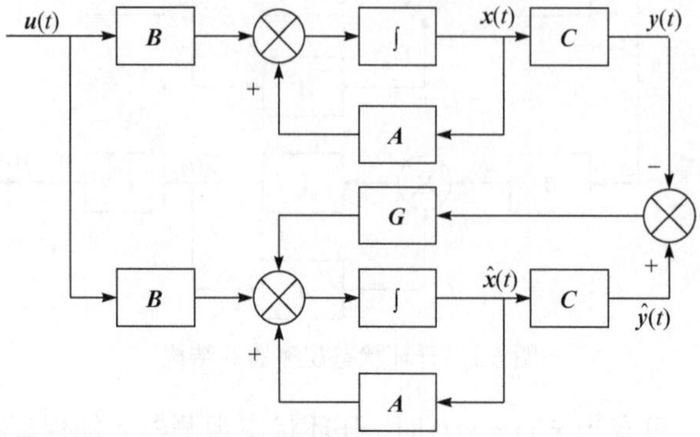

图 6.2　渐近状态观测器的结构

分析式(6.7)可得渐近状态观测器的结构如图 6.2 所示，图 6.2 中输入信号为 $\boldsymbol{u}(t)$，输出信号为 $\boldsymbol{y}(t)$和 $\boldsymbol{y}(t)$的估计值 $\hat{\boldsymbol{y}}(t)$，$\int$ 为积分项。分析图 6.2 可得渐近状态观测器状态空间方程为

$$\begin{aligned}\dot{\hat{\boldsymbol{x}}}(t)-\dot{\boldsymbol{x}}(t)&=(\boldsymbol{A}-\boldsymbol{GC})\hat{\boldsymbol{x}}(t)+\boldsymbol{Bu}(t)+\boldsymbol{Gy}(t)-\boldsymbol{Ax}(t)-\boldsymbol{Bu}(t)\\&=(\boldsymbol{A}-\boldsymbol{GC})(\hat{\boldsymbol{x}}(t)-\boldsymbol{x}(t))\end{aligned} \tag{6.8}$$

状态估计误差的解 $\hat{\boldsymbol{x}}(t)-\boldsymbol{x}(t)$为

$$\hat{\boldsymbol{x}}(t)-\boldsymbol{x}(t)=\mathrm{e}^{(\boldsymbol{A}-\boldsymbol{GC})(t)}[\hat{\boldsymbol{x}}(0)-\boldsymbol{x}(0)] \tag{6.9}$$

若使观测器系数矩阵 $\boldsymbol{A}-\boldsymbol{GC}$ 的所有特征值均具有负实部，则

$$\lim_{t\to\infty}(\hat{\boldsymbol{x}}(t)-\boldsymbol{x}(t))=\lim_{t\to\infty}\mathrm{e}^{(\boldsymbol{A}-\boldsymbol{GC})(t)}[\hat{\boldsymbol{x}}(0)-\boldsymbol{x}(0)]=0 \tag{6.10}$$

分析式(6.9)和式(6.10)可得，只要保证渐近状态观测器的系数矩阵 $\boldsymbol{A}-\boldsymbol{GC}$ 的特征值均具有负实部，则可保证渐近状态观测器是稳定的，过渡过程结束后，观测器的估计值 $\hat{\boldsymbol{x}}(t)$能够准确趋近系统状态值 $\boldsymbol{x}(t)$，故相比于开环状态观测器，渐近状态观测器应用范围更广泛。

6.1.2　降维状态观测器原理

降维状态观测器是一种基于可直接测量的变量来估计系统不可测量状态变量的观测器，其阶数小于所估计的系统阶数，实现原理如下。

给定 n 维线性定常系统

$$\Sigma:\begin{cases}\dot{\boldsymbol{x}}(t)=\boldsymbol{A}\boldsymbol{x}(t)+\boldsymbol{B}\boldsymbol{u}(t)\\ \boldsymbol{y}(t)=\boldsymbol{C}\boldsymbol{x}(t)\end{cases}\tag{6.11}$$

式中，$\boldsymbol{x}(t)$为 n 维状态向量；$\dot{\boldsymbol{x}}(t)$为 $\boldsymbol{x}(t)$的微分向量；$\boldsymbol{u}(t)$为 p 维输入向量；$\boldsymbol{y}(t)$为 q 维输出向量；矩阵 $\boldsymbol{A}$、$\boldsymbol{B}$、$\boldsymbol{C}$ 为具有相应维数的实常量矩阵。

若式(6.11)所示的系统是完全状态能观测的，并且有

$$\operatorname{rank}\boldsymbol{C}=q\tag{6.12}$$

则可对式(6.11)做等价变换 $\bar{\boldsymbol{x}}(t)=\boldsymbol{P}\boldsymbol{x}(t)$，系统状态空间方程变为

$$\bar{\Sigma}:\begin{cases}\begin{bmatrix}\dot{\bar{\boldsymbol{x}}}_1(t)\\ \dot{\bar{\boldsymbol{x}}}_2(t)\end{bmatrix}=\begin{bmatrix}\bar{\boldsymbol{A}}_{11} & \bar{\boldsymbol{A}}_{12}\\ \bar{\boldsymbol{A}}_{21} & \bar{\boldsymbol{A}}_{22}\end{bmatrix}\begin{bmatrix}\bar{\boldsymbol{x}}_1(t)\\ \bar{\boldsymbol{x}}_2(t)\end{bmatrix}+\begin{bmatrix}\bar{\boldsymbol{B}}_1\\ \bar{\boldsymbol{B}}_2\end{bmatrix}\boldsymbol{u}(t)\\ \boldsymbol{y}(t)=\begin{bmatrix}\boldsymbol{0} & \boldsymbol{I}\end{bmatrix}\begin{bmatrix}\bar{\boldsymbol{x}}_1(t)\\ \bar{\boldsymbol{x}}_2(t)\end{bmatrix}\end{cases}\tag{6.13}$$

式中，$\dot{\bar{\boldsymbol{x}}}_1(t)$ 为 $n-q$ 维新状态分量；$\dot{\bar{\boldsymbol{x}}}_2(t)$ 为 q 维状态分量；$\bar{\boldsymbol{A}}_{11}$ 为$(n-q)\times(n-q)$矩阵；$\bar{\boldsymbol{A}}_{12}$ 为$(n-q)\times q$ 矩阵；$\bar{\boldsymbol{A}}_{21}$ 为 $q\times(n-q)$矩阵；$\bar{\boldsymbol{A}}_{22}$ 为 $q\times q$ 矩阵；$\bar{\boldsymbol{B}}_1$ 为$(n-q)\times 1$ 矩阵；$\bar{\boldsymbol{B}}_2$ 为 $q\times 1$ 矩阵。

由式(6.13)的输出方程可得，状态向量 $\bar{\boldsymbol{x}}(t)$的后 q 个状态向量 $\bar{\boldsymbol{x}}_2(t)$ 就是系统输出 $\boldsymbol{y}(t)$，不需要进行估计。故为系统设计状态观测器时，只需估计出 $\bar{\boldsymbol{x}}_1(t)$ 的 $n-q$ 个状态变量即可。则式(6.13)可改写为

$$\begin{cases}\dot{\bar{\boldsymbol{x}}}_1(t)=\bar{\boldsymbol{A}}_{11}\bar{\boldsymbol{x}}_1(t)+\bar{\boldsymbol{A}}_{12}\bar{\boldsymbol{x}}_2(t)+\bar{\boldsymbol{B}}_1\boldsymbol{u}(t)\\ \dot{\bar{\boldsymbol{x}}}_2(t)=\bar{\boldsymbol{A}}_{22}\bar{\boldsymbol{x}}_2(t)+\bar{\boldsymbol{A}}_{21}\bar{\boldsymbol{x}}_1(t)+\bar{\boldsymbol{B}}_2\boldsymbol{u}(t)\end{cases}\tag{6.14}$$

令 $\boldsymbol{v}(t)=\bar{\boldsymbol{A}}_{12}\bar{\boldsymbol{x}}_2(t)+\bar{\boldsymbol{B}}_1\boldsymbol{u}(t)=\bar{\boldsymbol{A}}_{12}\boldsymbol{y}(t)+\bar{\boldsymbol{B}}_1\boldsymbol{u}(t)$， $\boldsymbol{z}(t)=\bar{\boldsymbol{A}}_{21}\bar{\boldsymbol{x}}_1(t)=\dot{\bar{\boldsymbol{x}}}_2(t)-\bar{\boldsymbol{A}}_{22}\bar{\boldsymbol{x}}_2(t)-\bar{\boldsymbol{B}}_2\boldsymbol{u}(t)=\dot{\boldsymbol{y}}(t)-\bar{\boldsymbol{A}}_{22}(t)-\bar{\boldsymbol{B}}_2\boldsymbol{u}(t)$，把 $\bar{\boldsymbol{x}}_1(t)$ 看成 $n-q$ 维子系统的状态向量，把 $\boldsymbol{z}(t)$作为输出量时，则子系统状态空间方程为

$$\begin{cases}\dot{\bar{\boldsymbol{x}}}(t)=\bar{\boldsymbol{A}}_{11}\bar{\boldsymbol{x}}_1(t)+\boldsymbol{v}(t)\\ \boldsymbol{z}(t)=\bar{\boldsymbol{A}}_{21}\bar{\boldsymbol{x}}_1(t)\end{cases}\tag{6.15}$$

若式(6.15)所示的系统完全能观测，则可构造一个 $n-q$ 维 $\bar{\boldsymbol{x}}_1(t)$ 的状态观测器：

$$\dot{\hat{\bar{\boldsymbol{x}}}}_1(t)=\left(\bar{\boldsymbol{A}}_{11}-\bar{\boldsymbol{E}}\bar{\boldsymbol{A}}_{21}\right)\hat{\bar{\boldsymbol{x}}}_1(t)+\bar{\boldsymbol{E}}\boldsymbol{z}(t)+\boldsymbol{v}(t)\tag{6.16}$$

将 $\boldsymbol{v}(t)$和 $\boldsymbol{z}(t)$代入式(6.16)可得状态变量 $\bar{\boldsymbol{x}}_1(t)$ 的状态观测器为

$$\dot{\hat{\bar{\boldsymbol{x}}}}_1(t)=(\bar{\boldsymbol{A}}_{11}-\bar{\boldsymbol{E}}\bar{\boldsymbol{A}}_{21})\hat{\bar{\boldsymbol{x}}}_1(t)+(\bar{\boldsymbol{B}}_1-\bar{\boldsymbol{E}}\bar{\boldsymbol{B}}_2)\boldsymbol{u}(t)+(\bar{\boldsymbol{A}}_{12}-\bar{\boldsymbol{E}}\bar{\boldsymbol{A}}_{22})\boldsymbol{y}(t)+\bar{\boldsymbol{E}}\dot{\boldsymbol{y}}(t)\tag{6.17}$$

为了避免式(6.17)中微分信号 $\dot{\boldsymbol{y}}(t)$的出现，定义变量 $\boldsymbol{w}(t)=\hat{\bar{\boldsymbol{x}}}_1(t)-\bar{\boldsymbol{E}}\boldsymbol{y}(t)$，将其

微分化后，代入式(6.16)可得

$$\begin{aligned}\dot{\boldsymbol{w}}(t) &= \dot{\hat{\bar{\boldsymbol{x}}}}_1(t) - \bar{\boldsymbol{E}}\dot{\boldsymbol{y}}(t) \\ &= (\bar{\boldsymbol{A}}_{11} - \bar{\boldsymbol{E}}\bar{\boldsymbol{A}}_{21})\boldsymbol{w}(t) + (\bar{\boldsymbol{B}}_1 - \bar{\boldsymbol{E}}\bar{\boldsymbol{B}}_2)\boldsymbol{u}(t) + [(\bar{\boldsymbol{A}}_{12} - \bar{\boldsymbol{E}}\bar{\boldsymbol{A}}_{22}) + (\bar{\boldsymbol{A}}_{11} - \bar{\boldsymbol{E}}\bar{\boldsymbol{A}}_{21})\bar{\boldsymbol{E}}]\boldsymbol{y}(t)\end{aligned} \tag{6.18}$$

系统状态向量 $\bar{\boldsymbol{x}}(t)$ 的估计值 $\hat{\bar{\boldsymbol{x}}}(t)$ 为

$$\hat{\bar{\boldsymbol{x}}}(t) = \begin{bmatrix} \hat{\bar{\boldsymbol{x}}}_1(t) \\ \boldsymbol{y}(t) \end{bmatrix} = \begin{bmatrix} \boldsymbol{w}(t) + \bar{\boldsymbol{E}}\boldsymbol{y}(t) \\ \boldsymbol{y}(t) \end{bmatrix} = \begin{bmatrix} \boldsymbol{I} & \bar{\boldsymbol{E}} \\ \boldsymbol{0} & \boldsymbol{I} \end{bmatrix} \begin{bmatrix} \boldsymbol{w}(t) \\ \boldsymbol{y}(t) \end{bmatrix} \tag{6.19}$$

系统降维状态观测器 $\boldsymbol{x}(t)$的估计值 $\hat{\boldsymbol{x}}(t)$ 为

$$\hat{\boldsymbol{x}}(t) = \boldsymbol{P}^{-1}\hat{\bar{\boldsymbol{x}}}(t) = \begin{bmatrix} \boldsymbol{Q}_1 & \boldsymbol{Q}_2 \end{bmatrix}\hat{\bar{\boldsymbol{x}}}(t), \quad \boldsymbol{P}^{-1} = \begin{bmatrix} \boldsymbol{Q}_1 & \boldsymbol{Q}_2 \end{bmatrix} \tag{6.20}$$

则降维状态观测器结构如图 6.3 所示。

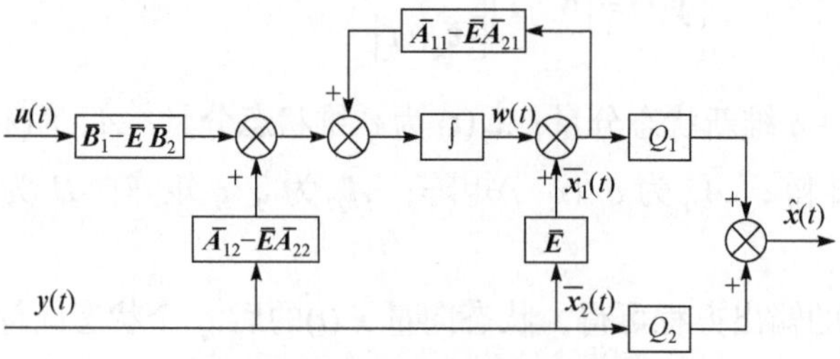

图 6.3　降维状态观测器结构图

降维状态观测器相比于全维状态观测器，具有结构更简单、维数更低、设计和实现更容易等优点，已成为目前应用最广泛的观测器。

6.2　状态观测器设计

6.2.1　全维状态观测器设计

1. 全维状态观测器设计步骤

全维状态观测器设计的任务就是在已知受控系统 $\varSigma(\boldsymbol{A},\boldsymbol{B},\boldsymbol{C})$ 和观测器期望特征值 $\lambda_1^*, \lambda_2^*, \cdots, \lambda_n^*$，位置的情况下，利用系统输入变量 $\boldsymbol{u}(t)$的实测值和输出向量 $\boldsymbol{y}(t)$ 的实测值来估计系统所有状态变量的观测器。具体实现步骤如下：

(1) 计算对偶系数矩阵，$\bar{\boldsymbol{A}} = \boldsymbol{A}^{\mathrm{T}}$，$\bar{\boldsymbol{B}} = \boldsymbol{C}^{\mathrm{T}}$。

(2) 计算矩阵 $\bar{\boldsymbol{A}}$ 的特征多项式

$$a(s) = \det(s\boldsymbol{I} - \bar{\boldsymbol{A}}) = s^n + a_1 s^{n-1} + \cdots + a_{n-1}s + a_n \tag{6.21}$$

(3) 计算系统期望特征多项式

$$(s-\lambda_1^*)(s-\lambda_2^*)\cdots(s-\lambda_n^*)=s^n+a_1^*s^{n-1}+\cdots+a_{n-1}^*s+a_n^* \tag{6.22}$$

(4) 计算反馈增益矩阵 $\tilde{\boldsymbol{G}}$

$$\tilde{\boldsymbol{G}}=[a_n^*-a_n,a_{n-1}^*-a_{n-1},\cdots,a_1^*-a_1] \tag{6.23}$$

(5) 计算变换矩阵 $\boldsymbol{P}$

$$\boldsymbol{Q}=\begin{bmatrix}\bar{\boldsymbol{B}} & \bar{\boldsymbol{A}}\bar{\boldsymbol{B}} & \cdots & \bar{\boldsymbol{A}}^{n-1}\bar{\boldsymbol{B}}\end{bmatrix}\begin{bmatrix}a_{n-1} & \cdots & a_1 & 1\\ \vdots & \iddots & \iddots & 0\\ a_1 & 1 & \iddots & \vdots\\ 1 & 0 & \cdots & 0\end{bmatrix} \tag{6.24}$$

$$\boldsymbol{P}=\boldsymbol{Q}^{-1} \tag{6.25}$$

(6) 计算状态增益矩阵 $\boldsymbol{G}$

$$\boldsymbol{G}=(\tilde{\boldsymbol{G}}\boldsymbol{P})^{\mathrm{T}} \tag{6.26}$$

(7) 计算全维观测器状态方程

$$\dot{\hat{\boldsymbol{x}}}(t)=(\boldsymbol{A}-\boldsymbol{G}\boldsymbol{C})\hat{\boldsymbol{x}}(t)+\boldsymbol{B}\boldsymbol{u}(t)+\boldsymbol{G}\boldsymbol{y}(t) \tag{6.27}$$

2. 全维状态观测器系统设计例题

已知系统状态空间表达式为

$$\begin{aligned}\dot{\boldsymbol{x}}(t)&=\begin{bmatrix}0 & 0 & 0\\ 1 & -1 & 0\\ 0 & 1 & -1\end{bmatrix}\boldsymbol{x}(t)+\begin{bmatrix}1\\ 0\\ 0\end{bmatrix}\boldsymbol{u}(t)\\ \boldsymbol{y}(t)&=\begin{bmatrix}0 & 1 & 1\end{bmatrix}\boldsymbol{x}(t)\end{aligned} \tag{6.28}$$

设计全维状态观测器，使得该状态观测器特征值为 $\lambda_1=-4+\mathrm{j}4$，$\lambda_2=-4-\mathrm{j}4$，$\lambda_3=-5$。

解　(1) 计算对偶系数矩阵 $\bar{\boldsymbol{A}}$ 和 $\bar{\boldsymbol{B}}$

$$\bar{\boldsymbol{A}}=\boldsymbol{A}^{\mathrm{T}}=\begin{bmatrix}0 & 1 & 0\\ 0 & -1 & 1\\ 0 & 0 & -1\end{bmatrix} \tag{6.29}$$

$$\bar{\boldsymbol{B}}=\boldsymbol{C}^{\mathrm{T}}=[0\quad 1\quad 1]^{\mathrm{T}} \tag{6.30}$$

(2) 计算矩阵 $\bar{\boldsymbol{A}}$ 的特征多项式，根据

$$\det(s\boldsymbol{I}-\bar{\boldsymbol{A}})=s^3+a_1s^2+a_2s+a_3 \tag{6.31}$$

解得 $\bar{\boldsymbol{A}}$ 的特征多项式系数为 $a_1=2$，$a_2=1$，$a_3=3$。

(3) 计算系统期望特征多项式，根据观测器期望特征值 $\lambda_1=-4+\mathrm{j}4$、$\lambda_2=-4-\mathrm{j}4$ 和 $\lambda_3=-5$，可求得观测器的期望特征多项式为

$$(s-\lambda_1)(s-\lambda_2)(s-\lambda_3)=s^3+13s^2+72s+160 \tag{6.32}$$

解得期望特征多项式系数为 $a_1^*=13$，$a_2^*=72$，$a_3^*=160$ 。

(4) 计算反馈增益矩阵 $\tilde{\boldsymbol{G}}$

$$\tilde{\boldsymbol{G}}=[a_3^*-a_3 \quad a_2^*-a_2 \quad a_1^*-a_1]=[160 \quad 71 \quad 11] \tag{6.33}$$

(5) 计算变换矩阵 $\boldsymbol{P}$，根据

$$\boldsymbol{Q}=[\bar{\boldsymbol{B}} \quad \bar{\boldsymbol{A}}\bar{\boldsymbol{B}} \quad \cdots \quad \bar{\boldsymbol{A}}^{n-1}\bar{\boldsymbol{B}}]\begin{bmatrix} a_2 & a_1 & 1 \\ a_1 & 1 & 0 \\ 1 & 0 & 0 \end{bmatrix}=\begin{bmatrix} 2 & 1 & 0 \\ 0 & 2 & 1 \\ 0 & 1 & 1 \end{bmatrix} \tag{6.34}$$

解得变换矩阵

$$\boldsymbol{P}=\boldsymbol{Q}^{-1}=\begin{bmatrix} 0.5 & -0.5 & 0.5 \\ 0 & 1 & -1 \\ 0 & -1 & 2 \end{bmatrix} \tag{6.35}$$

(6) 计算状态增益矩阵，根据

$$\boldsymbol{G}=(\tilde{\boldsymbol{G}}\boldsymbol{P})^{\mathrm{T}} \tag{6.36}$$

解得状态增益矩阵

$$\boldsymbol{G}=\begin{bmatrix} 80 \\ -20 \\ 31 \end{bmatrix} \tag{6.37}$$

(7) 计算全维观测器状态方程，根据

$$\dot{\hat{\boldsymbol{x}}}(t)=(\boldsymbol{A}-\boldsymbol{G}\boldsymbol{C})\hat{\boldsymbol{x}}(t)+\boldsymbol{B}\boldsymbol{u}(t)+\boldsymbol{G}\boldsymbol{y}(t) \tag{6.38}$$

解得全维观测器状态方程为

$$\dot{\hat{\boldsymbol{x}}}(t)=\begin{bmatrix} 0 & -80 & -80 \\ 1 & 19 & 20 \\ 0 & -30 & -32 \end{bmatrix}\hat{\boldsymbol{x}}(t)+\begin{bmatrix} 1 \\ 0 \\ 0 \end{bmatrix}\boldsymbol{u}(t)+\begin{bmatrix} 80 \\ -20 \\ 31 \end{bmatrix}\boldsymbol{y}(t) \tag{6.39}$$

6.2.2 降维状态观测器设计

1. 降维状态观测器设计步骤

降维状态观测器设计的任务就是在已知受控系统 $\Sigma(\boldsymbol{A}, \boldsymbol{B}, \boldsymbol{C})$和观测器期望特征值 $\lambda_1^*, \lambda_2^*, \cdots, \lambda_{n-q}^*$ 位置的情况下，利用系统输入变量 $\boldsymbol{u}(t)$的实测值和输出向量 $\boldsymbol{y}(t)$的实测值来估计系统不可测量状态变量的观测器。具体实现步骤如下：

(1) 构造非奇异等价变换矩阵 $\boldsymbol{P}=[\boldsymbol{D} \quad \boldsymbol{C}]^{\mathrm{T}}$，并求 $\boldsymbol{P}^{-1}=[\boldsymbol{Q}_1 \quad \boldsymbol{Q}_2]$。

(2) 计算变换系统的系数矩阵，并分块化

$$\bar{\boldsymbol{A}} = \boldsymbol{PAP}^{-1} = \begin{bmatrix} \bar{\boldsymbol{A}}_{11} & \bar{\boldsymbol{A}}_{12} \\ \bar{\boldsymbol{A}}_{21} & \bar{\boldsymbol{A}}_{22} \end{bmatrix}, \ \bar{\boldsymbol{B}} = \boldsymbol{PB} = \begin{bmatrix} \bar{\boldsymbol{B}}_1 \\ \bar{\boldsymbol{B}}_2 \end{bmatrix}, \ \bar{\boldsymbol{C}} = \boldsymbol{CP}^{-1} \tag{6.40}$$

(3) 根据观测器的期望特征值，求出期望特征多项式 $a(s)$。

(4) 根据式(6.41)求解常值矩阵 $\bar{\boldsymbol{E}}$：

$$\det[s\boldsymbol{I} - (\bar{\boldsymbol{A}}_{11} - \bar{\boldsymbol{E}}\bar{\boldsymbol{A}}_{21})] = a(s) \tag{6.41}$$

(5) 计算降维状态观测器方程

$$\dot{\boldsymbol{w}}(t) = (\bar{\boldsymbol{A}}_{11} - \bar{\boldsymbol{E}}\bar{\boldsymbol{A}}_{21})\boldsymbol{w}(t) + (\bar{\boldsymbol{B}}_1 - \bar{\boldsymbol{E}}\bar{\boldsymbol{B}}_2)\boldsymbol{u}(t) + [\bar{\boldsymbol{A}}_{12} - \bar{\boldsymbol{E}}\bar{\boldsymbol{A}}_{22} + (\bar{\boldsymbol{A}}_{11} - \bar{\boldsymbol{E}}\bar{\boldsymbol{A}}_{21})\bar{\boldsymbol{E}}]\boldsymbol{y}(t) \tag{6.42}$$

(6) 计算状态向量 $\bar{\boldsymbol{x}}(t)$ 的估计值 $\hat{\bar{\boldsymbol{x}}}_1(t)$ 为

$$\hat{\bar{\boldsymbol{x}}}(t) = \begin{bmatrix} \hat{\bar{\boldsymbol{x}}}_1(t) \\ \boldsymbol{y}(t) \end{bmatrix} = \begin{bmatrix} \boldsymbol{w}(t) + \bar{\boldsymbol{E}}\boldsymbol{y}(t) \\ \boldsymbol{y}(t) \end{bmatrix} = \begin{bmatrix} \boldsymbol{I} & \bar{\boldsymbol{E}} \\ \boldsymbol{0} & \boldsymbol{I} \end{bmatrix} \begin{bmatrix} \boldsymbol{w}(t) \\ \boldsymbol{y}(t) \end{bmatrix} \tag{6.43}$$

(7) 计算状态向量 $\boldsymbol{x}(t)$的估计值 $\hat{x}(t)$

$$\hat{\boldsymbol{x}}(t) = \boldsymbol{P}^{-1}\hat{\bar{\boldsymbol{x}}}(t) = [\boldsymbol{Q}_1 \quad \boldsymbol{Q}_2]\hat{\bar{\boldsymbol{x}}}(t) \tag{6.44}$$

2. 降维状态观测器系统设计例题

已知系统状态空间表达式为

$$\begin{aligned} \dot{\boldsymbol{x}}(t) &= \begin{bmatrix} 0 & 0 & 0 \\ 0 & -1 & 0 \\ 0 & 1 & -1 \end{bmatrix} \boldsymbol{x}(t) + \begin{bmatrix} 1 \\ 0 \\ 0 \end{bmatrix} \boldsymbol{u}(t) \\ \boldsymbol{y}(t) &= [0 \quad 1 \quad 1]\boldsymbol{x}(t) \end{aligned} \tag{6.45}$$

设计降维状态观测器，使得该状态观测器特征值为 $\lambda_1=-4+\mathrm{j}4$，$\lambda_2=-4-\mathrm{j}4$。

解 (1) 构造非奇异等价变换矩阵 $\boldsymbol{P}$，并求 $\boldsymbol{P}^{-1}$，根据

$$\boldsymbol{P} = \begin{bmatrix} 1 & 0 & 0 \\ 0 & 1 & 0 \\ 0 & 1 & 1 \end{bmatrix} \tag{6.46}$$

解得等价变换矩阵 $\boldsymbol{P}$ 的逆为

$$P^{-1}=\begin{bmatrix}1 & 0 & 0\\0 & 1 & 0\\0 & -1 & 1\end{bmatrix} \tag{6.47}$$

(2) 计算变换系统的系数矩阵，并分块化，根据

$$\bar{A}=PAP^{-1}=\begin{bmatrix}0 & 0 & 0\\1 & -1 & 0\\1 & 1 & -1\end{bmatrix}=\begin{bmatrix}\bar{A}_{11} & \bar{A}_{12}\\\bar{A}_{21} & \bar{A}_{22}\end{bmatrix} \tag{6.48}$$

$$\bar{B}=PB=\begin{bmatrix}1\\0\\0\end{bmatrix}=\begin{bmatrix}\bar{B}_1\\\bar{B}_2\end{bmatrix} \tag{6.49}$$

$$\bar{C}=CP^{-1}=[0\quad 0\quad 1] \tag{6.50}$$

解得分块矩阵

$$\bar{A}_{11}=\begin{bmatrix}0 & 0\\1 & -1\end{bmatrix}，\ \bar{A}_{12}=\begin{bmatrix}0\\0\end{bmatrix}，\ \bar{A}_{21}=[1\quad 1]，\ \bar{A}_{22}=-1，\ \bar{B}_1=\begin{bmatrix}1\\0\end{bmatrix}，\ \bar{B}_2=0 \tag{6.51}$$

(3) 计算期望特征多项式 $a(s)$，根据观测器的期望特征值 $\lambda_1=-4+\mathrm{j}4$，$\lambda_2=-4-\mathrm{j}4$，解得期望特征多项式

$$a(s)=(s-\lambda_1)(s-\lambda_2)=s^2+8s+32 \tag{6.52}$$

(4) 计算常值矩阵 $\bar{E}$，根据

$$\det[sI-(\bar{A}_{11}-\bar{E}\bar{A}_{21})]=a(s) \tag{6.53}$$

解得常值矩阵

$$\bar{E}=\begin{bmatrix}16\\-9\end{bmatrix} \tag{6.54}$$

(5) 计算降维状态观测器方程，根据

$$\dot{w}(t)=(\bar{A}_{11}-\bar{E}\bar{A}_{21})w(t)+(\bar{B}_1-\bar{E}\bar{B}_2)u(t)+[\bar{A}_{12}-\bar{E}\bar{A}_{22}+(\bar{A}_{11}-\bar{E}\bar{A}_{21})\bar{E}]y(t)$$

解得降维状态观测器方程为

$$\dot{w}(t)=\begin{bmatrix}-16 & -16\\10 & -8\end{bmatrix}w(t)+\begin{bmatrix}1\\0\end{bmatrix}u(t)+\begin{bmatrix}-96\\79\end{bmatrix}y(t) \tag{6.55}$$

(6) 计算状态向量 $\bar{x}(t)$ 的估计值 $\hat{\bar{x}}(t)$

$$\hat{\bar{x}}(t)=\begin{bmatrix}I & \bar{E}\\0 & I\end{bmatrix}\begin{bmatrix}w(t)\\y(t)\end{bmatrix}=\begin{bmatrix}1 & 0 & 16\\0 & 1 & -9\\0 & 0 & 1\end{bmatrix}\begin{bmatrix}w(t)\\y(t)\end{bmatrix} \tag{6.56}$$

(7) 计算状态向量 $\boldsymbol{x}(t)$ 的估计值 $\hat{\boldsymbol{x}}(t)$

$$\hat{\boldsymbol{x}}(t)=\boldsymbol{P}^{-1}\hat{\bar{\boldsymbol{x}}}(t)=\begin{bmatrix}1 & 0 & 16\\ 0 & 1 & -9\\ 0 & -1 & 10\end{bmatrix}\begin{bmatrix}\boldsymbol{w}(t)\\ \boldsymbol{y}(t)\end{bmatrix} \tag{6.57}$$

6.3　带状态观测器的控制系统设计范例

6.3.1　带状态观测器的二阶系统设计范例

已知单位反馈二阶系统的开环传递函数为

$$G_0(s)=\frac{25}{s^2+3s+25} \tag{6.58}$$

设计带状态反馈的状态观测器，使系统在单位阶跃信号 $r(t)=1(t)$ 作用下满足如下性能指标：超调量 $M_p\leqslant 20\%$，稳态误差 $e_{ss}=0.1$，调节时间 $t_s\leqslant 2\text{s}$。

带状态观测器的二阶系统设计过程如下。

1. 系统分析

绘制系统单位阶跃响应下的响应曲线如图 6.4 所示，程序见 6.6 节“程序附录”的 6.1。

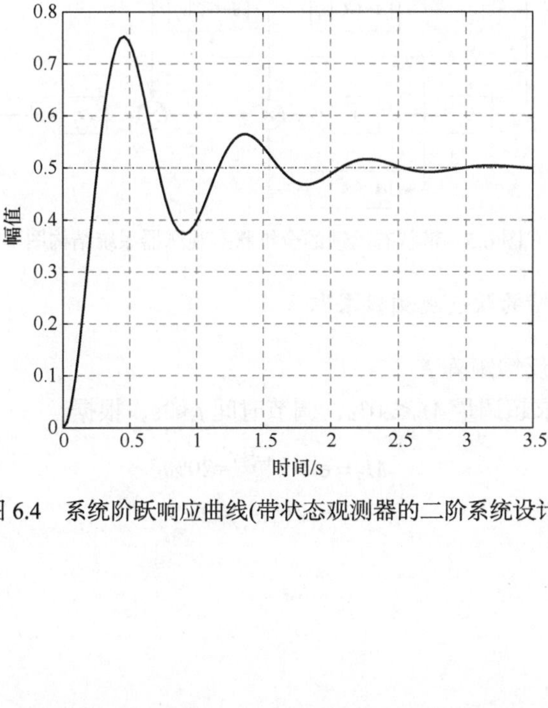

图 6.4　系统阶跃响应曲线(带状态观测器的二阶系统设计)

分析图 6.4，系统超调量 M_p=75%>20%，调节时间 t_s=2.25s>2s，稳态误差 e_{ss}=0.5>0.1，系统超调量、调节时间和稳态误差不满足期望要求。

根据式(6.58)可得二阶系统状态空间方程为

$$\Sigma:\begin{cases}\dot{\boldsymbol{x}}(t)=\begin{bmatrix}-3 & -6.25\\ 4 & 0\end{bmatrix}\boldsymbol{x}(t)+\begin{bmatrix}2\\ 0\end{bmatrix}\boldsymbol{u}(t)\\ \boldsymbol{y}(t)=\begin{bmatrix}0 & 3.125\end{bmatrix}\boldsymbol{x}(t)\end{cases} \tag{6.59}$$

对式(6.59)所示的系统进行能控能观性分析，程序见 6.6 节“程序附录”的 6.2，可得 rank(**M**)=2，系统完全能控，可通过状态反馈对系统进行极点配置；rank(**N**)=2，系统完全能观，满足全维观测器极点配置条件。

2. 状态观测器设计

由于系统完全能观能控，为了使超调量、调节时间和稳态误差均满足期望的性能指标要求，可采用带状态反馈的全维状态观测器对原系统进行控制，其系统结构如图 6.5 所示。

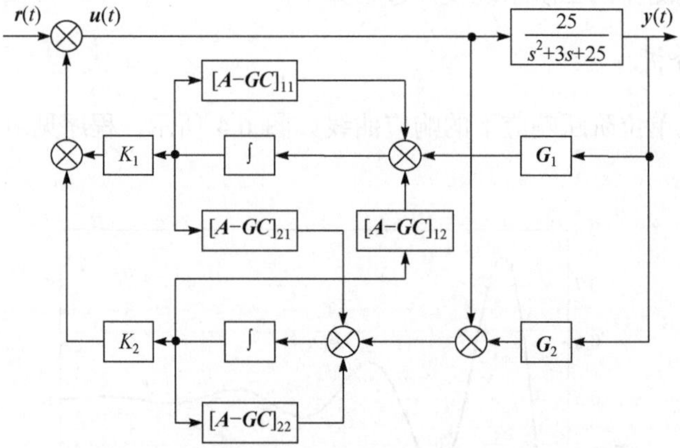

图 6.5　带状态反馈的全维状态观测器系统结构图

3. 带状态反馈的状态观测器求取

1) 计算状态反馈矩阵 **K**

由于系统要求超调量 $M_p \leqslant 20\%$，调节时间 $t_s \leqslant 2s$，根据

$$M_p=\mathrm{e}^{-(\zeta\pi/\sqrt{1-\zeta^2})}=20\% \tag{6.60}$$

$$t_s=4/(\zeta\omega_n)=2\mathrm{s} \tag{6.61}$$

解得 ζ=0.6，ω_n=3.33rad/s，则系统主导极点为

$$s_{1,2}=-\zeta\omega_n\pm \mathrm{j}\omega_n\sqrt{1-\zeta^2}=-2\pm \mathrm{j}2.67 \tag{6.62}$$

根据 6.6 节“程序附录”的 6.3 解得状态反馈矩阵 $\boldsymbol{K}$=[0.50　−1.73]。

2) 计算状态增益矩阵 $\boldsymbol{G}$

根据 6.6 节“程序附录”的 6.3 解得状态增益矩阵 $\boldsymbol{G}$=[1.92　5.44]^{T}。

3) 计算全维状态观测器状态方程

根据

$$\dot{\hat{\boldsymbol{x}}}(t)=(\boldsymbol{A}-\boldsymbol{GC})\hat{\boldsymbol{x}}(t)+\boldsymbol{Bu}(t)+\boldsymbol{Gy}(t) \tag{6.63}$$

解得状态观测器状态空间方程为

$$\dot{\hat{\boldsymbol{x}}}(t)=\begin{bmatrix}-3 & -12.5\\ 4 & -17\end{bmatrix}\hat{\boldsymbol{x}}(t)+\begin{bmatrix}2\\0\end{bmatrix}\boldsymbol{u}(t)+\begin{bmatrix}1.92\\5.44\end{bmatrix}\boldsymbol{y}(t) \tag{6.64}$$

4. 带状态反馈的全维状态观测器系统性能分析

绘制带状态反馈的全维状态观测器控制系统的单位阶跃响应如图 6.6 所示，程序见 6.6 节“程序附录”的 6.3。

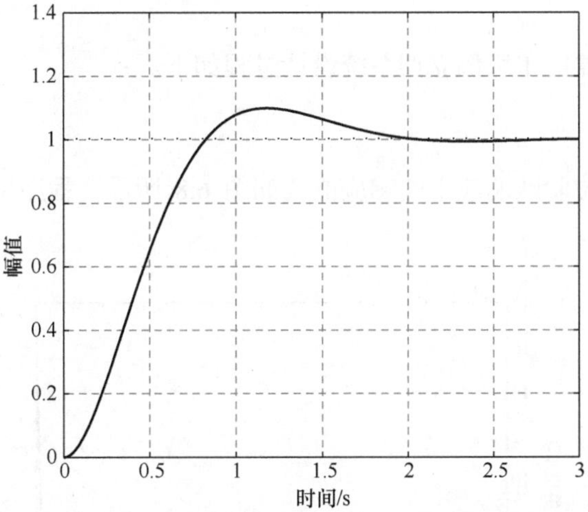

图 6.6　带状态反馈的全维状态观测器系统阶跃响应曲线(带状态观测器的二阶系统设计)

分析图 6.6，系统超调量 M_p=15%<20%，调节时间 t_s=1.8s<2s，稳态误差 e_{ss}=0.03<0.1，系统超调量、调节时间和稳态误差均满足期望要求。可得带状态反馈的全维状态观测器二阶系统结构如图 6.7 所示。

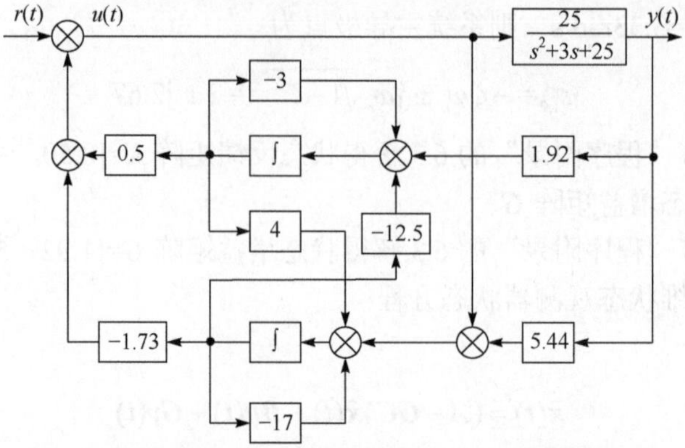

图 6.7　二阶系统带状态反馈的全维状态观测器结构图

6.3.2　带状态观测器的单级倒立摆控制系统设计范例

已知单级倒立摆系统小车的加速度 a 与摆杆角度 φ 之间的传递函数为

$$G_0(s)=\frac{\phi(s)}{V(s)}=\frac{0.02725}{0.0102125s^2-0.26705} \tag{6.65}$$

设计带状态反馈的状态观测器，使系统在单位阶跃响应 $r(t)=1(t)$作用下，单级倒立摆控制系统的响应指标满足：系统的超调量 $M_p \leqslant 20\%$，稳态误差 $e_{ss} \leqslant 0.1$，调节时间 $t_s \leqslant 5\text{s}$。

带状态观测器的单级倒立摆系统设计过程如下。

1. 系统分析

绘制系统单位阶跃响应下的响应曲线如图 6.8 所示，程序见 6.6 节“程序附录”的 6.4。

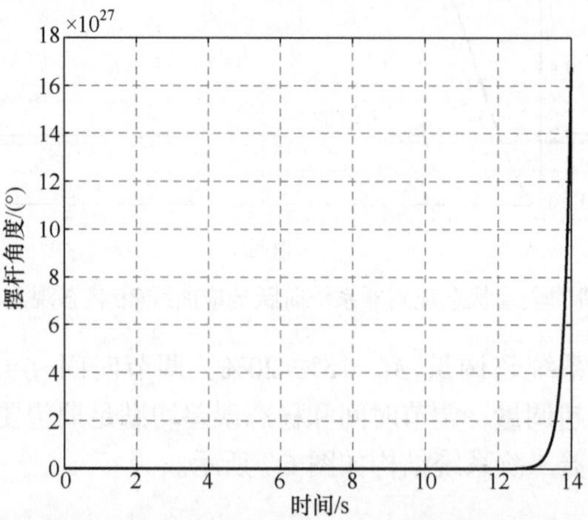

图 6.8　系统阶跃响应曲线(带状态观测器的单级倒立摆系统设计)

分析图 6.8，系统的单位阶跃响应不随时间的增加而衰减，呈现发散的趋势，系统不稳定。根据式(6.65)可得单级倒立摆系统的状态空间方程为

$$\Sigma:\begin{cases}\dot{\boldsymbol{x}}(t)=\begin{bmatrix}0 & 6.5373\\ 4 & 0\end{bmatrix}\boldsymbol{x}(t)+\begin{bmatrix}1\\ 0\end{bmatrix}\boldsymbol{u}(t)\\ \boldsymbol{y}(t)=\begin{bmatrix}0 & 0.6671\end{bmatrix}\boldsymbol{x}(t)\end{cases}\tag{6.66}$$

对式(6.66)所示的系统进行能控能观性分析，程序见 6.6 节“程序附录”的 6.5，可得 rank($\boldsymbol{M}$)=2，系统完全能控，可通过状态反馈对系统进行极点配置；rank($\boldsymbol{N}$)=2，系统完全能观，满足全维观测器极点配置条件。

2. 状态观测器设计

由于系统完全能观能控，为了使超调量、稳态误差和调节时间均满足期望的性能指标要求，可采用带状态反馈的全维状态观测器对原系统进行控制，系统结构如图 6.9 所示。

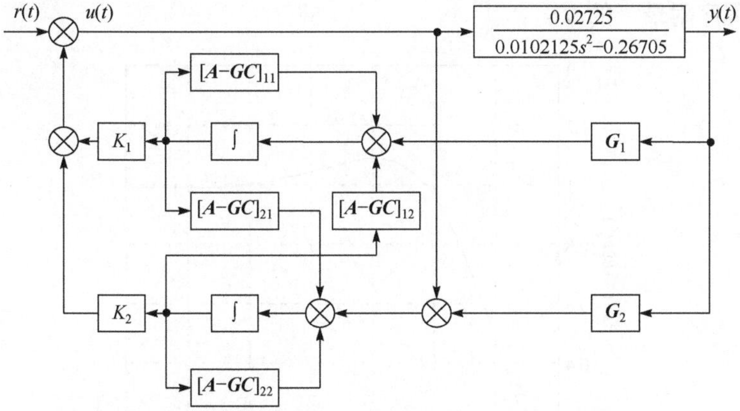

图 6.9　带状态反馈的全维状态观测器单级倒立摆系统结构图

3. 带状态反馈的全维状态观测器求取

1) 计算状态反馈矩阵 $\boldsymbol{K}$

由于系统要求超调量 $M_p\leqslant 20\%$，调节时间 $t_s\leqslant 5\text{s}$，根据

$$M_p=\mathrm{e}^{-(\zeta\pi/\sqrt{1-\zeta^2})}=20\%\tag{6.67}$$

$$t_s=4/(\zeta\omega_n)=5\text{s}\tag{6.68}$$

解得 $\zeta=0.6$，$\omega_n=1.3\text{rad/s}$，则系统主导极点为

$$s_{1,2}=-\zeta\omega_n \pm \mathrm{j}\omega_n\sqrt{1-\zeta^2}=-0.78\pm \mathrm{j}1.04 \tag{6.69}$$

根据 6.6 节“程序附录”的 6.6 解得状态反馈矩阵 $\boldsymbol{K}$=[1.56　6.96]。

2) 计算状态增益矩阵 $\boldsymbol{G}$

根据 6.6 节“程序附录”的 6.6 解得状态增益矩阵 $\boldsymbol{G}$=[47.28　29.98]^{T}。

3) 计算全维状态观测器状态方程

根据

$$\dot{\hat{\boldsymbol{x}}}(t)=(\boldsymbol{A}-\boldsymbol{GC})\hat{\boldsymbol{x}}(t)+\boldsymbol{B}\boldsymbol{u}(t)+\boldsymbol{G}\boldsymbol{y}(t) \tag{6.70}$$

解得状态观测器状态空间方程为

$$\dot{\hat{\boldsymbol{x}}}(t)=\begin{bmatrix}0 & -25\\ 4 & -20\end{bmatrix}\hat{\boldsymbol{x}}(t)+\begin{bmatrix}1\\0\end{bmatrix}\boldsymbol{u}(t)+\begin{bmatrix}47.28\\29.98\end{bmatrix}\boldsymbol{y}(t) \tag{6.71}$$

4. 带状态反馈的全维状态观测器系统性能分析

带状态反馈的全维状态观测器系统的单位阶跃响应如图 6.10 所示，程序见 6.6 节“程序附录”的 6.6。

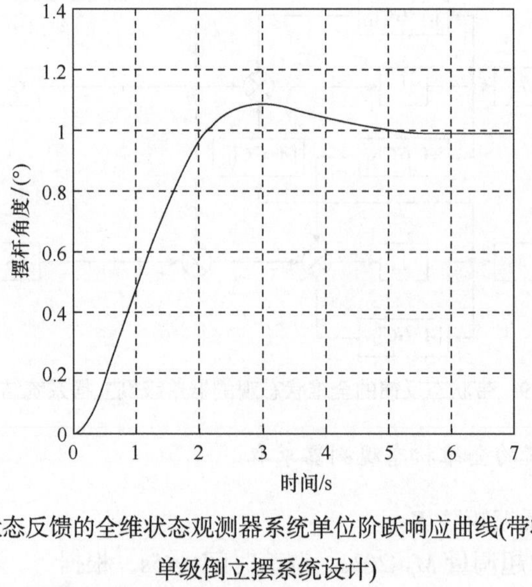

图 6.10　带状态反馈的全维状态观测器系统单位阶跃响应曲线(带状态观测器的单级倒立摆系统设计)

分析图 6.10，系统超调量 M_p=13%<20%，调节时间 t_s=4.8s<5s，稳态误差 e_{ss}=0.02<0.1，系统超调量、调节时间和稳态误差均满足期望要求。带状态反馈的全维状态观测器单级倒立摆系统结构如图 6.11 所示。

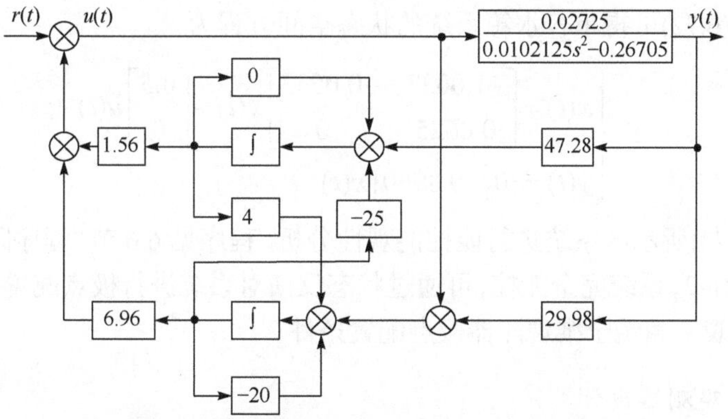

图 6.11　单级倒立摆系统带状态反馈的全维状态观测器结构图

6.3.3　带状态观测器的单容水箱控制系统设计范例

已知单容水箱系统调节阀开度 u 与液位高度 H 之间的传递函数为

$$G_0(s)=\frac{H(s)}{U(s)}=\frac{8.4}{(300s+1)(s+1)} \tag{6.72}$$

设计带状态反馈的状态观测器，使系统在单位阶跃响应 $r(t)=1(t)$作用下，单容水箱控制系统的响应指标满足：系统的超调量 $M_p\leqslant 20\%$，稳态误差 $e_{ss}\leqslant 0.05$，调节时间 $t_s\leqslant 5\text{s}$。

带状态观测器的单容水箱系统设计过程如下。

1. 系统分析

绘制系统单位阶跃响应下的响应曲线如图 6.12 所示，程序见 6.6 节“程序附录”的 6.7。分析图 6.12，系统稳态误差和调节时间均不满足期望性能指标要求。

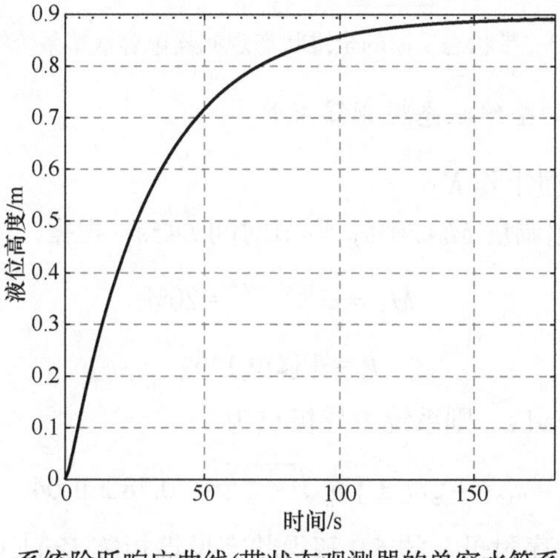

图 6.12　系统阶跃响应曲线(带状态观测器的单容水箱系统设计)

根据式(6.72)可得单容水箱系统的状态空间方程为

$$\Sigma:\begin{cases}\dot{\boldsymbol{x}}(t)=\begin{bmatrix}-1.0033 & -0.0533\\ 0.0625 & 0\end{bmatrix}\boldsymbol{x}(t)+\begin{bmatrix}0.5\\ 0\end{bmatrix}\boldsymbol{u}(t)\\ \boldsymbol{y}(t)=\begin{bmatrix}0 & 0.8960\end{bmatrix}\boldsymbol{x}(t)\end{cases} \tag{6.73}$$

对式(6.73)所示的系统进行能控能观性分析，程序见 6.6 节“程序附录”的 6.8，可得 rank($\boldsymbol{M}$)=2，系统完全能控，可通过状态反馈对系统进行极点配置；rank($\boldsymbol{N}$)=2，系统完全能观，满足全维观测器极点配置条件。

2. 状态观测器设计

由于系统完全能观能控，为了使超调量、稳态误差和调节时间均满足期望的性能指标要求，可采用带状态反馈的全维状态观测器对原系统进行控制，系统结构如图 6.13 所示。

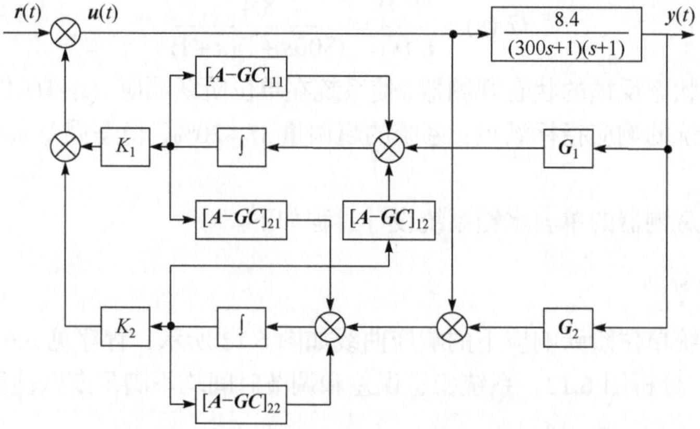

图 6.13　带状态反馈的全维状态观测器单容水箱系统结构图

3. 带状态反馈的全维状态观测器求取

1) 计算状态反馈矩阵 $\boldsymbol{K}$

由于系统要求超调量 $M_p \leqslant 20\%$，调节时间 $t_s \leqslant 5\text{s}$，根据

$$M_p = \mathrm{e}^{-(\zeta\pi/\sqrt{1-\zeta^2})}=20\% \tag{6.74}$$

$$t_s = 4/(\zeta\omega_n)=5\text{s} \tag{6.75}$$

解得 ζ=0.6，ω_n=1.3rad/s，则系统主导极点为

$$s_{1,2}=-\zeta\omega_n \pm \mathrm{j}\omega_n\sqrt{1-\zeta^2}=-0.78\pm \mathrm{j}1.04 \tag{6.76}$$

根据 6.6 节“程序附录”的 6.9 解得状态反馈矩阵 $\boldsymbol{K}$=[1.11　53.97]。

2) 计算状态增益矩阵 $\boldsymbol{G}$

根据 6.6 节“程序附录”的 6.9 解得状态增益矩阵 $\boldsymbol{G}=[1445 \quad 21.2]^{\mathrm{T}}$。

3) 计算全维状态观测器状态方程

根据

$$\dot{\hat{\boldsymbol{x}}}(t)=(\boldsymbol{A}-\boldsymbol{GC})\hat{\boldsymbol{x}}(t)+\boldsymbol{Bu}(t)+\boldsymbol{Gy}(t) \tag{6.77}$$

解得状态观测器状态空间方程为

$$\dot{\hat{\boldsymbol{x}}}(t)=\begin{bmatrix} -1 & -1295 \\ 0.1 & -19 \end{bmatrix}\hat{\boldsymbol{x}}(t)+\begin{bmatrix} 0.5 \\ 0 \end{bmatrix}\boldsymbol{u}(t)+\begin{bmatrix} 1445 \\ 21.2 \end{bmatrix}\boldsymbol{y}(t) \tag{6.78}$$

4. 带状态反馈的全维状态观测器系统性能分析

带状态反馈的全维状态观测器系统的单位阶跃响应如图 6.14 所示，程序见 6.6 节“程序附录”的 6.9。

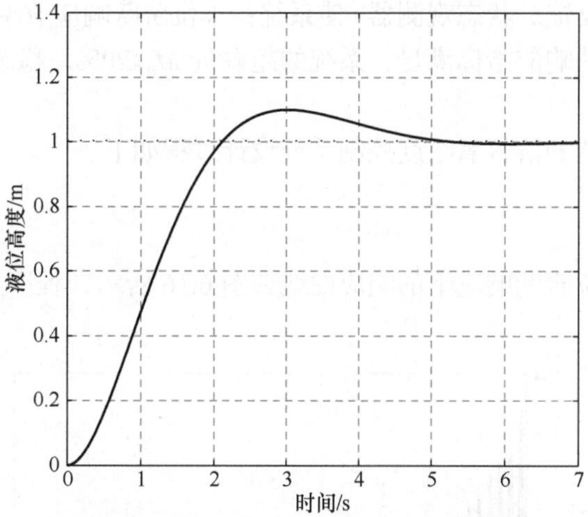

图 6.14　带状态反馈的全维状态观测器系统阶跃响应曲线(带状态观测器的单容水箱系统设计)

分析图 6.14，系统超调量 M_p=14%<20%，调节时间 t_s=4.8s<5s，稳态误差 e_{ss}=0.01<0.05，系统超调量、调节时间和稳态误差均满足期望要求。可得带状态反馈的全维状态观测器单容水箱系统结构如图 6.15 所示。

6.3.4　带状态观测器的城市污水处理过程溶解氧浓度控制系统设计范例

已知城市污水处理过程溶解氧浓度 S_O 与鼓风机的空气通量 u 之间的传递函数为

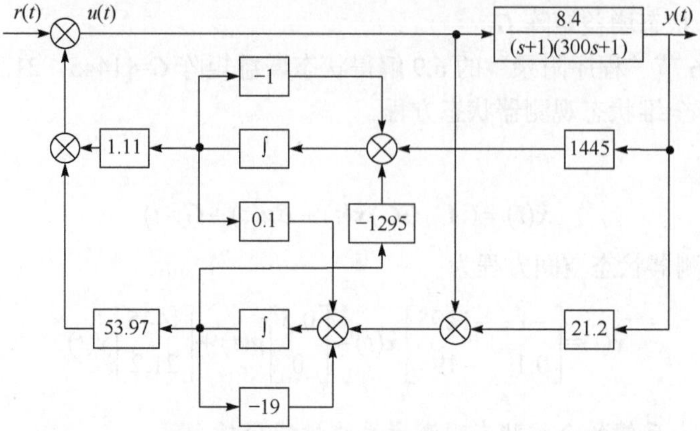

图 6.15　单容水箱系统带状态反馈的全维状态观测器结构图

$$G_0(s) = \frac{S_O(s)}{U(s)} = \frac{0.5}{s^2 + 0.05s + 1} \tag{6.79}$$

设计带状态反馈的状态观测器，使系统在单位阶跃响应 $r(t)=1(t)$作用下，溶解氧浓度控制系统的响应指标满足：系统的超调量 $M_p \leqslant 20\%$，稳态误差 $e_{ss} \leqslant 0.1$，调节时间 $t_s \leqslant 5s$。

带状态观测器的溶解氧浓度控制系统设计过程如下。

1. 系统分析

绘制系统单位阶跃响应下的响应曲线如图 6.16 所示，程序见 6.6 节“程序附录”的 6.10。

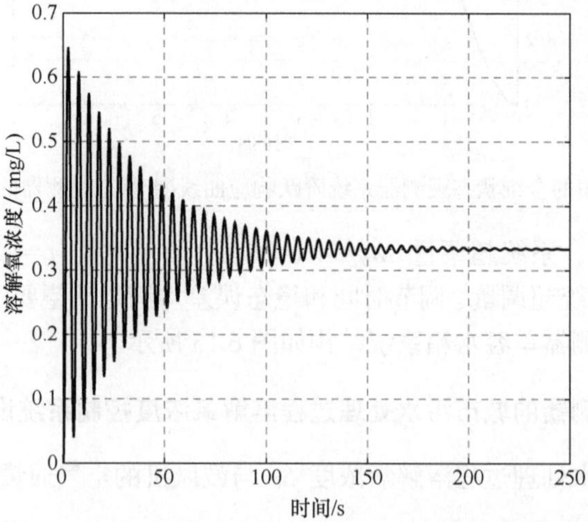

图 6.16　系统阶跃响应曲线(带状态观测器的城市污水处理过程溶解氧浓度控制系统设计)

分析图 6.16，系统单位阶跃响应的稳态误差较大，超调量和调节时间均不满足期望性质指标要求。

根据式(6.79)得溶解氧浓度控制系统的状态空间方程为

$$\Sigma:\begin{cases}\dot{\boldsymbol{x}}(t)=\begin{bmatrix}-0.05 & -1\\ 1 & 0\end{bmatrix}\boldsymbol{x}(t)+\begin{bmatrix}0.5\\ 0\end{bmatrix}\boldsymbol{u}(t)\\ \boldsymbol{y}(t)=[0\quad 1]\boldsymbol{x}(t)\end{cases} \tag{6.80}$$

对式(6.80)所示的系统进行能控能观性分析，程序见 6.6 节“程序附录”的 6.11，可得 rank($\boldsymbol{M}$)=2，系统完全能控，可通过状态反馈对系统进行极点配置；rank($\boldsymbol{N}$)=2，系统完全能观，满足全维观测器极点配置条件。

2. 状态观测器设计

由于系统完全能观能控，为了使超调量、稳态误差和调节时间均满足期望的性能指标要求，可采用带状态反馈的全维状态观测器对原系统进行校正，系统结构如图 6.17 所示。

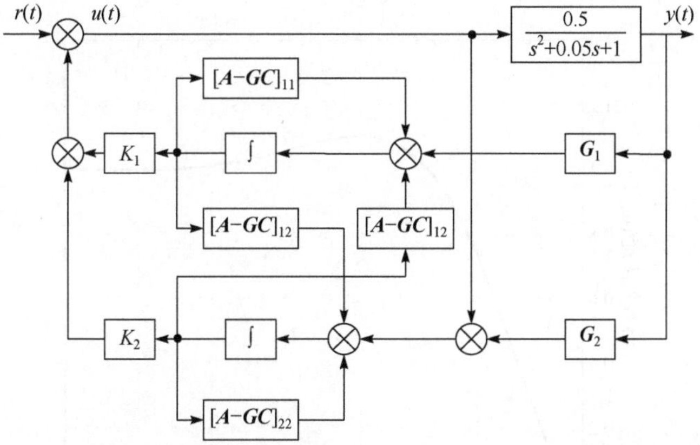

图 6.17　带状态反馈的全维状态观测器溶解氧浓度控制系统结构图

3. 带状态反馈的全维状态观测器求取

1) 计算状态反馈矩阵 $\boldsymbol{K}$

由于系统要求超调量 M_p≤20%，调节时间 t_s≤5s，根据

$$M_p=\mathrm{e}^{-(\zeta\pi/\sqrt{1-\zeta^2})}=20\% \tag{6.81}$$

$$t_s=4/(\zeta\omega_n)=5\mathrm{s} \tag{6.82}$$

解得 ζ=0.6，ω_n=1.3rad/s，则系统主导极点为

$$s_{1,2} = -\zeta\omega_n \pm j\omega_n\sqrt{1-\zeta^2} = -0.78 \pm j1.04 \tag{6.83}$$

根据 6.6 节“程序附录”的 6.12 解得状态反馈矩阵 $\boldsymbol{K}$=[3.02 1.38]。

2) 计算状态增益矩阵 $\boldsymbol{G}$

根据 6.6 节“程序附录”的 6.12 解得状态增益矩阵 $\boldsymbol{G}$=[98 19.95]^{T}。

3) 计算全维状态观测器状态方程

根据

$$\dot{\hat{\boldsymbol{x}}}(t) = (\boldsymbol{A}-\boldsymbol{GC})\hat{\boldsymbol{x}}(t) + \boldsymbol{Bu}(t) + \boldsymbol{Gy}(t) \tag{6.84}$$

解得状态观测器状态空间方程为

$$\dot{\hat{\boldsymbol{x}}}(t)=\begin{bmatrix} -0.05 & -99 \\ 1 & -19.95 \end{bmatrix}\hat{\boldsymbol{x}}(t)+\begin{bmatrix} 0.5 \\ 0 \end{bmatrix}\boldsymbol{u}(t)+\begin{bmatrix} 98 \\ 19.95 \end{bmatrix}\boldsymbol{y}(t) \tag{6.85}$$

4. 带状态反馈的全维状态观测器系统性能分析

带状态反馈的全维状态观测器系统的单位阶跃响应如图 6.18 所示，程序见 6.6 节“程序附录”的附录 6.12。

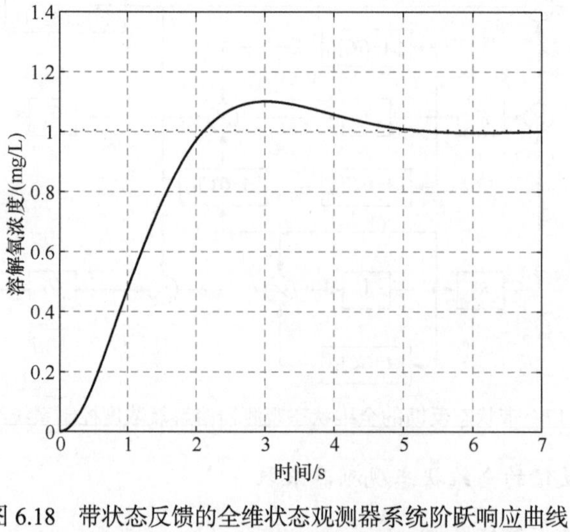

图 6.18 带状态反馈的全维状态观测器系统阶跃响应曲线
(带状态观测器的城市污水处理过程溶解氧浓度控制系统设计)

分析图 6.18，系统超调量 M_p=13%<20%，调节时间 t_s=4.8s<5s，稳态误差 e_{ss}=0.02<0.1，系统超调量、调节时间和稳态误差均满足期望要求。可得带状态反馈的全维状态观测器溶解氧浓度控制系统结构如图 6.19 所示。

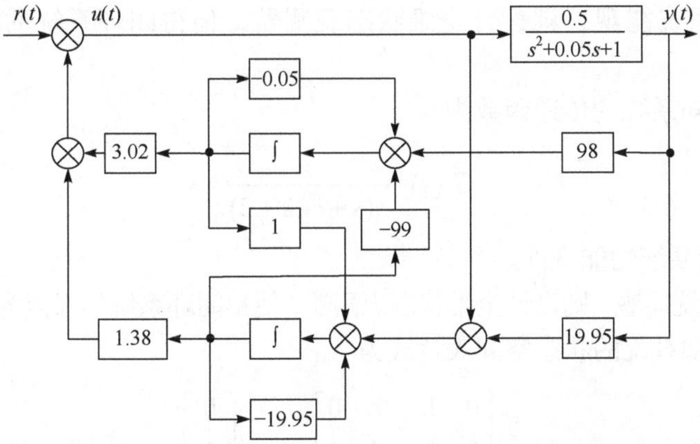

图 6.19　带状态反馈的全维状态观测器溶解氧浓度控制系统结构图

6.4 本章小结

本章围绕带状态观测器控制系统的设计与实现，阐述了如何根据系统性能指标要求设计合适的状态观测器来准确估计系统状态变量，并将所观测的状态变量构成反馈控制率，实现对系统的闭环控制。针对状态观测器的设计，介绍了如何针对不同系统场景设计不同的状态观测器。其中，当系统状态变量均不可直接或间接地通过传感器准确测量得到时，可设计全维状态观测器对系统状态变量进行估计；当系统一些状态变量可以直接或间接地通过传感器准确测量得到，不必再估计时，可设计降维状态观测器对系统状态变量进行估计。

本章首先介绍了状态观测器的基本原理；然后阐述了状态观测器的设计过程，以例题的形式详细讲述了状态观测器的设计过程；最后给出了带状态观测器的典型二阶控制系统设计测试案例，并利用三种典型应用场景进行带状态观测器的系统设计及应用实现。通过本章的学习，能够加深读者对带状态观测器控制系统设计与实现相关知识点的理解，巩固读者对现代控制理论的学习和掌握。

6.5 课后习题

6.1　给定系统的状态空间表达式为

$$\dot{\boldsymbol{x}}(t)=\begin{bmatrix}-1 & -2 & -3\\ 0 & -1 & 1\\ 1 & 0 & -10\end{bmatrix}\boldsymbol{x}(t)+\begin{bmatrix}2\\0\\1\end{bmatrix}\boldsymbol{u}(t)$$

$$\boldsymbol{y}(t)=[1\quad 1\quad 0]\boldsymbol{x}(t)$$

(1) 判断系统的能观性。

(2) 若系统能观，则设计全维状态观测器，使得闭环系统的极点为 –3、–4 和–5。

6.2　已知系统的传递函数为

$$G_0(s)=\frac{1}{s(s+1)(s+2)}$$

(1) 判断系统的能观性。

(2) 若系统能观，则设计全维状态观测器，使得闭环系统的极点为 –5、–5、–5。

6.3　已知系统的状态空间表达式为

$$\dot{\boldsymbol{x}}(t)=\begin{bmatrix}0&1&0&0\\0&0&-1&0\\0&0&0&1\\0&0&11&0\end{bmatrix}\boldsymbol{x}(t)+\begin{bmatrix}0\\1\\0\\-1\end{bmatrix}\boldsymbol{u}(t)$$

$$\boldsymbol{y}(t)=[1\quad 0\quad 0\quad 0]\boldsymbol{x}(t)$$

(1) 判断系统的能观性。

(2) 若系统能观，则设计全维状态观测器，使得闭环系统的极点为 –2、–3 与 –2+j、–2–j。

6.4　已知系统的状态空间表达式为

$$\dot{\boldsymbol{x}}(t)=\begin{bmatrix}0&1&0&0\\0&0&-1&0\\0&0&0&1\\0&0&11&0\end{bmatrix}\boldsymbol{x}(t)+\begin{bmatrix}0\\1\\0\\-1\end{bmatrix}\boldsymbol{u}(t)$$

$$\boldsymbol{y}(t)=[1\quad 0\quad 0\quad 0]\boldsymbol{x}(t)$$

设计降维状态观测器，使得闭环系统的极点为 –3、–3+j2、–3–j2。

6.5　给定系统的状态空间表达式为

$$\dot{\boldsymbol{x}}(t)=\begin{bmatrix}-1&-2&-3\\0&-1&1\\1&0&-10\end{bmatrix}\boldsymbol{x}(t)+\begin{bmatrix}2\\0\\1\end{bmatrix}\boldsymbol{u}(t)$$

$$\boldsymbol{y}(t)=[1\quad 1\quad 0]\boldsymbol{x}(t)$$

设计一个具有特征值为 –3、–4 的降维状态观测器。

6.6　已知系统的传递函数为

$$G_0(s)=\frac{1}{s(s+1)(s+2)}$$

设计一个降维状态观测器，并使观测器的特征值均为–5。

6.6　程 序 附 录

二阶系统状态观测器系统设计

6.1　原系统单位阶跃响应

```
num=[25];                %传递函数分子系数
den=[1,3,25];            %传递函数分母系数
G0=tf(num,den);          %生成系统传递函数
G1=feedback(G0,1);       %被控对象施加负反馈作用
step(G1)                 %绘制系统阶跃响应曲线
```

6.2　系统能观能控性判断

```
G0=tf([25],[1 3 25])     %生成系统传递函数
G=ss(G0)                 %生成系统状态空间方程
A=[-3,-6.25;4,0]         %系统 A 矩阵
B=[2;0]                  %系统 B 矩阵
C=[0,3.125]              %系统 C 矩阵
M=ctrb(A,B)              %求取系统能控矩阵
d1=rank(M)               %求取系统能控矩阵的秩
N=obsv(A,C)              %求取系统能观矩阵
d2=rank(N)               %求取系统能控矩阵的秩
if(d1==2)                %判断系统能控性
sprintf('系统能控')
else
sprintf('系统不能控')
end                      %判断系统能控性
if(d2==2)                %判断系统能观性
sprintf('系统能观')
else
sprintf('系统不能观')
end                      %判断系统能观性
```

6.3　带状态观测器的系统单位阶跃响应

```
A=[-3,-6.25;4,0]                          %系统 A 矩阵
B=[2;0]                                   %系统 B 矩阵
C=[0,3.125]                               %系统 C 矩阵
D=[0]                                     %系统 D 矩阵
P1=[-2+j*2.67,-2-j*2.67]                  %系统极点
K=place(A,B,P1)                           %计算状态反馈矩阵 K
P=[-10,-10]                               %全维观测器极点
G=(acker( A',C',P))'                      %计算状态增益矩阵
A1=[A -B*K;G*C A-G*C-B*K]                 %带状态观测器的系统 A 矩阵
B1=[B;B];                                 %带状态观测器的系统 B1 矩阵
C1=[C 0 0];                               %带状态观测器的系统 C1 矩阵
sys=ss(A1,B1,C1,D)                   %带状态观测器的系统状态空间方程
step(sys)                            %绘制系统未加增益的阶跃响应曲线
step(1/2.24*sys)                     %绘制系统加增益后的阶跃响应曲线
```

单级倒立摆状态观测器系统设计

6.4 原系统单位阶跃响应

```
num=[0.02725];                            %传递函数分子系数
den=[0.0102125,0,-0.26705];               %传递函数分母系数
G0=tf(num,den);                           %生成系统传递函数
G1=feedback(G0,1);                        %被控对象施加负反馈作用
step(G1)                                  %绘制系统阶跃响应曲线
```

6.5 系统能观能控性判断

```
G0=tf([0.02725],[0.0102125 0 -0.26705])
                                          %生成系统传递函数
G=ss(G0)                                  %生成系统状态空间方程
A=[0,6.5373;4,0]                          %系统 A 矩阵
B=[1;0]                                   %系统 B 矩阵
C=[0,0.6671]                              %系统 C 矩阵
M=ctrb(A,B)                               %求取系统能控矩阵
d1=rank(M)                                %求取系统能控矩阵的秩
N=obsv(A,C)                               %求取系统能观矩阵
d2=rank(N)                                %求取系统能控矩阵的秩
```

```
if(d1==2)                                %判断系统能控性
sprintf('系统能控')
else
sprintf('系统不能控')
end                                      %判断系统能控性
if(d2==2)                                %判断系统能观性
sprintf('系统能观')
else
sprintf('系统不能观')
end                                      %判断系统能观性
```

6.6　带状态观测器的系统单位阶跃响应

```
A=[0,6.5373;4,0]                         %系统 A 矩阵
B=[1;0]                                  %系统 B 矩阵
C=[0,0.6671]                             %系统 C 矩阵
D=[0]                                    %系统 D 矩阵
P1=[-0.78+j*1.04,-0.78-j*1.04] %系统极点
K=place(A,B,P1)                          %计算状态反馈矩阵 K
P=[-10,-10]                              %全维观测器极点
G=(acker( A',C',P))'                     %计算状态增益矩阵
A1=[A -B*K;G*C A-G*C-B*K]                %带状态观测器的系统 A 矩阵
B1=[B;B];                                %带状态观测器的系统 B1 矩阵
C1=[C 0 0];                              %带状态观测器的系统 C1 矩阵
sys=ss(A1,B1,C1,D)               %带状态观测器的系统状态空间方程
step(sys)                        %绘制系统未加增益的阶跃响应曲线
step(0.63*sys)                   %绘制系统加增益后的阶跃响应曲线
```

单容水箱状态观测器系统设计

6.7　原系统单位阶跃响应

```
num=[8.4];                               %传递函数分子系数
den=[300,301,1];                         %传递函数分母系数
G0=tf(num,den);                          %生成系统传递函数
G1=feedback(G0,1);                       %被控对象施加负反馈作用
step(G1)                                 %绘制系统阶跃响应曲线
```

6.8 系统能观能控性判断

```
G0=tf([8.4],[300 301 1])              %生成系统传递函数
G=ss(G0)                              %生成系统状态空间方程
A=[-1.0033,-0.0533;0.0625,0]          %系统 A 矩阵
B=[0.5;0]                             %系统 B 矩阵
C=[0,0.896]                           %系统 C 矩阵
M=ctrb(A,B)                           %求取系统能控矩阵
d1=rank(M)                            %求取系统能控矩阵的秩
N=obsv(A,C)                           %求取系统能观矩阵
d2=rank(N)                            %求取系统能控矩阵的秩
 if(d1==2)                            %判断系统能控性
 sprintf('系统能控')
 else
 sprintf('系统不能控')
 end                                  %判断系统能控性
 if(d2==2)                            %判断系统能观性
 sprintf('系统能观')
 else
 sprintf('系统不能观')
 end                                  %判断系统能观性
```

6.9 带状态观测器的系统单位阶跃响应

```
A=[-1.0033,-0.0533;0.0625,0]          %系统 A 矩阵
B=[0.5;0]                             %系统 B 矩阵
C=[0,0.896]                           %系统 C 矩阵
D=[0]                                 %系统 D 矩阵
P1=[-0.78+j*1.04,-0.78-j*1.04]        %系统极点
K=place(A,B,P1)                       %计算状态反馈矩阵 K
P=[-10,-10]                           %全维观测器极点
G=(acker( A',C',P))'                  %计算状态增益矩阵
A1=[A -B*K;G*C A-G*C-B*K]             %带状态观测器的系统 A 矩阵
 B1=[B;B];                            %带状态观测器的系统 B1 矩阵
 C1=[C 0 0];                          %带状态观测器的系统 C1 矩阵
 sys=ss(A1,B1,C1,D)             %带状态观测器的系统状态空间方程
 step(sys)                      %绘制系统未加增益的阶跃响应曲线
```

```
step(60.6*sys)                    %绘制系统加增益后的阶跃响应曲线
```

城市污水处理过程溶解氧浓度控制状态观测器系统设计

6.10 原系统单位阶跃响应

```
num=[0.5];                        %传递函数分子系数
den=[1,0.05,1];                   %传递函数分母系数
G0=tf(num,den);                   %生成系统传递函数
G1=feedback(G0,1);                %被控对象施加负反馈作用
step(G1)                          %绘制系统阶跃响应曲线
```

6.11 系统能观能控性判断

```
G0=tf([0.5],[1 0.05 1])           %生成系统传递函数
G=ss(G0)                          %生成系统状态空间方程
A=[-0.05,-1;1,0]                  %系统 A 矩阵
B=[0.5;0]                         %系统 B 矩阵
C=[0,1]                           %系统 C 矩阵
M=ctrb(A,B)                       %求取系统能控矩阵
d1=rank(M)                        %求取系统能控矩阵的秩
N=obsv(A,C)                       %求取系统能观矩阵
d2=rank(N)                        %求取系统能控矩阵的秩
if(d1==2)                         %判断系统能控性
sprintf('系统能控')                %判断系统能控性
else
sprintf('系统不能控')
end                               %判断系统能控性
if(d2==2)                         %判断系统能观性
sprintf('系统能观')
else
sprintf('系统不能观')
end                               %判断系统能观性
```

6.12 带状态观测器的系统单位阶跃响应

```
A=[-0.05,-1;1,0]                  %系统 A 矩阵
B=[0.5;0]                         %系统 B 矩阵
```

```
3. C=[0,1]                              %系统C矩阵
4. D=[0]                                %系统D矩阵
5. P1=[-0.78+j*1.04,-0.78-j*1.04]       %系统极点
6. K=place(A,B,P1)                      %计算状态反馈矩阵K
7. P=[-10,-10]                          %全维观测器极点
8. G=(acker( A',C',P))'                 %计算状态增益矩阵
9. A1=[A -B*K;G*C A-G*C-B*K]            %带状态观测器的系统A矩阵
10. B1=[B;B];                           %带状态观测器的系统B1矩阵
11. C1=[C,0,0];                         %带状态观测器的系统C1矩阵
12. sys=ss(A1,b1,C1,D)            %带状态观测器的系统状态空间方程
13. step(sys)                     %绘制系统未加增益的阶跃响应曲线
14. step(3.4*sys)                 %绘制系统加增益后的阶跃响应曲线
```

第 7 章　线性二次型最优控制器的设计与实现

线性二次型最优控制器是指使用状态变量与控制变量的二次型函数作为性能指标的最优控制器。线性二次型最优控制器能够兼顾系统性能指标的快速性、能量消耗、终端准确性、灵敏度和稳定性，便于计算和实现闭环反馈最优控制，因此成为最优控制系统中最成熟的部分之一，引起了控制工程界的极大关注。

线性二次型最优控制器是基于系统状态空间设计的动态优化控制器，在线性系统约束条件下选择控制输入使目标函数达到最小。其系统模型是用状态空间表达式给出的线性系统，性能指标函数是状态和控制输入的二次型函数。二次型性能指标是一种综合型性能指标，不仅可以兼顾终端状态的准确性、系统响应的快速性、系统运行的安全性及节能性各方面因素，而且具有鲜明的物理意义，便于计算和工程实现。二次型线性最优控制器的最优解可以写成统一的解析表达式，所得到的最优控制规律是状态变量的反馈形式，可以兼顾系统性能指标的多方面因素。因此，在实际生产过程中许多控制问题都可作为线性二次型最优控制问题来处理。

线性二次型最优控制器按性能指标的不同可以分为最优状态调节器、最优输出调节器和最优跟踪调节器。最优状态调节器是使系统状态始终保持在平衡状态附近的线性二次型最优控制器。最优输出调节器是使系统受扰动偏离原平衡状态后能最优地恢复到原平衡状态的线性二次型最优控制器。最优跟踪调节器是使系统的实际输出跟踪希望输出轨线，并使两者间误差最小的线性二次型最优控制器。最优输出调节问题和最优跟踪调节问题都可以化为最优状态调节问题。本章主要讨论有限时间状态调节问题和无限时间状态调节问题，对于最优输出调节问题和最优跟踪调节问题与最优状态调节问题之间的转换只作简单介绍。首先介绍线性二次型最优控制器的原理、性能指标 J 中三个过程项的物理意义，在设计控制器时，要求设计者根据性能指标合理地选择加权矩阵，以兼顾系统的准确性、快速性、安全性及能源消耗等各方面因素，用较低的控制能量，来保持较小的输出误差。然后分别从有限时间和无限时间两个情形分别展开介绍线性二次型最优控制器的设计方法。最后对单级倒立摆、单容水箱以及城市污水处理过程溶解氧浓度控制进行物理建模、控制器设计及参数调优等，实现二次型最优控制。

7.1 线性二次型最优控制器原理

LQ 问题是对线性二次型最优控制问题的简称，L 是指受控系统限定为线性系统，Q 是指性能指标函数限定为二次型函数的积分。

对于给定连续时间线性时变受控系统：

$$\begin{cases} \dot{\boldsymbol{x}}(t) = \boldsymbol{A}(t)\boldsymbol{x}(t) + \boldsymbol{B}(t)\boldsymbol{u}(t), \ \boldsymbol{x}(t_0) = \boldsymbol{x}_0 \\ \boldsymbol{y}(t) = \boldsymbol{C}(t)\boldsymbol{x}(t) \end{cases} \tag{7.1}$$

式中，$\boldsymbol{x}(t)$为 n 维状态向量；$\boldsymbol{u}(t)$为 m 维控制向量；$\boldsymbol{y}(t)$为 l 维输出向量；$\boldsymbol{A}(t)$、$\boldsymbol{B}(t)$和 $\boldsymbol{C}(t)$分别为维数适当的时变矩阵，其各元分段连续且有界，在特殊情况下可以是常数矩阵 $\boldsymbol{A}$、$\boldsymbol{B}$、$\boldsymbol{C}$。

在实际工程中，若使系统输出尽量接近某一希望输出，令 $\boldsymbol{y}_l(t)$表示 l 维希望输出向量，即

$$\boldsymbol{e}(t) = \boldsymbol{y}_l(t) - \boldsymbol{y}(t) \tag{7.2}$$

式中，$\boldsymbol{e}(t)$为误差向量。若要求确定最优控制 $\boldsymbol{u}^*(t)$，需引入最优控制的性能指标 J，使下列二次型性能指标极小：

$$J = \frac{1}{2}\boldsymbol{e}^{\mathrm{T}}(t_f)\boldsymbol{F}\boldsymbol{e}(t_f) + \frac{1}{2}\int_{t_0}^{t_f}[\boldsymbol{e}^{\mathrm{T}}(t)\boldsymbol{Q}(t)\boldsymbol{e}(t) + \boldsymbol{u}^{\mathrm{T}}(t)\boldsymbol{R}(t)\boldsymbol{u}(t)]\mathrm{d}t \tag{7.3}$$

式中，$\boldsymbol{F}$ 为 $l \times l$ 半正定对称常数加权矩阵；$\boldsymbol{Q}(t)$为 $l \times l$ 半正定对称时变加权矩阵；$\boldsymbol{R}(t)$为 $m \times m$ 正定对称时变加权矩阵，初始时刻 t_0 及末端时刻 t_f 为固定值。

寻求一个最优控制 $\boldsymbol{u}(t)$，使得性能指标取极小，这样的控制问题就称为线性二次型最优控制问题。需要指出的是，为了便于工程应用，性能指标(7.3)中的加权矩阵 $\boldsymbol{F}$、$\boldsymbol{Q}(t)$和 $\boldsymbol{R}(t)$往往取为对角线型矩阵，则其对称性自然满足。加权矩阵的不同选取，将使最优控制系统具有很不相同的动态性能。加权矩阵 $\boldsymbol{F}$、$\boldsymbol{Q}(t)$、$\boldsymbol{R}(t)$和系统动态性能间的关系是一个复杂的问题，虽已有文献进行了相关研究，但至今缺少一般的和有效的指导原则，通常只能由设计者根据经验进行选取。

7.1.1 性能指标的物理意义

在二次型性能指标中，其各项都有明确的物理含义，现分述如下。

(1) 末值项：

$$\varphi[\boldsymbol{e}(t_f)] = \frac{1}{2}\boldsymbol{e}^{\mathrm{T}}(t_f)\boldsymbol{F}\boldsymbol{e}(t_f) \tag{7.4}$$

取 $\boldsymbol{F}=\boldsymbol{I}$，表示对末态误差要求的各元等加权：

$$\boldsymbol{e}^{\mathrm{T}}(t_f)\boldsymbol{e}(t_f)=\left\|\boldsymbol{e}(t_f)\right\|^2=(\sqrt{\boldsymbol{e}_1^2+\boldsymbol{e}_2^2+\cdots+\boldsymbol{e}_l^2})^2\Big|_{t=t_f} \tag{7.5}$$

此时，末值项表示 t_f时刻的跟踪误差，即末态误差向量 $\boldsymbol{e}(t_f)$与希望的零向量之间的距离平方和。

当 $\boldsymbol{F}\geqslant\boldsymbol{0}$ 时，表示对末态跟踪误差的各元有不同的要求。若取

$$\boldsymbol{F}=\mathrm{diag}\left\{f_1,f_2,\cdots,f_l\right\}\geqslant 0 \tag{7.6}$$

则式(7.4)可以表示为

$$\varphi[\boldsymbol{e}(t_f)]=\frac{1}{2}\sum_{i=1}^{l}f_i\boldsymbol{e}_i^2(t_f) \tag{7.7}$$

系数 1/2 是为了便于运算。此时，末值项表示末态跟踪误差向量 $\boldsymbol{e}(t_f)$与希望的零向量之间的距离加权平方和。

由此可见，二次型性能指标中的末值项表示在控制结束后，对系统末态跟踪误差的要求。由于在有限时间 t_f内，系统难以实现使 $\boldsymbol{e}(t_f)=0$，因此要求 $\varphi[\boldsymbol{e}(t_f)]$位于零的某一邻域内，既符合工程实际情况，又易于满足。

如果不必对末态跟踪误差进行限制，则可取 $\boldsymbol{F}=\boldsymbol{0}$。此时性能指标 J 变为积分型。

(2) 第一过程项。性能指标的第一过程项代表误差 $\boldsymbol{e}(t)$的大小，又称动态跟踪误差。

$$\int_{t_0}^{t_f}\boldsymbol{L}_e\mathrm{d}t=\frac{1}{2}\int_{t_0}^{t_f}\boldsymbol{e}^{\mathrm{T}}(t)\boldsymbol{Q}(t)\boldsymbol{e}(t)\mathrm{d}t \tag{7.8}$$

若取

$$\boldsymbol{Q}(t)=\mathrm{diag}\left\{q_1(t),q_2(t),\cdots,q_l(t)\right\}\geqslant 0 \tag{7.9}$$

则有

$$\boldsymbol{L}_e=\frac{1}{2}\boldsymbol{e}^{\mathrm{T}}(t)\boldsymbol{Q}(t)\boldsymbol{e}(t)=\frac{1}{2}\sum_{i=1}^{l}q_i(t)\boldsymbol{e}_i^2(t)\geqslant 0 \tag{7.10}$$

于是，式(7.8)可以表示为

$$\int_{t_0}^{t_f}\boldsymbol{L}_e\mathrm{d}t=\frac{1}{2}\int_{t_0}^{t_f}\sum_{i=1}^{l}q_i(t)\boldsymbol{e}_i^2(t)\mathrm{d}t \tag{7.11}$$

式(7.11)表明，第一过程项表示在系统控制过程中，对动态跟踪误差分量加权平方和的积分，为系统在整个过程中动态跟踪误差的总度量，是系统的快速性能指标。

(3) 第二过程项：

$$\int_{t_0}^{t_f} \boldsymbol{L}_u \mathrm{d}t = \frac{1}{2}\int_{t_0}^{t_f} \boldsymbol{u}^{\mathrm{T}}(t)\boldsymbol{R}(t)\boldsymbol{u}(t)\mathrm{d}t \tag{7.12}$$

若取

$$\boldsymbol{R}(t) = \mathrm{diag}\left\{r_1(t), r_2(t), \cdots, r_m(t)\right\} > 0 \tag{7.13}$$

$$\boldsymbol{L}_u = \frac{1}{2}\boldsymbol{u}^{\mathrm{T}}(t)\boldsymbol{R}(t)\boldsymbol{u}(t) = \frac{1}{2}\sum_{i=1}^{m}\boldsymbol{r}_i(t)\boldsymbol{u}_i^2(t) > 0 \tag{7.14}$$

$$\int_{t_0}^{t_f} \boldsymbol{L}_u \mathrm{d}t = \frac{1}{2}\int_{t_0}^{t_f} \sum_{i=1}^{m}\boldsymbol{r}_i(t)\boldsymbol{u}_i^2(t)\mathrm{d}t \tag{7.15}$$

则表明，第二过程项表示在系统控制过程中对系统加权后的控制能量消耗的总度量，是系统的控制代价。

根据上述分析可知，二次型性能指标(7.3)的物理意义是使系统在控制过程中的动态误差与能量消耗，以及控制结束时的系统稳态误差综合最优。至此，读者可以明白，从性能指标的物理意义来看，加权矩阵 $\boldsymbol{F}$、$\boldsymbol{R}(t)$、$\boldsymbol{Q}(t)$都必须取为非负矩阵，不能取为负定矩阵。否则，具有大误差和控制能量消耗很大的系统，仍然会有一个小的性能指标，从而违背了最优控制的原意。

关于性能指标有如下说明：

(1) 二次型性能指标是一种综合型性能指标。它可以兼顾终端状态的准确性、系统响应的快速性、系统运行的安全性及节能性等各方面因素。线性二次型最优控制问题的实质是用不大的控制能量，来保持较小的输出误差，以达到控制能量和误差综合最优的目的。

(2) 不同目标之间往往存在着一定矛盾。例如，为能尽快消除误差并提高准确性，就需较强的控制作用及较大的能量消耗，而抑制控制作用的幅值和降低能耗，必然会影响系统的快速性和终端准确性。如何对这些相互冲突的因素进行合理折中，是系统设计者必须认真对待的问题。

(3) 性能指标由三项组成，若各项出现不同符号，则将发生相互抵消的现象。这样，尽管各项单独的数值较大，但 J 的数值可能很小，性能指标就无法反映各项指标的优劣。为防止出现这种情况，应保证在各种实际运行情况下，性能指标中各项的数值始终具有相同的符号。又因是以极小值作为最优标准，结合问题的物理性质，各项符号均应取正值。

(4) 控制时间的起点 t_0 及终点 t_f，可能是由实际问题决定的客观参数，也可能是由设计者决定的主观参数。对于后者，设计者必须把希望达到的目标和 t_0、t_f的选择联系起来。

7.1.2 加权矩阵的选择方法

要求出最优控制作用 $\boldsymbol{u}(t)$，加权矩阵的选择也是非常重要的。而 $\boldsymbol{Q}(t)$、$\boldsymbol{R}(t)$选择没有规律可循，一般取决于设计者的经验，常用试行错误法，就是选择不同的 $\boldsymbol{Q}(t)$、$\boldsymbol{R}(t)$代入计算比较结果来确定。本书提供几个选择的一般原则：

(1) $\boldsymbol{F}$ 取半正定，$\boldsymbol{Q}(t)$取半正定，$\boldsymbol{R}(t)$必须取正定。

将 $\boldsymbol{F}$ 取为半正定，以便保证终端代价的非负性，但容许不考虑与之相应的终端误差。

$\boldsymbol{Q}(t)$取半正定，以便保证暂态误差总和的非负性，但容许不考虑与之相应的暂态误差。

$\boldsymbol{R}(t)$必须取正定，因为控制代价实际上反映控制过程的能量消耗。只要 $\boldsymbol{u}(t)$不为零，则控制过程中能量消耗当然不应等于零。

(2) 加权矩阵中各个元素之间的数值比例关系，将直接影响系统的工作品质。

① 提高 $\boldsymbol{F}$ 中某一元素的比重。说明更加重视与该元素对应的状态分量的终端准确性。

② 提高 $\boldsymbol{Q}(t)$中某一元素的比重。若希望提高控制的快速响应特性(较小的暂态误差)，则可增大 $\boldsymbol{Q}(t)$的比重。

③ 提高 $\boldsymbol{R}(t)$中某一元素的比重。若希望有效抑制控制量的幅值，则可提高 $\boldsymbol{R}(t)$的比重。意味着需要更有效地抑制与之相应的控制分量的幅值及由它引起的能量消耗。

(3) 由于终端代价只表示终端时刻 t 的性能，因此 $\boldsymbol{F}$ 应为常数阵。至于 $\boldsymbol{Q}(t)$及 $\boldsymbol{R}(t)$，可取为常数阵，也可取为时变阵。在控制过程的初期出现的较大误差，并非由系统品质不佳所致，而是由系统的初始条件引起的。因此，不必过分重视这种误差以免引起控制作用 $\boldsymbol{u}(t)$不必要的过大冲击。控制过程后期的误差直接与控制作用相关，必须给予足够的重视。只有把 $\boldsymbol{Q}(t)$和 $\boldsymbol{R}(t)$取为时变阵，才能适应控制过程的这类时变需求。

系统的性能严重依赖于加权矩阵的选择，在一组 $\boldsymbol{Q}(t)$和 $\boldsymbol{R}(t)$矩阵下的最优解并不能保证在其他 $\boldsymbol{Q}(t)$和 $\boldsymbol{R}(t)$矩阵下也有较好的结果。所以在这种设计方法中，“最优”控制，还有许多人为的因素，选择方法有廉价控制、昂贵控制、边界控制和稳定度设计等。

1. 廉价控制

廉价控制是指控制作用的成本很低，因此为追求较好的动态控制效果，可以使用任意大的控制信号，在这种情况下，对输入信号的加权矩阵可以取得很小，即可以任意减小 $\boldsymbol{R}(t)$的值。若将 $\boldsymbol{R}(t)$设置成 1，则从效果上可以加大对状态变量

$\boldsymbol{x}(t)$的加权，即 $\boldsymbol{Q}(t)$矩阵可以选择较大的值。

2. 昂贵控制

由于控制本身的成本是相当大的，因此在实际控制中应该减小 $\boldsymbol{u}(t)$。在这种情况下，应引入一个较大的 $\boldsymbol{R}(t)$。

3. 边界控制

边界控制是指在动态最优控制问题中，加权矩阵 $\boldsymbol{S}$ 趋向于无穷大，这将约束边界值出现的误差。解决这样问题的一种行之有效的方法是将 $\boldsymbol{S}$ 由 $\boldsymbol{Q}$ 代替，而 $\boldsymbol{Q}$ 为较大的数值，这时的黎卡提微分方程可以简化为

$$-\dot{\boldsymbol{P}} = \boldsymbol{A}^{\mathrm{T}}\boldsymbol{P} + \boldsymbol{PA} - \boldsymbol{PBR}^{-1}\boldsymbol{B}^{\mathrm{T}}\boldsymbol{P}, \quad \boldsymbol{P}(t_f) = \rho\boldsymbol{S} \tag{7.16}$$

4. 稳定度设计

稳定度设计是指系统的闭环极点都位于 $\boldsymbol{S}$ 负平面的 $\boldsymbol{S}=-\alpha$ 线左侧，其中 $\alpha>0$，这种控制策略称为“$-\alpha$ 稳定度设计”。

7.1.3 二次型最优控制器的分类

1. 按性能指标分类

按性能指标的不同，二次型线性控制可以分为最优状态调节、最优输出调节和最优跟踪调节。最优调节问题的目标是在保证性能指标 J 取极小的同时，使系统状态由初始状态驱动到零平衡状态 x_0。输出调节器的目标是系统一旦受扰动偏离原平衡状态，系统的输出能最优地恢复到原平衡状态。最优跟踪问题的目标是综合最优控制，在保证性能指标 J 取为极小的同时，使系统输出 $\boldsymbol{y}(t)$跟踪已知或未知参考输入 $\boldsymbol{y}_l(t)$。

(1) 状态调节器问题。它对应 $\boldsymbol{C}(t)=\boldsymbol{I}$ 及 $\boldsymbol{y}_l(t)=\boldsymbol{0}$ 的情况，这时要求用不大的控制器能量以保持状态在零值附近，即

$$\begin{aligned} &\boldsymbol{C}(t) = \boldsymbol{I} \\ &\boldsymbol{y}_l(t)=\boldsymbol{0} \\ &\boldsymbol{e}(t)=-\boldsymbol{y}(t)=-\boldsymbol{x}(t) \end{aligned} \tag{7.17}$$

(2) 输出调节器问题。它对应 $\boldsymbol{y}_l(t)=\boldsymbol{0}$ 的情况，这时要求用不大的控制能量以保持输出在零值附近，即

$$\begin{aligned} &\boldsymbol{y}_l(t) = \boldsymbol{0} \\ &\boldsymbol{y}(t) = -\boldsymbol{e}(t) \end{aligned} \tag{7.18}$$

(3) 跟踪器问题。这时 $\boldsymbol{y}_l(t)$=**0**，要求使用不大的控制能量使输出量 $\boldsymbol{y}_l(t)$跟踪 $\boldsymbol{y}(t)$，即

$$\begin{aligned}&\boldsymbol{y}_l(t)\neq\boldsymbol{0}\\&\boldsymbol{e}(t)=\boldsymbol{y}_l(t)-\boldsymbol{y}(t)\end{aligned}\tag{7.19}$$

2. 按末时刻状态分类

按运动过程的末时刻的状态不同，二次型线性控制可以分为有限时间 LQ 问题和无限时间 LQ 问题。

(1) 有限时间 LQ 问题，指末时刻 t_f为有限值且固定的问题。对无限时间 LQ 问题，末时刻为 t_f=∞。两类 LQ 问题在问题求解和最优控制属性上都会有所区别。

(2) 无限时间 LQ 问题，指末时刻 t_f=∞的一类 LQ 问题。有限时间 LQ 问题和无限时间 LQ 问题的直观区别在于，前者只是考虑系统在过渡过程中的最优运行，后者则还需考虑系统趋于平衡状态时的渐近行为。在控制工程中，无限时间 LQ 问题通常更有意义和更为实用。

7.2　线性二次型最优控制器设计

7.2.1　有限时间 LQ 问题的最优解

首先，讨论有限时间时变 LQ 问题的最优解，考虑时变 LQ 调节问题，设线性时变系统状态方程及性能指标为

$$\dot{\boldsymbol{x}}(t)=\boldsymbol{A}(t)\boldsymbol{x}(t)+\boldsymbol{B}(t)\boldsymbol{u}(t),\quad \boldsymbol{x}(t_0)=\boldsymbol{x}_0\tag{7.20}$$

$$J=\frac{1}{2}\boldsymbol{x}^{\mathrm{T}}(t_f)\boldsymbol{F}\boldsymbol{x}(t_f)+\frac{1}{2}\int_{t_0}^{t_f}[\boldsymbol{x}^{\mathrm{T}}(t)\boldsymbol{Q}(t)\boldsymbol{x}(t)+\boldsymbol{u}^{\mathrm{T}}(t)\boldsymbol{R}(t)\boldsymbol{u}(t)]\mathrm{d}t\tag{7.21}$$

向量 $\boldsymbol{x}(t)$、$\boldsymbol{u}(t)$及矩阵 $\boldsymbol{A}(t)$、$\boldsymbol{B}(t)$、$\boldsymbol{Q}(t)$、$\boldsymbol{R}(t)$的假定同式(7.1)和式(7.3)，控制 $\boldsymbol{u}(t)$不受约束。要求确定最优控制 $\boldsymbol{u}^*(t)$，使性能指标极小。

对有限时间时变 LQ 调节问题(7.20)和(7.21)，设末值时刻 t_f 固定，组成对应矩阵黎卡提微分方程：

$$\begin{cases}\dot{\boldsymbol{P}}(t)=-\boldsymbol{P}(t)\boldsymbol{A}(t)-\boldsymbol{A}^{\mathrm{T}}(t)\boldsymbol{P}(t)+\boldsymbol{P}(t)\boldsymbol{B}(t)\boldsymbol{R}^{-1}(t)\boldsymbol{B}^{\mathrm{T}}(t)\boldsymbol{P}(t)]-\boldsymbol{Q}(t)\\ \boldsymbol{P}\left(t_f\right)=\boldsymbol{F}\end{cases}\tag{7.22}$$

由黎卡提微分方程解出 $\boldsymbol{P}(t)$后，最优控制律 $\boldsymbol{u}^*(t)$为

$$\boldsymbol{u}^*(t)=-\boldsymbol{R}^{-1}(t)\boldsymbol{B}^{\mathrm{T}}(t)\boldsymbol{P}(t)\boldsymbol{x}^*(t)\tag{7.23}$$

最优轨线为状态方程(7.24)的解，即

$$\dot{\boldsymbol{x}}^*(t)=\boldsymbol{A}(t)\boldsymbol{x}^*(t)-\boldsymbol{B}(t)\boldsymbol{u}^*(t),\quad \boldsymbol{x}^*(t_0)=\boldsymbol{x}_0,t\in[t_0,t_f] \tag{7.24}$$

将最优控制及最优状态轨线代入指标函数，最后可求得性能指标的最小值为

$$J^*=\frac{1}{2}\boldsymbol{x}_0^{\mathrm{T}}\boldsymbol{P}(t_0)\boldsymbol{x}_0,\quad \forall\boldsymbol{x}_0\neq 0 \tag{7.25}$$

下面对以上结论作几点说明:

(1) $\boldsymbol{P}(t)$是一个对称阵。由于$\boldsymbol{P}(t)$是非线性微分方程的解，通常情况下难以求得解析解，一般都需由计算机求出其数值解，并且由于其边界条件在终端处，因此需要逆时间方向求解，并且必须在过程开始之前就将$\boldsymbol{P}(t)$解出，存入计算机以供过程中使用。

(2) $\boldsymbol{P}(t)$是时间函数，为了实现最优控制，反馈增益应该是时变的，而不是常值反馈增益。这一点与经典控制方法的结论具有本质的区别。

(3) 最优控制规律$\boldsymbol{u}^*(t)$是一个状态线性反馈规律，它能方便地实现闭环最优控制。这一点在工程上具有十分重要的意义。

1. 有限时间状态调节器

状态调节器问题是指当某种原因使系统的状态偏离平衡状态时，就对系统进行控制使之回到原平衡状态，即要求系统的状态始终保持在平衡状态附近。在实际工业生产中，遇到的许多控制问题都属于状态调节器问题，如电网电压的控制、温度控制以及压力控制等。

问题 7.1　设线性时变系统状态方程为

$$\dot{\boldsymbol{x}}(t)=\boldsymbol{A}(t)\boldsymbol{x}(t)+\boldsymbol{B}(t)\boldsymbol{u}(t),\ \boldsymbol{x}(t_0)=\boldsymbol{x}_0 \tag{7.26}$$

式中，$\boldsymbol{x}(t)\in\mathbf{R}^n$，$\boldsymbol{u}(t)\in\mathbf{R}^m$，$\boldsymbol{u}(t)$无约束。矩阵$\boldsymbol{A}(t)$与$\boldsymbol{B}(t)$维数适当，其各元连续且有界。要求确定最优控制$\boldsymbol{u}^*(t)$，使下列性能指标极小：

$$J=\frac{1}{2}\boldsymbol{x}^{\mathrm{T}}(t_f)\boldsymbol{F}\boldsymbol{x}(t_f)+\frac{1}{2}\int_{t_0}^{t_f}[\boldsymbol{x}^{\mathrm{T}}(t)\boldsymbol{Q}(t)\boldsymbol{x}(t)+\boldsymbol{u}^{\mathrm{T}}(t)\boldsymbol{R}(t)\boldsymbol{u}(t)]\mathrm{d}t \tag{7.27}$$

式中，加权矩阵$\boldsymbol{F}=\boldsymbol{F}^{\mathrm{T}}\geqslant 0$，$\boldsymbol{Q}(t)=\boldsymbol{Q}^{\mathrm{T}}(t)\geqslant 0$，$\boldsymbol{R}(t)=\boldsymbol{R}^{\mathrm{T}}(t)>0$，其各元均连续有界；末端时刻$t_f$固定且为有限值。

例 7.1　已知一阶系统状态方程

$$\dot{\boldsymbol{x}}(t)=\frac{1}{2}\boldsymbol{x}(t)+\boldsymbol{u}(t),\quad \boldsymbol{x}(t_0)=\boldsymbol{x}_0 \tag{7.28}$$

其控制结构如图 7.1 所示。

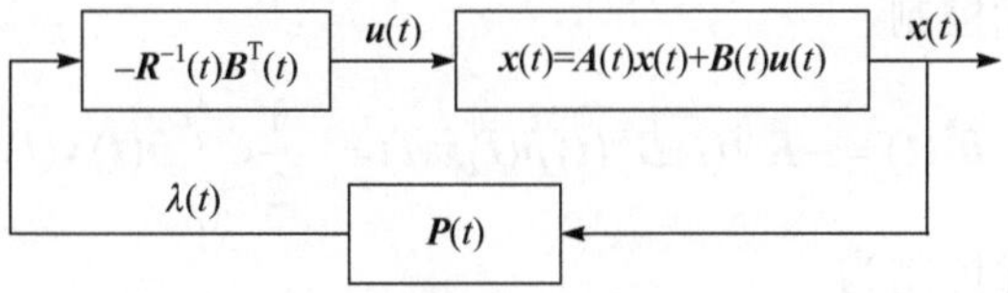

图 7.1 有限时间状态调节器结构图

系统性能指标如下：

$$J[\boldsymbol{x}(t_0),t_0,\boldsymbol{u}(t)]=\int_{t_0}^{t_f}\left[\frac{1}{2}\mathrm{e}^{-t}\boldsymbol{x}^2(t)+2\mathrm{e}^{-t}\boldsymbol{u}^2(t)\right]\mathrm{d}t \tag{7.29}$$

试设计线性二次型最优控制系统 $\boldsymbol{u}^*(t)$及最优指标 $J^*[\boldsymbol{x}(t_0),t_0]$。

解 由题意

$$\boldsymbol{A}=\frac{1}{2},\quad \boldsymbol{B}=1,\quad \boldsymbol{F}=0,\quad \boldsymbol{Q}(t)=\frac{1}{2}\mathrm{e}^{-t},\quad \boldsymbol{R}(t)=2\mathrm{e}^{-t} \tag{7.30}$$

黎卡提方程及其边界条件可写为

$$-\dot{\boldsymbol{p}}(t)=\boldsymbol{p}(t)-\frac{1}{2}\mathrm{e}^{t}\boldsymbol{p}^2(t)+\frac{1}{2}\mathrm{e}^{-t},\quad \boldsymbol{p}(t_f)=0 \tag{7.31}$$

这是非线性变系数微分方程，可进行如下变价变换。令

$$\dot{\boldsymbol{x}}(t)=\mathrm{e}^{-\frac{1}{2}t}\boldsymbol{x}(t),\quad \hat{\boldsymbol{u}}(t)=\mathrm{e}^{-\frac{1}{2}t}\boldsymbol{u}(t) \tag{7.32}$$

则有

$$\dot{\boldsymbol{x}}(t)=-\frac{1}{2}\hat{\boldsymbol{x}}(t)+\mathrm{e}^{-\frac{1}{2}t}\left[\frac{1}{2}\boldsymbol{x}(t)+\boldsymbol{u}(t)\right] \tag{7.33}$$

于是等价状态方程为

$$\dot{\boldsymbol{x}}(t)=\hat{\boldsymbol{u}}(t) \tag{7.34}$$

等价性能指标

$$J=\int_{t_0}^{t_f}\left[\frac{1}{2}\hat{\boldsymbol{x}}^2(t)+2\hat{\boldsymbol{u}}(t)\right]\mathrm{d}t \tag{7.35}$$

等价黎卡提方程

$$-\dot{\hat{\boldsymbol{p}}}(t)=-\frac{1}{2}\hat{\boldsymbol{p}}^2(t)+\frac{1}{2},\quad \hat{\boldsymbol{p}}(t_f)=0 \tag{7.36}$$

解得

$$\hat{\boldsymbol{p}}(t)=\frac{1-\mathrm{e}^{t-t_f}r}{1+\mathrm{e}^{t-4}} \tag{7.37}$$

可以算出等价最优控制

$$\hat{\boldsymbol{u}}^*(t) = -\hat{\boldsymbol{R}}^{-1}(t)\hat{\boldsymbol{B}}^{\mathrm{T}}(t)\hat{\boldsymbol{p}}(t)\hat{\boldsymbol{x}}(t) = -\frac{1}{2}\mathrm{e}^{-\frac{1}{2}t}\hat{\boldsymbol{p}}(t)\boldsymbol{x}(t) \tag{7.38}$$

从而原系统的最优控制为

$$\boldsymbol{u}^*(t) = \mathrm{e}^{-\frac{1}{2}t}\hat{\boldsymbol{u}}^*(t) = -\frac{1}{2}(1-\mathrm{e}^{t-t_f})(1+\mathrm{e}^{t-t_f})^{-1}\boldsymbol{x}(t) \tag{7.39}$$

因为

$$\boldsymbol{u}^*(t) = -\boldsymbol{R}^{-1}\boldsymbol{B}^{\mathrm{T}}(t)\boldsymbol{P}(t)\boldsymbol{x}(t) = -\frac{1}{2}\mathrm{e}^{t}\boldsymbol{p}(t)\boldsymbol{x}(t) \tag{7.40}$$

故有

$$\boldsymbol{p}(t) = \mathrm{e}^{-t}\hat{\boldsymbol{p}}(t) = (1-\mathrm{e}^{t-t_f})(\mathrm{e}^{t}+\mathrm{e}^{2t-t_f})^{-1} \tag{7.41}$$

得出原系统的最优指标为

$$\begin{aligned} J^*[\boldsymbol{x}(t_0),(t_0)] &= \boldsymbol{x}^{\mathrm{T}}(t_0)\boldsymbol{P}(t_0)\boldsymbol{x}(t_0) \\ &= (1-\mathrm{e}^{t_0-t_f})(\mathrm{e}^{t_0}+\mathrm{e}^{2t_0-t_f})^{-1}\boldsymbol{x}^2(t_0) \end{aligned} \tag{7.42}$$

从本例可见：对于有限时间调节器，黎卡提方程的解 $\boldsymbol{P}(t)$是时变矩阵，因而状态反馈增益矩阵 $\boldsymbol{K}(t)=\boldsymbol{R}^{-1}(t)\boldsymbol{B}^{\mathrm{T}}(t)\boldsymbol{P}(t)$也是时变的，使得闭环系统的实现比较困难。

例 7.2 已知一阶系统的状态方程为

$$\dot{\boldsymbol{x}}(t) = a\boldsymbol{x}(t)+\boldsymbol{u}(t), \quad \boldsymbol{x}(0)=\boldsymbol{x}_0 \tag{7.43}$$

性能指标

$$J = \frac{1}{2}f\boldsymbol{x}^2(t_f)+\frac{1}{2}\int_0^{t_f}[q\boldsymbol{x}^2(t)+r\boldsymbol{u}^2(t)]\mathrm{d}t \tag{7.44}$$

假定$f \geqslant 0$，$q>0$，$r>0$。试求最优控制 $\boldsymbol{u}^*(t)$。

解 由有限时间调节器的结果得

$$\boldsymbol{u}^*(t) = -\frac{1}{r}\boldsymbol{p}(t)\boldsymbol{x}(t) \tag{7.45}$$

式中，$\boldsymbol{p}(t)$是如下黎卡提方程的解：

$$\dot{\boldsymbol{p}}(t) = -2a\boldsymbol{p}(t)+\frac{1}{r}\boldsymbol{p}^2(t)-q, \quad \boldsymbol{p}(t_f)=f \tag{7.46}$$

对式(7.46)积分，得

$$\boldsymbol{p}(t) = r\frac{\beta+a+(\beta-a)\gamma\mathrm{e}^{2\beta(t-t_f)}}{1-\gamma\mathrm{e}^{2\beta(t-t_f)}} \tag{7.47}$$

式中

$$\beta = \sqrt{\frac{q}{r} + a^2} \tag{7.48}$$

$$\gamma = \frac{f/r - a - \beta}{f/r - a + \beta} \tag{7.49}$$

由最优闭环系统方程

$$\dot{\boldsymbol{x}}(t) = \left[a - \frac{1}{r}\boldsymbol{p}(t)\right]\boldsymbol{x}(t), \quad \boldsymbol{x}(0) = \boldsymbol{x}_0 \tag{7.50}$$

解得最优轨线

$$\boldsymbol{x}^*(t) = \boldsymbol{x}_0 \exp\int_0^t \left[a - \frac{1}{r}\boldsymbol{p}(\tau)\right]\mathrm{d}\tau \tag{7.51}$$

2. 有限时间输出调节器

一个工程实际调节器系统，受扰偏离原平衡状态后能够使系统的输出能最优地恢复到原平衡状态，这样的调节器称为最优输出调节器。因此，研究输出调节器，更符合工程实际要求。若被控系统完全能观，则系统的输出调节器问题可以转化为等价的状态调节器问题，并可将状态调节器的结果加以推广，得到输出调节器的最优控制律。

问题 7.2　设线性时变系统状态方程为

$$\begin{cases} \dot{\boldsymbol{x}}(t) = \boldsymbol{A}(t)\boldsymbol{x}(t) + \boldsymbol{B}(t)\boldsymbol{u}(t), & \boldsymbol{x}(t_0) = \boldsymbol{x}_0 \\ \boldsymbol{y}(t) = \boldsymbol{C}(t)\boldsymbol{x}(t) \end{cases} \tag{7.52}$$

式中，$\boldsymbol{x}(t)$为 n 维状态向量；$\boldsymbol{u}(t)$为 m 维控制向量；$\boldsymbol{y}(t)$为 l 维输出向量；$\boldsymbol{A}(t)$、$\boldsymbol{B}(t)$和 $\boldsymbol{C}(t)$分别为维数适当的时变矩阵，其各元连续且有界。要求确定最优控制 $\boldsymbol{u}^*(t)$，使下列性能指标极小：

$$J = \frac{1}{2}\boldsymbol{y}^{\mathrm{T}}(t_f)\boldsymbol{F}\boldsymbol{y}(t_f) + \frac{1}{2}\int_{t_0}^{t_f}[\boldsymbol{y}^{\mathrm{T}}(t)\boldsymbol{Q}(t)\boldsymbol{y}(t) + \boldsymbol{u}^{\mathrm{T}}(t)\boldsymbol{R}(t)\boldsymbol{u}(t)]\mathrm{d}t \tag{7.53}$$

式中，$\boldsymbol{F}$ 为对称非负定常阵；$\boldsymbol{Q}(t)$和 $\boldsymbol{R}(t)$分别为非负定对阵矩阵和正定对称矩阵，其各元连续且有界；t_f固定；$0<l\leqslant m\leqslant n$。

上述问题称为有限时间输出调节器问题，其实质是求得最优控制律 $\boldsymbol{u}^*(t)$，使系统在消耗较少控制能量的情况下，控制过程和末端时刻的输出都尽可能接近于零。如果性能指标中不含末值项，则表示对末端时刻的输出偏差没有要求。有限时间输出调节器的结构如图 7.2 所示。

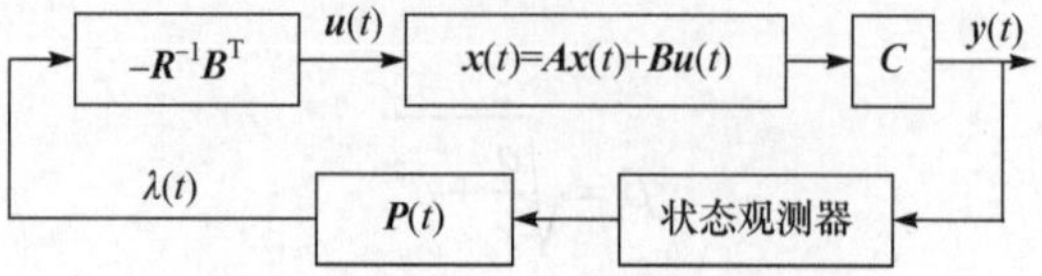

图 7.2　有限时间输出调节器结构

3. 有限时间跟踪调节器

跟踪系统问题是要求调整控制律，使系统的实际输出跟踪希望输出轨线，并使规定的性能指标极小。如果系统工作于有限时间跟踪调节器状态，则要求在希望输出信号的作用下，系统的实际输出能最优地跟随希望输出的变化。实际上，调节器问题是一种特定的跟踪系统问题，即零轨线的跟踪问题。

问题 7.3　设线性时变系统状态方程为

$$\begin{cases} \dot{\boldsymbol{x}}(t)=\boldsymbol{A}(t)\boldsymbol{x}(t)+\boldsymbol{B}(t)\boldsymbol{u}(t), \quad \boldsymbol{x}(t_0)=\boldsymbol{x}_0 \\ \boldsymbol{y}(t)=\boldsymbol{C}(t)\boldsymbol{x}(t) \end{cases} \tag{7.54}$$

式中，$\boldsymbol{x}(t)\in\mathbf{R}^n$，$u(t)\in\mathbf{R}^m$，$\boldsymbol{u}(t)$无约束。矩阵$\boldsymbol{A}(t)$与$\boldsymbol{B}(t)$维数适当，其各元连续且有界。

定义误差向量

$$\boldsymbol{e}(t)=\boldsymbol{y}_l(t)-\boldsymbol{y}(t) \tag{7.55}$$

要求确定最优控制$\boldsymbol{u}^*(t)$，使系统输出$\boldsymbol{y}(t)$跟随希望输出$\boldsymbol{y}_l(t)$，使下列性能指标极小：

$$J=\frac{1}{2}\boldsymbol{e}^{\mathrm{T}}(t_f)\boldsymbol{F}\boldsymbol{e}(t_f)+\frac{1}{2}\int_{t_0}^{t_f}[\boldsymbol{e}^{\mathrm{T}}(t)\boldsymbol{Q}(t)\boldsymbol{e}(t)+\boldsymbol{u}^{\mathrm{T}}(t)\boldsymbol{R}(t)\boldsymbol{u}(t)]\mathrm{d}t \tag{7.56}$$

式中，$\boldsymbol{F}$为对称非负定常阵；$\boldsymbol{Q}(t)$和$\boldsymbol{R}(t)$分别为非负定对称矩阵和正定对称矩阵，其各元连续且有界。

例 7.3　已知一阶系统的动态方程为

$$\begin{aligned} &\dot{\boldsymbol{x}}(t)=a\boldsymbol{x}(t)+\boldsymbol{u}(t), \quad \boldsymbol{x}(0)=\boldsymbol{x}_0 \\ &\boldsymbol{y}(t)=\boldsymbol{x}(t) \end{aligned} \tag{7.57}$$

控制函数$\boldsymbol{u}(t)$不受约束，用$\boldsymbol{y}(t)$表示希望输出，误差方程为

$$\boldsymbol{e}(t)=\tilde{\boldsymbol{y}}(t)-\boldsymbol{y}(t)=\tilde{\boldsymbol{y}}(t)-\boldsymbol{x}(t) \tag{7.58}$$

要求最优控制$\boldsymbol{u}^*(t)$，使性能指标

$$J=\frac{1}{2}f\boldsymbol{e}^2(t_f)+\frac{1}{2}\int_0^{t_f}[q\boldsymbol{e}^2(t)+r\boldsymbol{u}^2(t)]\mathrm{d}t \tag{7.59}$$

极小，式中$f\geqslant 0$，$q>0$，$r>0$。

解　本例为有限时间定常跟踪系统，显然系统能观。最优控制律为

$$\boldsymbol{u}^*(t)=-\frac{1}{r}[\boldsymbol{p}(t)\boldsymbol{x}(t)-\boldsymbol{g}(t)] \tag{7.60}$$

式中，$\boldsymbol{p}(t)$满足

$$\boldsymbol{p}(t)=-2a\boldsymbol{p}(t)+\frac{1}{r}\boldsymbol{p}^2(t)-q,\quad \boldsymbol{p}(t_f)=f \tag{7.61}$$

$\boldsymbol{g}(t)$满足

$$\dot{\boldsymbol{g}}(t)=-\left[a-\frac{1}{r}\boldsymbol{p}(t)\right]\boldsymbol{g}(t)-q\tilde{\boldsymbol{y}}(t),\quad \boldsymbol{g}(t_f)=f\,\tilde{\boldsymbol{y}}(t_f) \tag{7.62}$$

最优轨线 $\boldsymbol{x}^*(t)$满足

$$\dot{\boldsymbol{x}}=\left[a-\frac{1}{r}\boldsymbol{p}(t)\right]\boldsymbol{x}(t)+\frac{1}{r}\boldsymbol{g}(t),\quad \boldsymbol{x}(0)=\boldsymbol{x}_0 \tag{7.63}$$

7.2.2　无限时间 LQ 问题的最优解

基于工程背景和理论研究的实际，对无限时间 LQ 问题需要引入一些附加限定：一是受控系统限定为线性时不变系统；二是由调节问题平衡状态为 x_e=0 和最优控制系统前提为渐近稳定所决定，性能指标泛函中无须再考虑相对于末状态的二次项；三是对受控系统结构特性和性能指标加权矩阵需要另加假定。因此，无限时间时不变 LQ 问题变为

$$\dot{\boldsymbol{x}}=\boldsymbol{A}\boldsymbol{x}(t)+\boldsymbol{B}\boldsymbol{u}(t),\quad \boldsymbol{x}(0)=\boldsymbol{x}_0,\quad t\in[0,\infty) \tag{7.64}$$

$$J=\frac{1}{2}\int_0^{\infty}(\boldsymbol{x}^{\mathrm{T}}\boldsymbol{Q}\boldsymbol{x}+\boldsymbol{u}^{\mathrm{T}}\boldsymbol{R}\boldsymbol{u})\mathrm{d}t \tag{7.65}$$

式中，$\boldsymbol{x}(t)$为 n 维状态矩阵；$\boldsymbol{u}(t)$为 p 维输入；$\boldsymbol{A}$ 和 $\boldsymbol{B}$ 为相应维数系数矩阵；$\{\boldsymbol{A},\ \boldsymbol{B}\}$ 为完全能控。

黎卡提微分方程如下：

$$\boldsymbol{P}\boldsymbol{A}+\boldsymbol{A}^{\mathrm{T}}\boldsymbol{P}-\boldsymbol{P}\boldsymbol{B}\boldsymbol{R}^{-1}\boldsymbol{B}^{\mathrm{T}}\boldsymbol{P}+\boldsymbol{Q}=0 \tag{7.66}$$

由黎卡提微分方程解出 $\boldsymbol{P}$ 后，最优控制律 $\boldsymbol{u}^*(t)$为

$$\boldsymbol{u}^*(t)=-\boldsymbol{R}^{-1}\boldsymbol{B}^{\mathrm{T}}\boldsymbol{P}\boldsymbol{x}^*(t) \tag{7.67}$$

最优轨线为状态方程(7.24)的解

$$\dot{\boldsymbol{x}}^*=(\boldsymbol{A}-\boldsymbol{B}\boldsymbol{K})\boldsymbol{x}^*,\quad \boldsymbol{x}^*(0)=\boldsymbol{x}_0,\quad t\in[0,\infty] \tag{7.68}$$

将最优控制及最优状态轨线代入指标函数，最后可求得性能指标的最小值为

$$J^* = \frac{1}{2}\boldsymbol{x}_0^{\mathrm{T}}\boldsymbol{P}\boldsymbol{x}_0, \quad \forall \boldsymbol{x}_0 \neq 0 \tag{7.69}$$

1. 无限时间状态调节器

实际工程中，除保证在有限时间控制过程中系统对响应具有最优性，还要求系统具有保持平衡状态的能力。面对这种情况，有限时间状态调节器只具备使系统由任意初态恢复到平衡状态的行为。此时，可以使用无限时间调节器去解决此类问题。

问题 7.4 设线性时变系统状态方程如下。

假设

$$\dot{\boldsymbol{x}}(t) = \boldsymbol{A}(t)\boldsymbol{x}(t) + \boldsymbol{B}(t)\boldsymbol{u}(t), \quad \boldsymbol{x}(t_0) = \boldsymbol{x}_0 \tag{7.70}$$

性能指标

$$J = \frac{1}{2}\int_{t_0}^{\infty} [\boldsymbol{x}^{\mathrm{T}}(t)\boldsymbol{Q}(t)\boldsymbol{x}(t) + \boldsymbol{u}^{\mathrm{T}}(t)\boldsymbol{R}(t)\boldsymbol{u}(t)]\mathrm{d}t \tag{7.71}$$

式中，向量 $\boldsymbol{x}(t)$、$\boldsymbol{u}(t)$及矩阵 $\boldsymbol{A}(t)$、$\boldsymbol{B}(t)$、$\boldsymbol{Q}(t)$、$\boldsymbol{R}(t)$的假定同问题(7.26)，控制 $\boldsymbol{u}(t)$不受约束。要求确定最优控制 $\boldsymbol{u}^*(t)$，使性能指标极小。

例 7.4 设系统状态方程及初始条件为

$$\begin{aligned} \dot{\boldsymbol{x}}_1(t) &= \boldsymbol{x}_1(t), \quad \boldsymbol{x}_1(0) = 1 \\ \dot{\boldsymbol{x}}_2(t) &= \boldsymbol{x}_2(t) + \boldsymbol{u}(t), \quad \boldsymbol{x}_2(0) = 0 \end{aligned} \tag{7.72}$$

性能指标

$$J = \frac{1}{2}\int_{0}^{\infty} [\boldsymbol{x}^{\mathrm{T}}(t)\boldsymbol{x}(t) + \boldsymbol{u}^2(t)]\mathrm{d}t \tag{7.73}$$

试求最优控制 $\boldsymbol{u}^*(t)$及性能指标极 J^*。

解 (1) 状态 $\boldsymbol{x}_1(t)$不能控。本例为线性定常系统，其能控性判据为

$$\operatorname{rank}\begin{bmatrix}\boldsymbol{b} & \boldsymbol{Ab}\end{bmatrix} = \operatorname{rank}\begin{bmatrix}0 & 0 \\ 1 & 1\end{bmatrix} < 2 \tag{7.74}$$

故系统不能控。由给定的状态方程明显可见，状态 $\boldsymbol{x}_1(t)$是不能控的。

(2) 不能控状态 $\boldsymbol{x}_1(t)$不稳定。从某种意义上，考虑取 $\boldsymbol{u}(t)=0$，也许可使 J 极小。此时系统矩阵

$$\boldsymbol{A} = \begin{bmatrix}1 & 0 \\ 0 & 1\end{bmatrix} \tag{7.75}$$

状态转移矩阵

$$e^{At} = L^{-1}\left[(s\boldsymbol{I}-\boldsymbol{A})^{-1}\right] = \begin{bmatrix} e^t & 0 \\ 0 & e^t \end{bmatrix} \tag{7.76}$$

式中，L 为拉氏变换。故系统的零输入响应为

$$\begin{bmatrix} \boldsymbol{x}_1(t) \\ \boldsymbol{x}_2(t) \end{bmatrix} = e^{At}\boldsymbol{x}(0) = \begin{bmatrix} e^t \\ 0 \end{bmatrix} \tag{7.77}$$

显然

$$\lim_{t\to\infty}\boldsymbol{x}_1(t) = \lim_{t\to\infty} e^t \to \infty \tag{7.78}$$

(3) 不稳定且不能控状态 $\boldsymbol{x}_1(t)$包含于性能指标之中。当取 $\boldsymbol{u}(t)=0$ 时，性能指标

$$J = \frac{1}{2}\int_0^{\infty} \boldsymbol{x}^{\mathrm{T}}(t)\boldsymbol{x}(t)\mathrm{d}t = \frac{1}{2}\int_0^{\infty}\left[\boldsymbol{x}_1^2(t) + \boldsymbol{x}_2^2(t)\right]\mathrm{d}t \to \infty \tag{7.79}$$

因此本例不存在使 $J=\min$ 的最优控制 $\boldsymbol{u}^*(t)$。

实际上，本例为线性定常系统，性能指标中的加权矩阵为常数矩阵。因此，即使对于无限时间定常状态调节器问题，为了保证最优解存在，也必须要求系统完全能控。

2. 无限时间输出调节器

无限时间输出调节器，即假定系统能控且能观的情况下，要求寻找最优控制律 $\boldsymbol{u}^*(t)$，使得在不消耗过多的控制量的前提下，在无限时间内维持系统的输出向量接近其平衡值，使得性能指标最小。

问题 7.5　设线性时变系统状态方程为

$$\begin{cases} \dot{\boldsymbol{x}}(t) = \boldsymbol{A}\boldsymbol{x}(t) + \boldsymbol{B}\boldsymbol{u}(t), & \boldsymbol{x}(0) = \boldsymbol{x}_0 \\ \boldsymbol{y}(t) = \boldsymbol{C}\boldsymbol{x}(t) \end{cases} \tag{7.80}$$

式中，$\boldsymbol{x}(t)\in\mathbf{R}^n$，$\boldsymbol{u}(t)\in\mathbf{R}^m$，且无约束。$\boldsymbol{y}(t)\in\mathbf{R}^l$，$0<l\leqslant m\leqslant n$。矩阵 $\boldsymbol{A}$、$\boldsymbol{B}$、$\boldsymbol{C}$ 为维数适当的常数矩阵，要求确定最优控制 $\boldsymbol{u}^*(t)$，使下列性能指标极小：

$$J = \frac{1}{2}\int_{t_0}^{\infty}[\boldsymbol{y}^{\mathrm{T}}(t)\boldsymbol{Q}\boldsymbol{y}(t) + \boldsymbol{u}^{\mathrm{T}}(t)\boldsymbol{R}\boldsymbol{u}(t)]\mathrm{d}t \tag{7.81}$$

式中，$\boldsymbol{Q}$ 和 $\boldsymbol{R}$ 分别为非负定对称常数矩阵和正定对称常数矩阵。

例 7.5　设系统动态方程

$$\begin{aligned} \dot{\boldsymbol{x}}_1(t) &= \boldsymbol{x}_2(t) \\ \dot{\boldsymbol{x}}_2(t) &= \boldsymbol{u}(t) \\ \boldsymbol{y}(t) &= \boldsymbol{x}_1(l) \end{aligned} \tag{7.82}$$

性能指标

$$J=\frac{1}{2}\int_0^{\infty}\left[\boldsymbol{y}^2(t)+\boldsymbol{u}^2(t)\right]\mathrm{d}t \tag{7.83}$$

试构造输出调节器，使性能指标极小。

解　本例可按如下步骤求解。

(1) 检验系统的能控性与能观性。由题意有

$$\begin{aligned}&\boldsymbol{A}=\begin{bmatrix}0&1\\0&0\end{bmatrix},\quad \boldsymbol{B}=\begin{bmatrix}0\\1\end{bmatrix},\quad \boldsymbol{C}=\begin{bmatrix}1&0\end{bmatrix},\quad \boldsymbol{Q}=1\\&\boldsymbol{Q}_1=\boldsymbol{C}^{\mathrm{T}}\boldsymbol{Q}\boldsymbol{C}=\begin{bmatrix}1&0\\0&0\end{bmatrix},\quad \boldsymbol{D}^{\mathrm{T}}=\begin{bmatrix}1&0\end{bmatrix},\quad \boldsymbol{R}=1\end{aligned} \tag{7.84}$$

因为

$$\operatorname{rank}\begin{bmatrix}\boldsymbol{B}&\boldsymbol{AB}\end{bmatrix}=\operatorname{rank}\begin{bmatrix}0&1\\1&0\end{bmatrix}=2 \tag{7.85}$$

$$\operatorname{rank}\begin{bmatrix}\boldsymbol{C}\\\boldsymbol{CA}\end{bmatrix}=\operatorname{rank}\begin{bmatrix}1&0\\0&1\end{bmatrix}=2 \tag{7.86}$$

$$\operatorname{rank}\begin{bmatrix}\boldsymbol{D}^{\mathrm{T}}\\\boldsymbol{D}^{\mathrm{T}}\boldsymbol{A}\end{bmatrix}=\operatorname{rank}\begin{bmatrix}1&0\\0&1\end{bmatrix}=2 \tag{7.87}$$

所以，$\{\boldsymbol{A},\ \boldsymbol{B}\}$能控，$\{\boldsymbol{A},\ \boldsymbol{C}\}$能观，$\{\boldsymbol{A},\ \boldsymbol{D}\}$能观，可以构造渐近稳定的最优输出调节器。

(2) 解黎卡提代数方程。将各有关参数代入式(7.69)可求得

$$\overline{\boldsymbol{P}}=\begin{bmatrix}\sqrt{2}&1\\1&\sqrt{2}\end{bmatrix}>0 \tag{7.88}$$

(3) 求最优控制

$$\boldsymbol{u}^*(t)=-\boldsymbol{R}^{-1}\boldsymbol{B}^{\mathrm{T}}\boldsymbol{P}\boldsymbol{x}(t)=-\boldsymbol{x}_1(t)-\sqrt{2}\boldsymbol{x}_2(t)=-\boldsymbol{y}(t)-\sqrt{2}\dot{\boldsymbol{y}}(t) \tag{7.89}$$

$$\dot{\boldsymbol{x}}(t)=\begin{bmatrix}0&1\\-1&-\sqrt{2}\end{bmatrix}\boldsymbol{x}(t) \tag{7.90}$$

可得闭环特征值为$\lambda_{1,2}=-\sqrt{2}/2\pm \mathrm{j}\sqrt{2}$。闭环系统是渐近稳定的。

3. 无限时间跟踪调节器

对于无限时间跟踪系统问题，目前还没有一般性的求解方法。当希望输出为

定常向量时，无限时间定常最优跟踪系统问题有如下近似结果。

问题 7.6　设线性时变系统状态方程为

$$\begin{cases}\dot{\boldsymbol{x}}(t)=\boldsymbol{A}\boldsymbol{x}(t)+\boldsymbol{B}\boldsymbol{u}(t), \quad \boldsymbol{x}(0)=\boldsymbol{x}_0 \\ \boldsymbol{y}(t)=\boldsymbol{C}\boldsymbol{x}(t)\end{cases} \tag{7.91}$$

式中，$\boldsymbol{x}(t)\in\mathbf{R}^n$，$\boldsymbol{u}(t)\in\mathbf{R}^m$，且无约束。$\boldsymbol{y}(t)\in\mathbf{R}^l$，$0<l\leqslant m\leqslant n$。矩阵 $\boldsymbol{A}$、$\boldsymbol{B}$、$\boldsymbol{C}$ 为维数适当的常数矩阵。

定义误差向量

$$\boldsymbol{e}(t)=\hat{\boldsymbol{y}}_l(t)-\boldsymbol{y}(t) \tag{7.92}$$

要求确定最优控制 $\boldsymbol{u}^*(t)$，使系统输出 $\boldsymbol{y}(t)$跟随希望输出 $\boldsymbol{y}_l(t)$，使下列性能指标极小：

$$J=\frac{1}{2}\int_{t_0}^{\infty}[\boldsymbol{e}^{\mathrm{T}}(t)\boldsymbol{Q}\boldsymbol{e}(t)+\boldsymbol{u}^{\mathrm{T}}(t)\boldsymbol{R}\boldsymbol{u}(t)]\mathrm{d}t \tag{7.93}$$

式中，$\boldsymbol{Q}$ 和 $\boldsymbol{R}$ 分别为非负定对称常数矩阵和正定对称常数矩阵。

若阵对$\{\boldsymbol{A},\ \boldsymbol{B}\}$完全能控，阵对$\{\boldsymbol{A},\ \boldsymbol{C}\}$完全能控，则近似最优控制

$$\hat{\boldsymbol{u}}(t)=-\boldsymbol{R}^{-1}\boldsymbol{B}^{\mathrm{T}}\hat{\boldsymbol{P}}\boldsymbol{x}(t)+\boldsymbol{R}^{-1}\boldsymbol{B}^{\mathrm{T}}\hat{\boldsymbol{g}} \tag{7.94}$$

式中，$\boldsymbol{P}$ 为对称正定常数矩阵，满足下列黎卡提代数方程

$$\hat{\boldsymbol{P}}\boldsymbol{A}+\boldsymbol{A}^{\mathrm{T}}\hat{\boldsymbol{P}}-\hat{\boldsymbol{P}}\boldsymbol{B}\boldsymbol{R}^{-1}\boldsymbol{B}^{\mathrm{T}}\hat{\boldsymbol{P}}+\boldsymbol{C}^{\mathrm{T}}\boldsymbol{Q}\boldsymbol{C}=0 \tag{7.95}$$

常值伴随向量

$$\hat{\boldsymbol{g}}=(\hat{\boldsymbol{P}}\boldsymbol{B}\boldsymbol{R}^{-1}\boldsymbol{B}^{\mathrm{T}}-\boldsymbol{A}^{\mathrm{T}})^{-1}\boldsymbol{C}^{\mathrm{T}}\boldsymbol{Q}\hat{\boldsymbol{y}}_l \tag{7.96}$$

向量微分方程

$$\dot{\boldsymbol{x}}(t)=(\boldsymbol{A}-\boldsymbol{B}\boldsymbol{R}^{-1}\boldsymbol{B}^{\mathrm{T}}\hat{\boldsymbol{P}})\boldsymbol{x}(t)+\boldsymbol{B}\boldsymbol{R}^{-1}\boldsymbol{B}^{\mathrm{T}}\hat{\boldsymbol{g}}, \quad \boldsymbol{x}(0)=\boldsymbol{x}_0 \tag{7.97}$$

的解为近似最优轨线。

例 7.6　设系统动态方程

$$\begin{aligned}\dot{\boldsymbol{x}}_1(t)&=\boldsymbol{x}_2(t)\\ \dot{\boldsymbol{x}}_2(t)&=-2\boldsymbol{x}_2(t)+\boldsymbol{u}(t)\\ \boldsymbol{y}(t)&=\boldsymbol{x}_1(t)\end{aligned} \tag{7.98}$$

性能指标

$$J=\frac{1}{2}\int_0^{\infty}\left[\boldsymbol{e}^2(t)+\boldsymbol{u}^2(t)\right]\mathrm{d}t \tag{7.99}$$

试求近似最优控制率 $\boldsymbol{u}(t)$，式中 $\boldsymbol{e}(t)=\hat{\boldsymbol{y}}_l-\boldsymbol{y}(t)$，$\hat{\boldsymbol{y}}_l=a$(常数)。

解　本例为无限时间定常跟踪系统问题，由题意

$$\boldsymbol{A}=\begin{bmatrix}0 & 1\\0 & -2\end{bmatrix},\quad \boldsymbol{b}=\begin{bmatrix}0\\1\end{bmatrix},\quad \boldsymbol{c}=[1\quad 0],\quad q=r=1 \tag{7.100}$$

(1) 检验系统的能控性与能观性。

$$\operatorname{rank}\begin{bmatrix}\boldsymbol{b} & \boldsymbol{A}\boldsymbol{b}\end{bmatrix}=\operatorname{rank}\begin{bmatrix}0 & 1\\1 & -2\end{bmatrix}=2 \tag{7.101}$$

$$\operatorname{rank}\begin{bmatrix}\boldsymbol{c}\\\boldsymbol{c}\boldsymbol{A}\end{bmatrix}=\operatorname{rank}\begin{bmatrix}1 & 0\\0 & 1\end{bmatrix}=2 \tag{7.102}$$

故系统完全能控能观，近似最优控制 $\hat{\boldsymbol{u}}(t)$ 存在。

(2) 求 $\hat{\boldsymbol{P}}$ 并检验其正定性。令

$$\hat{\boldsymbol{P}}=\begin{bmatrix}p_{11} & p_{12}\\p_{12} & p_{22}\end{bmatrix} \tag{7.103}$$

不难求得

$$\hat{\boldsymbol{P}}=\begin{bmatrix}2.45 & 1\\1 & 0.45\end{bmatrix}>0 \tag{7.104}$$

(3) 求常值伴随向量

$$\hat{\boldsymbol{g}}=(\hat{\boldsymbol{P}}\boldsymbol{b}r^{-1}\boldsymbol{b}^{\mathrm{T}}-\boldsymbol{A}^{\mathrm{T}})^{-1}\boldsymbol{C}^{\mathrm{T}}\boldsymbol{q}a=\begin{bmatrix}2.45a\\a\end{bmatrix} \tag{7.105}$$

(4) 求近似最优控制律

$$\hat{\boldsymbol{u}}(t)=-r^{-1}\boldsymbol{b}^{\mathrm{T}}\hat{\boldsymbol{P}}\boldsymbol{x}(t)+r^{-1}\boldsymbol{b}^{\mathrm{T}}\hat{\boldsymbol{g}}=-\boldsymbol{x}_1(t)-0.45\boldsymbol{x}_2(t)+a \tag{7.106}$$

(5) 检验闭环系统稳定性。得闭环系统方程

$$\dot{\boldsymbol{x}}(t)=\begin{bmatrix}0 & 1\\-1 & -2.45\end{bmatrix}\boldsymbol{x}(t)+\begin{bmatrix}0\\a\end{bmatrix} \tag{7.107}$$

求出闭环系统特征值 $\lambda_1=-0.5175$，$\lambda_2=-1.9325$。闭环系统是渐近稳定的。

7.3　线性二次型最优控制器设计范例

7.3.1　二阶系统线性二次型最优控制器设计范例

已知一个二阶系统的状态空间表达式为

$$G(s)=\frac{-20}{s(0.2s+1)} \tag{7.108}$$

设计线性二次型最优控制器，使性能指标满足：系统能够跟踪斜坡信号且 $e_{ss}\leqslant 0.8$，动态期望指标 $t_s\leqslant 2s$，$M_p\leqslant 20\%$。试采用线性二次型最优控制器使系统满足设计静态和动态指标的要求。

二阶系统线性二次型最优控制器设计过程如下。

1. 原系统分析

系统的开环传递函数为

$$\begin{cases}\dot{\boldsymbol{x}}=\begin{bmatrix}0 & 1\\ -100 & -5\end{bmatrix}\boldsymbol{x}+\begin{bmatrix}0\\ 100\end{bmatrix}\boldsymbol{u}\\ \boldsymbol{y}=\boldsymbol{x}_1=[1\quad 0]\boldsymbol{x}\end{cases} \tag{7.109}$$

使用 MATLAB 中的 step 函数绘制系统的阶跃响应曲线，分析当前的运动情况与期望性能指标之间的差距，原系统状态阶跃响应如图 7.3 所示。

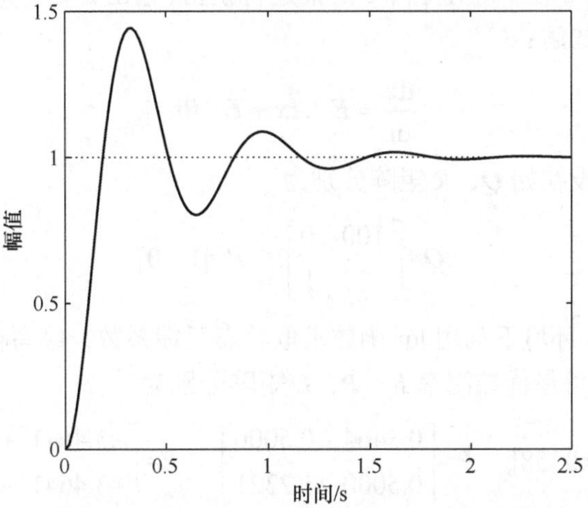

图 7.3　原系统状态阶跃响应(二阶系统线性二次型最优控制器设计)

从图 7.3 中可以看出，原系统在阶跃输入下是稳定的，但是超调量明显超过了 20%，为了使超调量满足性能指标要求，采用线性二次型最优控制，设计性能指标为

$$J=\int_0^{\infty}(\boldsymbol{X}^{\mathrm{T}}\boldsymbol{Q}\boldsymbol{X}+\boldsymbol{u}^{\mathrm{T}}\boldsymbol{R}\boldsymbol{u})\mathrm{d}t \tag{7.110}$$

2. 求取最优控制率

二次型控制器的设计为复杂多变量问题，由于其涉及矩阵和向量空间理论，且二次型公式结构复杂，因此计算颇为困难，在此介绍利用 MATALB 工具箱中提

供的解决线性二次型最优控制问题的命令及算法。

线性二次型调节器的设计可直接采用 lqr 函数，在 MATLAB 的控制系统分析与设计工具箱中提供了求解黎卡提矩阵的函数 lqr，其调用格式为

$$[\boldsymbol{K},\boldsymbol{S},\boldsymbol{E}]=\mathrm{lqr}(\boldsymbol{A},\boldsymbol{B},\boldsymbol{Q},\boldsymbol{R},\boldsymbol{N}) \tag{7.111}$$

式中，$\boldsymbol{A}$ 为系统的状态矩阵；$\boldsymbol{B}$ 为系统的输出矩阵；$\boldsymbol{Q}$ 为给定的半正定实对称常数矩阵；$\boldsymbol{R}$ 为给定的正定实对称常数矩阵；$\boldsymbol{N}$ 代表更一般化性能指标中交叉乘积项的加权矩阵；$\boldsymbol{K}$ 为最优反馈增益矩阵；$\boldsymbol{S}$ 为对应黎卡提方程的唯一正定解 $\boldsymbol{P}$(若矩阵 $\boldsymbol{A}-\boldsymbol{BK}$ 是稳定矩阵，则总有正定解 $\boldsymbol{P}$ 存在)；$\boldsymbol{E}$ 为矩阵 $\boldsymbol{A}-\boldsymbol{BK}$ 的特征值。

在 MATLAB 中使用 lqr 函数还满足以下三个条件：

(1) $(\boldsymbol{A}, \boldsymbol{B})$是稳定的；

(2) $\boldsymbol{R}>0$ 且 $\boldsymbol{Q}-\boldsymbol{NR}^{-1}\boldsymbol{N}^{\mathrm{T}}\geqslant 0$;

(3) $(\boldsymbol{Q}-\boldsymbol{NR}^{-1}\boldsymbol{N}^{\mathrm{T}}, \boldsymbol{A}-\boldsymbol{BR}^{-1}\boldsymbol{N}^{\mathrm{T}})$在虚轴上不是非能观模式。

lqr 函数支持带有非奇异矩阵 $\boldsymbol{e}$ 的描述符模型，输出 $\boldsymbol{S}$ 是等效显式状态空间模型的黎卡提方程的解：

$$\frac{\mathrm{d}\boldsymbol{x}}{\mathrm{d}t}=\boldsymbol{E}^{-1}\boldsymbol{Ax}+\boldsymbol{E}^{-1}\boldsymbol{Bu} \tag{7.112}$$

因此在本例中，设初始 $\boldsymbol{Q}$、$\boldsymbol{R}$ 矩阵分别为

$$\boldsymbol{Q}=\begin{bmatrix}100 & 0\\ 0 & 1\end{bmatrix},\quad \boldsymbol{R}=[1\quad 0] \tag{7.113}$$

在 MATLAB 环境下利用 lqr 函数求取状态反馈系数，编写程序见 7.6 节“程序附录”7.3，求得最优控制率 $\boldsymbol{K}$、$\boldsymbol{P}$、$\boldsymbol{E}$ 矩阵分别为

$$\boldsymbol{K}=[2.3166\quad 0.3358],\quad \boldsymbol{P}=\begin{bmatrix}0.3464 & 0.5000\\ 0.5000 & 1.2321\end{bmatrix},\quad \boldsymbol{E}=\begin{bmatrix}-3.4641 & +2.8284\mathrm{j}\\ -3.4641 & -2.8284\mathrm{j}\end{bmatrix} \tag{7.114}$$

观察在线性二次型最优控制作用下的阶跃响应曲线，编写程序见 7.6 节“程序附录”7.2，得到如图 7.4 所示阶跃响应曲线。

在采用 LQR 最优控制进行控制器设计的过程中，是把输出信号反馈回来乘以一个系数矩阵 $\boldsymbol{K}$，然后与输入量相减得到控制信号，这就使得输入与反馈的量纲不一致，如图 7.4 所示。为了达到静态无差，必须设计一种静态增益补偿装置以改善这种状况。其方法就是将系统的输入函数乘以一个参考量，得到系统的参考输入，以此参考输入与反馈回来的值进行比较得到控制量，编写程序见 7.6 节“程序附录”7.3，得到如图 7.5 所示阶跃响应曲线。

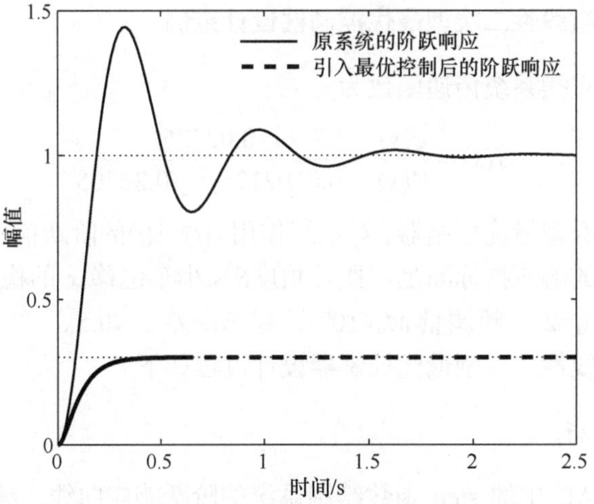

图 7.4　引入最优控制后的系统状态图(静态增益补偿之前)

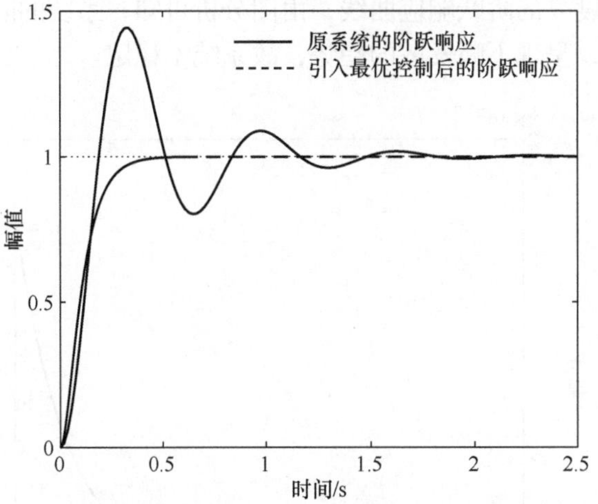

图 7.5　最优控制前后的阶跃响应输出响应比较

通过对原系统的单位阶跃响应与校正后系统的单位阶跃响应作比较，可以得到校正后系统的阶跃响应值随时间的增加而趋近于 1，系统稳定。系统的调节时间 t_s=0.356≤2s 满足动态期望指标，校正装置满足设计指标要求。在运用线性二次型最优控制算法进行控制器设计时，一个关键问题就是二次型性能指标泛函中加权矩阵 $\boldsymbol{Q}$ 和 $\boldsymbol{R}$ 的选取，不同的加权矩阵会使最优控制系统具有不同的动态性能，加权对角矩阵 $\boldsymbol{Q}$ 的各元素分别代表系统输出对各个状态变量的敏感程度，增加 $\boldsymbol{Q}$ 值将改善系统性能，使稳定时间和上升时间变短，另外应注意控制量 u 的大小，不要超过系统执行机构的能力，使之进入饱和非线性状态。

7.3.2 单级倒立摆线性二次型最优控制器设计范例

已知单级倒立摆系统传递函数为

$$G(s)=\frac{\phi(s)}{V(s)}=\frac{0.02725}{0.0102125s^2-0.26705} \tag{7.115}$$

设计线性二次型最优控制器，对系统作用 $r(t)=1(t)$的阶跃信号时，使单级倒立摆闭环控制系统的响应指标满足：摆杆角度θ和小车位移 x 的稳定时间小于 2s，位移的调节时间 t_s=2s，超调量 $M_p \leqslant 10\%$，稳态误差 $e_{ss} \leqslant 0.5$。

单级倒立摆线性二次型最优控制器设计过程如下。

1. 原系统分析

使用 MATLAB 中的 step 函数绘制系统的阶跃响应曲线，编写程序见 7.6 节“程序附录”7.5。分析当前的运动情况与期望性能指标之间的差距，图 7.6 是单级倒立摆的垂直角度 θ 的阶跃响应曲线，由图分析可知，系统的阶跃响应值不随时间的增加而衰减，呈现不断发散的趋势，故系统不稳定。

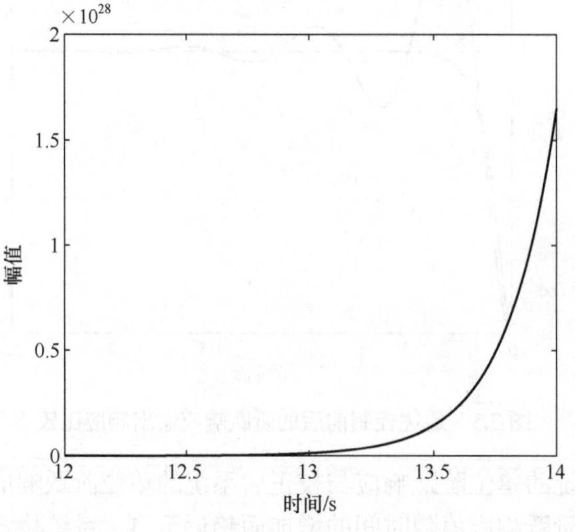

图 7.6　原系统的阶跃响应曲线(单级倒立摆线性二次型最优控制器设计)

2. 伯德图稳定性分析

使用 MATLAB 中的 bode 函数绘制系统的伯德图如图 7.7 所示，编写程序见 7.6 节“程序附录”7.4。

相角裕度 $\gamma_{c0}=0°<40°$，故不稳定。采用线性二次型最优控制，设计性能指标为

$$J=\int_0^{\infty}(\boldsymbol{X}^{\mathrm{T}}\boldsymbol{QX}+\boldsymbol{u}^{\mathrm{T}}\boldsymbol{Ru})\mathrm{d}t \tag{7.116}$$

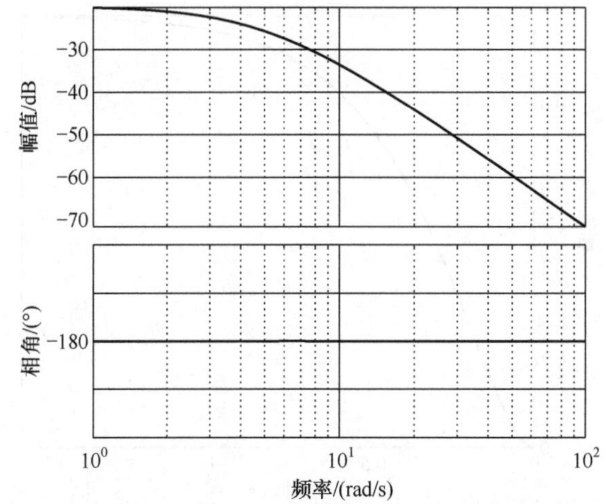

图 7.7　原系统的伯德图(单级倒立摆线性二次型最优控制器设计)

3. 求取最优控制率

设计线性二次型最优控制器的关键是选择加权矩阵 $\boldsymbol{Q}$。一般来说，$\boldsymbol{Q}$ 选择得越大，系统达到稳定所需的时间越短。首先选择

$$\boldsymbol{Q}=\begin{bmatrix} 1 & 0 \\ 0 & 1 \end{bmatrix}, \quad \boldsymbol{R}=[1] \tag{7.117}$$

编写程序见 7.6 节“程序附录”7.6，此时的系统超调量基本满足要求，但稳定值与系统期望值相差太大(小车坐标的响应曲线稳态值为负值)。另外，过渡时间和上升时间都很大，必须重新校正。校正的方法就是加大加权矩阵 $\boldsymbol{Q}$ 的值。通过多次修改数据后仿真，当

$$\boldsymbol{Q}=\begin{bmatrix} 100 & 0 \\ 0 & 1 \end{bmatrix}, \quad \boldsymbol{R}=[10] \tag{7.118}$$

时，性能指标较为理想，此时的 $\boldsymbol{K}$ 矩阵为

$$\boldsymbol{K} = \begin{bmatrix} 10.7052 & 52.3006 \end{bmatrix} \tag{7.119}$$

由图 7.8 可知，系统响应的快速性得到了明显改善，上升时间和过渡过程时间都满足性能指标设计要求。

综上所述，基于最小值原理的线性二次型最优控制，通过求解代数黎卡提方程，得到的状态反馈矩阵 $\boldsymbol{K}$，可以使系统的各状态获得渐近稳定特性。它的不足之处在于，加权矩阵 $\boldsymbol{Q}$、$\boldsymbol{R}$ 的值与系统响应性能之间的关系是定性的，往往不能一次得到满意的结果，需要多次调整它们的值得到满意的系统响应性能。

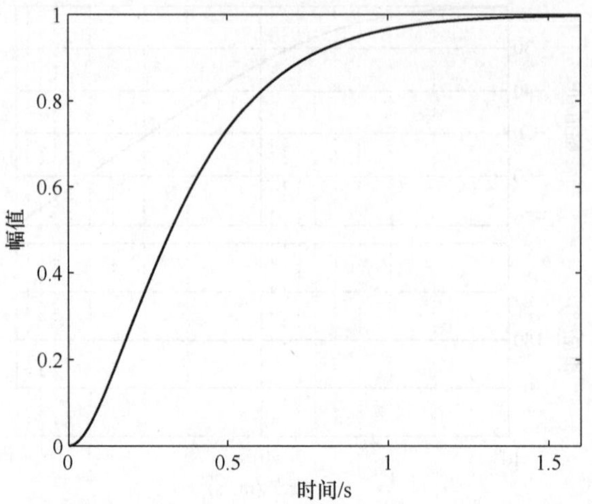

图 7.8　调整后线性二次型最优控制器的响应(单级倒立摆线性二次型最优控制器设计)

7.3.3　单容水箱线性二次型最优控制器设计范例

已知单容水箱系统传递函数为

$$G_p(s)=\frac{H(s)}{Q(s)}=\frac{8.4}{(300s+1)(s+1)} \tag{7.120}$$

设计线性二次型最优控制器，并对所设计的控制器进行参数整定，使系统在单位阶跃响应下系统的超调量 $M_p\leqslant 30\%$，稳态误差 $e_{ss}\leqslant 0.1$，调节时间 $t_s\leqslant 6s$。

单容水箱线性二次型最优控制器设计过程如下。

1. 阶跃响应分析

使用 MATLAB 中的 step 函数绘制系统的阶跃响应曲线，如图 7.9 所示，编写程序见 7.6 节“程序附录”7.9。通过曲线可以得出，原系统在阶跃输入下是稳定的，但是存在明显偏差，稳态误差 $e_{ss}=0.1$。为了消除稳态误差，并使超调量和调节时间均满足期望性能指标要求，采用线性二次型最优控制器对系统进行控制，以获得期望性能指标。

2. 伯德图稳定性分析

使用 MATLAB 中的 bode 函数绘制系统的伯德图，如图 7.10 所示，编写程序见 7.6 节“程序附录”7.8。由图 7.10 分析可知，相频特性图中相角裕度为 0°，需使用二阶线性二次型最优控制器进行控制。

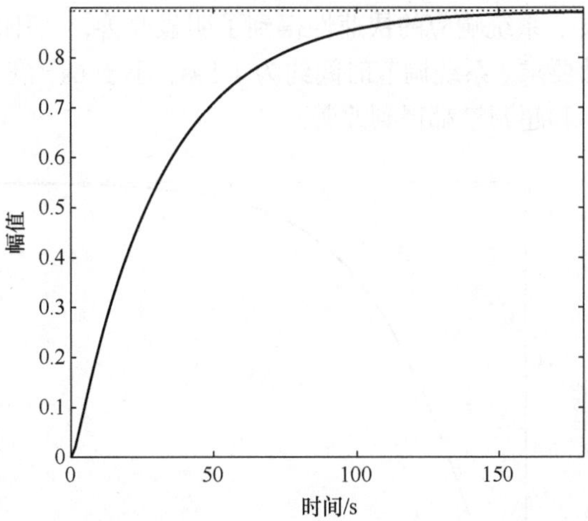

图 7.9　原系统的阶跃响应曲线(单容水箱线性二次型最优控制器设计)

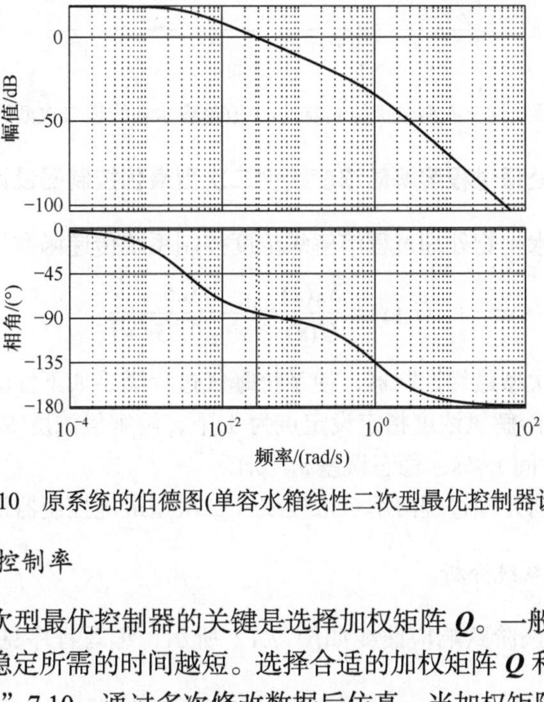

图 7.10　原系统的伯德图(单容水箱线性二次型最优控制器设计)

3. 求取最优控制率

设计线性二次型最优控制器的关键是选择加权矩阵 $\boldsymbol{Q}$。一般来说，$\boldsymbol{Q}$ 选择得越大，系统达到稳定所需的时间越短。选择合适的加权矩阵 $\boldsymbol{Q}$ 和 $\boldsymbol{R}$，编写程序见 7.6 节“程序附录”7.10，通过多次修改数据后仿真，当加权矩阵为

$$\boldsymbol{Q}=\begin{bmatrix}100 & 0\\ 0 & 1\end{bmatrix},\quad \boldsymbol{R}=[10] \tag{7.121}$$

时，性能指标较为理想，此时的 $\boldsymbol{K}$ 矩阵为

$$\boldsymbol{K}=[10.7052\quad 52.3006] \tag{7.122}$$

由图 7.11 可知，系统响应的快速性得到了明显改善，上升时间和过渡过程时间都满足最初设计要求。系统调节时间约为 1.19s，小于 6s，满足指标要求，比较原系统的调节时间和超调量都得到改善。

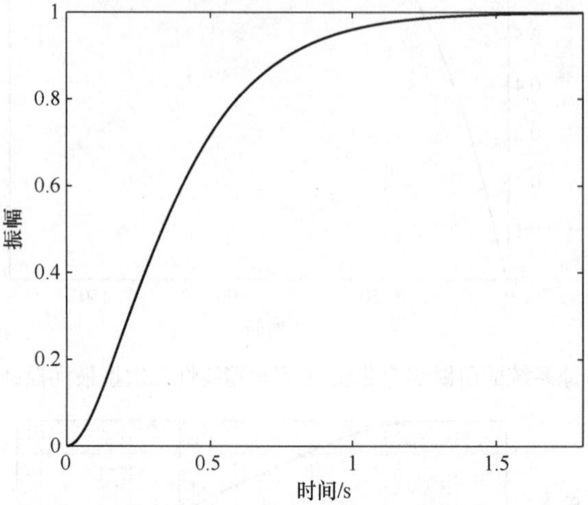

图 7.11　调整后线性二次型最优控制器的响应(单容水箱线性二次型最优控制器设计)

7.3.4　城市污水处理过程溶解氧浓度线性二次型最优控制器设计范例

已知城市污水生物处理过程溶解氧浓度控制系统传递函数为

$$G_p(s)=\frac{S_O(s)}{U(s)}=\frac{0.5}{s^2+0.05s+1} \tag{7.123}$$

设计线性二次型最优控制器，使系统曝气过程满足如下性能指标：系统在单位阶跃信号作用(溶解氧浓度指定设定点为 1)下，溶解氧浓度 S_O 响应曲线超调量 M_p<20%，调节时间 t_s<5s，稳态误差 e_{ss}<0.1。

城市污水生物处理过程溶解氧浓度线性二次型最优控制器设计过程如下。

1. 阶跃响应系统分析

绘制系统单位阶跃响应曲线如图 7.12 所示，编写程序见 7.6 节“程序附录”7.13。

2. 伯德图稳定性分析

绘制系统伯德图如图 7.13 所示，编写程序见 7.6 节“程序附录”7.12。

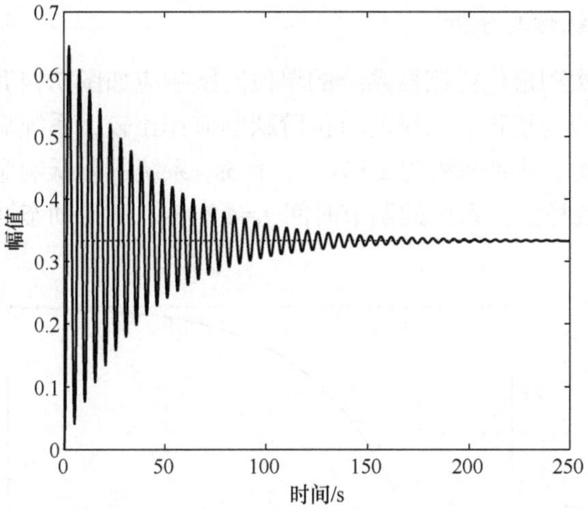

图 7.12　原系统阶跃响应曲线(城市污水处理过程溶解氧浓度线性二次型最优控制器设计)

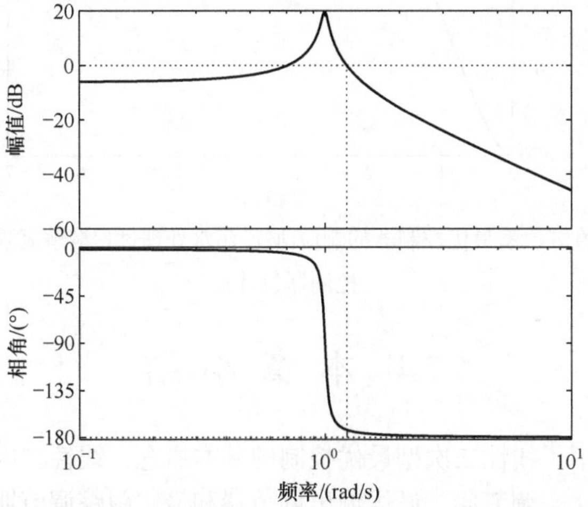

图 7.13　原系统伯德图(城市污水处理过程溶解氧浓度线性二次型最优控制器设计)

3. 求取最优控制率

设计线性二次型最优控制器的关键是选择加权矩阵 $\boldsymbol{Q}$。一般来说，$\boldsymbol{Q}$ 选择得越大，系统达到稳定所需的时间越短。选择合适的加权矩阵 $\boldsymbol{Q}$ 和 $\boldsymbol{R}$，编写程序见 7.6 节“程序附录”7.14，通过多次修改数据后仿真，当加权矩阵为

$$\boldsymbol{Q}=\begin{bmatrix} 500 & 0 \\ 0 & 100 \end{bmatrix},\quad \boldsymbol{R}=[100] \tag{7.124}$$

时，性能指标较为理想，此时的矩阵 $\boldsymbol{K}$ 为

$$\boldsymbol{K}=\begin{bmatrix} 2.3647 & 0.4142 \end{bmatrix} \tag{7.125}$$

4. 校正后系统仿真分析

引入线性二次型最优控制器系统的单位阶跃响应如图 7.14 所示，通过对原系统的单位阶跃响应与校正后系统的单位阶跃响应作比较，系统响应的快速性得到了明显改善，系统上升时间约为 2.85s，小于 5s，系统的阶跃响应值随时间的增加而趋近于 1，系统稳定。系统的调节时间 t_s=4.8<5s，满足动态期望指标，满足设计指标要求。

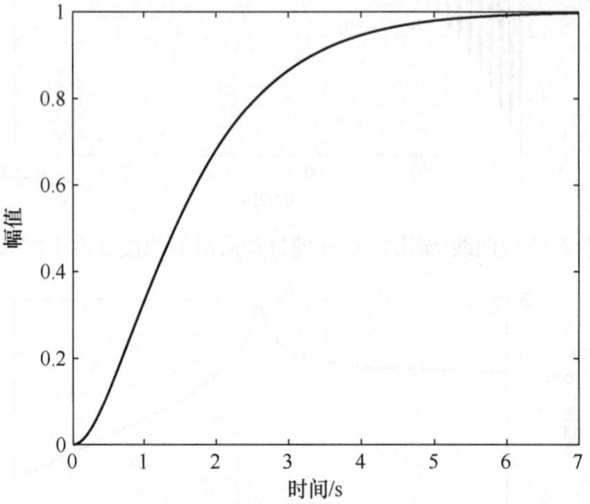

图 7.14 调整后线性二次型最优控制器的响应(城市污水处理过程溶解氧浓度线性二次型最优控制器设计)

7.4 本 章 小 结

本章主要介绍了线性二次型最优控制的基本概念，线性二次型最优控制器具体可以分为最优状态调节器、最优输出调节器和最优跟踪调节器。其中，最优输出调节问题和最优跟踪问题都可以化为最优状态调节问题。本章分别介绍了三种最优调节控制器的设计方法。最后，以单级倒立摆、单容水箱以及城市污水处理过程中溶解氧浓度控制为物理模型，介绍了基于 MATLAB 的线性二次型最优控制器的实现，以及线性二次型最优控制器的设计及参数整定方法。

7.5 课 后 习 题

7.1 设系统方程为

$$\begin{aligned}\dot{\boldsymbol{x}}(t) &= \boldsymbol{A}\boldsymbol{x}(t)+\boldsymbol{B}\boldsymbol{u}(t)\\ \boldsymbol{y}(t) &= \boldsymbol{C}\boldsymbol{x}(t)\end{aligned} \tag{7.126}$$

性能指标

$$J=\int_{t_0}^{\infty}\left[\boldsymbol{x}^{\mathrm{T}}(t)\boldsymbol{Q}\boldsymbol{x}(t)+\boldsymbol{u}^{\mathrm{T}}(t)\boldsymbol{R}\boldsymbol{u}(t)\right]\mathrm{d}t \tag{7.127}$$

式中，$\boldsymbol{A}$、$\boldsymbol{B}$、$\boldsymbol{C}$、$\boldsymbol{Q}$ 和 $\boldsymbol{R}$ 为常数阵。试说明选择 $\boldsymbol{Q}=\boldsymbol{C}^{\mathrm{T}}\boldsymbol{C}$ 以及 $\boldsymbol{R}=\boldsymbol{I}$ 的物理意义。

7.2　给定一阶系统

$$\dot{\boldsymbol{x}}(t)=\boldsymbol{u}(t),\quad \boldsymbol{x}(1)=3 \tag{7.128}$$

性能指标

$$J=\boldsymbol{x}^2(5)+\int_1^5\frac{1}{2}\boldsymbol{u}^2(t)\mathrm{d}t \tag{7.129}$$

试求最优控制 $\boldsymbol{u}^*(t)$和最优性能指标 J^*。

7.3　已知系统状态方程

$$\begin{aligned}\dot{\boldsymbol{x}}_1(t)&=-\boldsymbol{x}_1(t)+\boldsymbol{u}(t)\\ \dot{\boldsymbol{x}}_2(t)&=\boldsymbol{x}_1(t)\end{aligned} \tag{7.130}$$

性能指标

$$J=\int_{t_0}^{\infty}[\boldsymbol{x}_2^2(t)+\boldsymbol{u}^2(t)]\,\mathrm{d}t \tag{7.131}$$

试求最优控制 $\boldsymbol{u}^*(t)$。

7.4　已知系统动态方程

$$\dot{\boldsymbol{x}}_1(t)=\boldsymbol{x}_2(t) \tag{7.132}$$

$$\dot{\boldsymbol{x}}_2(t)=-\boldsymbol{x}_1(t)+\boldsymbol{u}(t) \tag{7.133}$$

$$\boldsymbol{y}(t)=\boldsymbol{x}_1(t) \tag{7.134}$$

性能指标

$$J=\frac{1}{2}\int_0^{\infty}\left[\boldsymbol{y}^2(t)+\boldsymbol{u}^2(t)\right]\mathrm{d}t \tag{7.135}$$

试构造输出调节器，使性能指标极小。

7.5　设用控制系统可以自动地保持潜艇的深度，潜艇从艇尾水平角 $\boldsymbol{\theta}(t)$到实际深度 $\boldsymbol{y}(t)$的传递函数可以近似为

$$G(s)=\frac{10(s+2)^2}{(s+10)\,(s^2+0.1)} \tag{7.136}$$

试设计控制律 $\boldsymbol{\theta}(t)$，使性能指标

$$J=\int_0^{\infty}\{[\boldsymbol{y}(t)-\hat{\boldsymbol{y}}_l]^2+\boldsymbol{\theta}^2(t)\}\mathrm{d}t \tag{7.137}$$

最小。其中希望深度 $y_l=100$。假定实际深度可用压力传感器测量，并可用于反馈。

7.6 由有限个互相连接的电阻、电容、电感和变压器所组成的电网络，通常可用下述状态空间方程描述：

$$\begin{aligned}\dot{\boldsymbol{x}}(t) &= \boldsymbol{A}\boldsymbol{x}(t) + \boldsymbol{B}\boldsymbol{u}(t) \\ \boldsymbol{y}(t) &= \boldsymbol{C}\boldsymbol{x}(t) + \boldsymbol{D}\boldsymbol{u}(t)\end{aligned} \tag{7.138}$$

状态向量 $\boldsymbol{x}(t)$ 的分量通常对应于电容器的电压和电感器的电流，控制向量 $\boldsymbol{u}(t)$ 的分量对应于该网络各端口电流，而输出向量 $\boldsymbol{y}(t)$ 的分量则对应于网络各端口的电压。假设初始状态 $\boldsymbol{x}(t_0)$ 不为零，试对式(7.139)所示的极小化问题进行物理解释：

$$J = \int_{t_0}^{t_f} \left[\boldsymbol{x}^{\mathrm{T}}(t)\boldsymbol{C}^{\mathrm{T}}\boldsymbol{u}(t) + \boldsymbol{u}^{\mathrm{T}}(t)\boldsymbol{D}\boldsymbol{u}(t) \right] \mathrm{d}t \tag{7.139}$$

7.7 设有二次积分模型

$$\begin{aligned}&\dot{\boldsymbol{x}}_1(t) = \boldsymbol{x}_2(t), \quad \boldsymbol{x}_1(0) = 0 \\ &\dot{\boldsymbol{x}}_2(t) = \boldsymbol{u}(t), \quad \boldsymbol{x}_2(0) = 1 \\ &\boldsymbol{y}(t) = \boldsymbol{x}_1(t)\end{aligned} \tag{7.140}$$

性能指标

$$J = \int_0^{\infty} [\boldsymbol{y}^2(t) + 4\boldsymbol{u}^2(t)]\mathrm{d}t \tag{7.141}$$

试求使性能指标极小的最优控制 $\boldsymbol{u}^*(t)$，并求最优性能指标 J^*。

7.8 已知系统动态方程

$$\begin{aligned}\dot{\boldsymbol{x}}(t) &= \begin{bmatrix} 0 & 1 \\ -1 & -3 \end{bmatrix}\boldsymbol{x}(t) + \begin{bmatrix} 0 \\ 1 \end{bmatrix}\boldsymbol{u}(t) \\ \boldsymbol{y}(t) &= \begin{bmatrix} 1 & 0 \end{bmatrix}\boldsymbol{x}(t)\end{aligned} \tag{7.142}$$

性能指标

$$J = \int_0^{\infty} [100\boldsymbol{y}^2(t) + \boldsymbol{u}^2(t)]\mathrm{d}t \tag{7.143}$$

试求使性能指标极小并使闭环系统渐近稳定的最优控制 $\boldsymbol{u}^*(t)$。

7.6 程 序 附 录

二阶系统线性二次型最优控制器设计

7.1 原系统的伯德图

```
1. A=[0 1;-100 -5]                %状态空间表达式的增益矩阵
2. B=[0;100]                      %状态空间表达式的增益矩阵
```

```
C=[1 0]                          %状态空间表达式的增益矩阵
D=[0]                            %状态空间表达式的增益矩阵
[num,den]=ss2tf(A,B,C,D)         %状态空间表达式转换为传递函数
G0=tf(num,den);                  %状态空间表达式转换为传递函数
bode(G0)                         %绘制系统伯德图
margin(G0)
grid                             %绘制网格线
```

7.2　原系统的单位阶跃响应

```
A=[0 1;-100 -5]                  %状态空间表达式的增益矩阵
B=[0;100]                        %状态空间表达式的增益矩阵
C=[1 0]                          %状态空间表达式的增益矩阵
D=[0]                            %状态空间表达式的增益矩阵
[num,den]=ss2tf(A,B,C,D)         %状态空间表达式转换为传递函数
G0=tf(num,den);                  %状态空间表达式转换为传递函数
G0=feedback(G0,1);               %绘制系统阶跃响应曲线
step(G0)
```

7.3　校正后系统的单位阶跃响应

```
A=[0 1;-100 -5]                  %状态空间表达式的增益矩阵
B=[0;100]                        %状态空间表达式的增益矩阵
C=[1 0]                          %状态空间表达式的增益矩阵
D=[0]                            %状态空间表达式的增益矩阵
Q=[100 0;0 1];                   %设定Q矩阵
R=10;                            %设定R矩阵
K=lqr(A,B,Q,R)                   %求取K矩阵
Ac=[(A-B*K)];                    %求取增益矩阵
G=ss(Ac,B,C,D)                   %校正后的系统
Gc=dcgain(G)                     %求取静态补偿系数
Cc=C/Gc;                         %求取静态补偿系数
G=ss(Ac,B,Cc,D);                 %求取阶跃响应曲线
step(G)
```

单级倒立摆线性二次型最优控制器设计

7.4 原系统伯德图

```
num=[0.02725];                   %传递函数分子系数
den=[0.0102125,0,-0.26705];%传递函数分母系数
G=tf(num,den);                   %生成系统传递函数
bode(G)                          %绘制系统伯德图
margin(G)               %显示系统幅值裕度相角裕度和开环截止频率
```

7.5 原系统的单位阶跃响应

```
num=[0.02725];                   %传递函数分子系数
den=[0.0102125,0,-0.26705];%传递函数分母系数
G0=tf(num,den);                  %生成系统传递函数
G0=feedback(G0,1);               %被控对象施加负反馈作用
step(G0)                         %绘制系统阶跃响应曲线
```

7.6 校正后系统的单位阶跃响应

```
num=[0.02725];                   %状态空间表达式的增益矩阵
den=[0.0102125,0,-0.26705];%状态空间表达式的增益矩阵
G=tf(num,den);                   %状态空间表达式的增益矩阵
[A,B,C,D]=tf2ss(num,den)         %状态空间表达式的增益矩阵
Q=[0 10;0 10];                   %设定Q矩阵
R=100;                           %设定R矩阵
K=lqr(A,B,Q,R)                   %求取K矩阵
Ac=[(A-B*K)];                    %求取增益矩阵
G=ss(Ac,B,C,D)                   %校正后的系统
Gc=dcgain(G)                     %求取静态补偿系数
Cc=C/Gc;                         %求取静态补偿系数
G=ss(Ac,B,Cc,D);                 %求取阶跃响应曲线
step(G)
```

7.7 校正后系统的伯德图

```
num=[0.02725];                   %状态空间表达式的增益矩阵
den=[0.0102125,0,-0.26705];%状态空间表达式的增益矩阵
G=tf(num,den);                   %状态空间表达式的增益矩阵
```

```
[A,B,C,D]=tf2ss(num,den)      %状态空间表达式的增益矩阵
Q=[0 10;0 10];                %设定 Q 矩阵
R=100;                        %设定 R 矩阵
K=lqr(A,B,Q,R)                %求取 K 矩阵
Ac=[(A-B*K)];                 %求取增益矩阵
G=ss(Ac,B,C,D)                %校正后的系统
Gc=dcgain(G)                  %求取静态补偿系数
Cc=C/Gc;                      %求取静态补偿系数
G=ss(Ac,B,Cc,D);              %求取阶跃响应曲线
bode(G)                       %绘制系统伯德图
margin(G)
```

单容水箱线性二次型最优控制器设计

7.8　原系统伯德图

```
num=[8.4];                    %传递函数分子系数
den=conv([1,1],[300,1]);      %传递函数分母系数
Gp=tf(num,den);               %生成系统传递函数
bode(Gp)                      %绘制系统伯德图
margin(Gp)              %显示系统幅值裕度相角裕度和开环截止频率
```

7.9　原系统单位阶跃响应

```
num=[8.4];                    %传递函数分子系数
den=conv([1,1],[300,1]);      %传递函数分母系数
Gp=tf(num,den);               %生成系统传递函数
Gp=feedback(Gp,1);            %被控对象施加负反馈作用
step(Gp)                      %绘制系统阶跃响应曲线
```

7.10　校正后系统的伯德图

```
num=[8.4];                    %状态空间表达式的增益矩阵
den=[300,301,1];              %状态空间表达式的增益矩阵
G=tf(num,den);                %状态空间表达式的增益矩阵
Q=[100 0;0 1];                %设定 Q 矩阵
R=10;                         %设定 R 矩阵
K=lqr(A,B,Q,R)                %求取 K 矩阵
```

```
Ac=[(A-B*K)];                       %求取增益矩阵
G=ss(Ac,B,C,D)                      %校正后的系统
Gc=dcgain(G)                        %求取静态补偿系数
Cc=C/Gc;                            %求取静态补偿系数
G=ss(Ac,B,Cc,D);                    %求取阶跃响应曲线
bode(G)                             %绘制系统伯德图
margin(G)
```

7.11　校正后系统单位阶跃响应

```
num=[8.4];                          %状态空间表达式的增益矩阵
den=[300,301,1];                    %状态空间表达式的增益矩阵
G=tf(num,den);                      %状态空间表达式的增益矩阵
Q=[100 0;0 1];                      %设定Q矩阵
R=10;                               %设定R矩阵
K=lqr(A,B,Q,R)                      %求取K矩阵
Ac=[(A-B*K)];                       %求取增益矩阵
G=ss(Ac,B,C,D)                      %校正后的系统
Gc=dcgain(G)                        %求取静态补偿系数
Cc=C/Gc;                            %求取静态补偿系数
G=ss(Ac,B,Cc,D);                    %求取阶跃响应曲线
step(G)
```

城市污水处理过程溶解氧浓度线性二次型最优控制器设计

7.12　原系统伯德图

```
num=[0.5];                          %传递函数分子系数
den=[1,0.05,1];                     %传递函数分母系数
Gp=tf(num,den);                     %生成系统传递函数
bode(Gp)                            %绘制系统伯德图
margin(Gp)                  %显示系统幅值裕度相角裕度和开环截止频率
```

7.13　原系统的单位阶跃响应

```
num=[0.5];                          %传递函数分子系数
den=[1,0.05,1];                     %传递函数分母系数
Gp=tf(num,den);                     %生成系统传递函数
```

```
Gp=feedback(Gp,1);                 %被控对象施加负反馈作用
step(Gp)                           %绘制系统阶跃响应曲线
```

7.14　校正后系统的单位阶跃响应

```
num=[0.5];                         %状态空间表达式的增益矩阵
den=[1,0.05,1];                    %状态空间表达式的增益矩阵
[A,B,C,D]=tf2ss(num,den)           %状态空间表达式的增益矩阵
Q=[500 0 ;0 100];                  %设定 Q 矩阵
R=100;                             %设定 R 矩阵
K=lqr(A,B,Q,R)                     %求取 K 矩阵
Ac=[(A-B*K)];                      %求取增益矩阵
G=ss(Ac,B,C,D)                     %校正后的系统
Gc=dcgain(G)                       %求取静态补偿系数
Cc=C/Gc;                           %求取静态补偿系数
G=ss(Ac,B,Cc,D);                   %求取阶跃响应曲线
step(G)
```

7.15　校正后系统的伯德图

```
num=[0.5];                         %状态空间表达式的增益矩阵
den=[1,0.05,1];                    %状态空间表达式的增益矩阵
[A,B,C,D]=tf2ss(num,den)           %状态空间表达式的增益矩阵
Q=[500 0 ;0 100];                  %设定 Q 矩阵
R=100;                             %设定 R 矩阵
K=lqr(A,B,Q,R)                     %求取 K 矩阵
Ac=[(A-B*K)];                      %求取增益矩阵
G=ss(Ac,B,C,D)                     %校正后的系统
Gc=dcgain(G)                       %求取静态补偿系数
Cc=C/Gc;                           %求取静态补偿系数
Gcss=ss(Ac,B,Cc,D);                %求取阶跃响应曲线
bode(G)                            %绘制系统伯德图
margin(G)
```